机场道面设计与维修

八谷好高 ［日］ 著
田　波　　　　译

人民交通出版社股份有限公司
China Communications Press Co.,Ltd.

内 容 提 要

铺装是机场重要的基础设施,其必须能完全承受荷载,并确保飞机高速滑行时的安全性。本书是日本著名铺装专家八谷好高从事长达三十余年机场铺装技术研究开发工作的经验总结,内容主要包括:航空运输现状、机场的性能和管理、机场铺装结构设计中的自然与外力因素、道面结构设计、道面的检查与评估、道面的修补等。

本书可供从事机场铺装设计、施工、养护工作的人员使用,也可供机场规划、建设、管理人员参考。

图书在版编目(CIP)数据

机场道面设计与维修/(日)八谷好高著;田波译
—北京:人民交通出版社股份有限公司,2015.8
ISBN 978-7-114-12397-9

Ⅰ.①机… Ⅱ.①八…②田… Ⅲ.①飞机跑道—路面设计②飞机跑道—路面—维修 Ⅳ.①V351.11

中国版本图书馆CIP数据核字(2015)第161081号
著作权合同登记号:图字01-2015-5940

Jichang Daomian Sheji yu Weixiu

书　　名:机场道面设计与维修
著 作 者:八谷好高
译　　者:田波
责任编辑:丁润铎
出版发行:人民交通出版社股份有限公司
地　　址:(100011)北京市朝阳区安定门外外馆斜街3号
网　　址:http://www.ccpress.com.cn
销售电话:(010)59757973
总 经 销:人民交通出版社股份有限公司出版发行
经　　销:各地新华书店
印　　刷:北京市密东印刷有限公司
开　　本:720×960　1/16
印　　张:14.25
字　　数:240千
版　　次:2015年9月　第1版
印　　次:2015年9月　第1次印刷
书　　号:ISBN 978-7-114-12397-9
定　　价:50.00元

序　言

随着现代社会科学技术的不断进步，港湾机场领域每年都有新的研究论文发表和新的施工方法出台。

国土技术政策综合研究所和独立行政法人港湾机场技术研究所已经推出了许多论文与技术资料，为了向读者简明地介绍这些最新的技术成果，两个研究所特整理汇总了该著作。技报堂出版株式会社采纳了这一计划，出版发行了这方面的系列著作。

该计划的第 1 期，于 2004 年 11 月向社会推出了《集装箱运输与集装箱港湾》（高桥宏直著），2006 年推出了第 2 期计划的《海滨变形：实态、预测及其对策》（栗山善昭著）。本书是第 3 期计划推出的著作（八谷好高著）。

各位作者选取的主题各不相同，著作中收集了其各自专业领域内的宝贵信息。衷心希望该系列文库对从事港湾机场的规划、建设、养护管理工作的人士有所帮助。

港湾机场技术振兴会会长

野田节男

2010 年 3 月

寄　语

2010年正值1910年日本在东京代代木练兵场(现在的代代木公园)首次利用动力机公开飞行的100周年。起始于1922年大阪和德岛之间的飞机定期运输事业,得到了持续发展。到2007年,日本国内航空旅客数达9 500万人,国际航空旅客数(在日本起降)达5 500万人。

航空运输中空中与陆地的接点是机场。“机场”(airport)术语首次出现于1902年发行的《New York Times》中有关飞船的报道中。世界上最古老的机场是1909年由莱特兄弟建设的美国马里兰州学院公园机场,日本最早的机场则是1911年建成的所泽机场。

机场技术,飞机、航行技术,管制、保安技术是构成航空技术的重要因素。其具体对象,如果从机场设施的角度看,则为基础设施(如机场跑道、滑行道、停机坪等)、排水设施等土木设施,旅客候机大楼等建筑物,航空保安设施,航空灯等;从设施维修过程的角度看,则为规划、建设、运营管理等。负责制定航空运输国际规则的机构“国际民用航空组织(ICAO)”在《国际民用航空公约》的第十四附件中明确规定了机场的相关标准。为满足此类标准而应采取的具体措施由各个国家自行制定。

即便是作为机场土木设施中基础设施的铺装,也是需要具备独立技术的领域,必须能安全支承飞机的质量,同时必须确保飞机高速滑行时的安全性。日本有关机场铺装技术方面的研究于1965年在旧运输省港湾技术研究所正式启动,其研究成果从1970年发行的《机场沥青道面结构设计要领》开始,先后被引进到各种技术标准中。本书是作者在该研究所等单位从事长达三十余年机场铺装技术研究开发工作的集成,也是国内外在机场铺装方面的首例专著。衷心希望本书对今后机场铺装技术的发展有所帮助。

财团法人港湾机场建设技术服务中心

理事长　广濑宗一

2010年3月

前　言

1903 年 12 月 17 日，在美国北卡罗莱纳州的基蒂霍克，莱特兄弟在世界上首次成功实现载人动力飞行。那时的飞行器（飞机）全长 6.4m、宽 12.3m、高 2.7m，搭载 12 马力引擎 1 台，总质量为 318kg，命名为“莱特飞行器号”。在以此为开端的航空黎明时期，飞机的起降都在草地或裸地上进行。此后，为了实现在恶劣天气条件下也能起降，在滑行区域实施了铺装，特别是第一次世界大战以后，飞机逐渐向大型化发展，由此也就需要具有充分强度的飞机场（机场）铺装。此类铺装大量采用起到加固原地基作用或稳定处理的材料、沥青、混凝土等，第二次世界大战中还建设了采用钢板或铁板的临时铺装。

此类机场铺装的构成、材料、厚度等要素最初想依照公路等铺装的经验，但是由于越来越多的机场都需要实施铺装，所以有必要以机场铺装结构设计方法的形式整理制定成统一的标准。机场和公路的铺装虽然都属于铺装，但是其活动荷载却是飞机和车辆迥然不同的两种交通工具，它们的质量、行驶速度、交通量都存在着较大的差异，而且平面形状也大不相同，所以必须形成机场铺装的独特技术。

正是在这样的背景下，沥青、混凝土两种机场铺装的结构设计方法在美国首次出现。沥青路面方面，由美国加利福尼亚州公路局的 O. J. Porter 于 1930 年开发出最初以公路为对象的方法（CBR 法），在第二次世界大战中由美国陆军工兵部队经过数月的研究成功应用到机场，这是世界上首例临时采用的机场沥青铺装设计方法。另外，在混凝土路面方面，与上述同时期发表的使用 H. M. Westergaard 提出的混凝土板应力计算公式的美国水泥协会法（PCA 法）属首例。

关于机场铺装技术，日本于 1970 年和 1971 年分别整理和制定了沥青道面、水泥混凝土道面的结构设计要领，其后经过两次修订，1999 年以综合沥青和水泥混凝土两种铺装的形式，整理和制定了《机场铺装结构设计要领》。在此类标准中展示的铺装技术，虽然是以 CBR 法和 PCA 法为基础，但都进行了改进，以便适应地基、气象等条件都与美国迥异的日本本国具体情况，同时大胆采用新材料，并引进许多日本学者的独立思想。其后，2008 年开始基于性能规定的方法取代了以往基于规格规定的方法，目前可以进行不依赖于以往方法的铺装结构设计。另外，关于包括原有铺装评估在内的养护管理和修补技术方面，自 1984 年以大力引进日本独立方法的方式整理和制定《机场铺装修补要领》（方案）以来，又实施了两次修订，努力使其内容更充实。从这些事实可见，日本的机场铺装技术已经发展到独立技术云集的成熟阶段，在目前谋求机场铺装技术的集大成方面具有重大意义。

从首次飞行到现在已经过一个多世纪，在这期间，日本航空运输得到空前发展，已经成为当今社会不可或缺的交通方式，承担着日本与世界高速“交流与沟通”的主要任务。期间，飞机不断大型化，目前甚至出现全长 73m、机翼宽 79.8m、高 24.1m、最大质量为 560 000kg 的 A380—800。为了确保此类大型飞机航空运输的可靠性和切实性，虽然对机场铺装不断进行维修，但是铺装与其他社会基础设施相比，面积较广，而且活动荷载的交通工具直接反复作用于其上；除此以外，还直接承受日照、降雨等严酷自然环境的作用，所以铺装无法确保像其他社会基础设施那样的（超）长期耐久性。正因为如此，目前不仅提倡着眼于建设，而且重视预先考虑到将来的修补事宜，对铺装实施管理的机场铺装管理系统实施了各种试验，部分技术已经达到实用化水平。

本书除了以一系列机场铺装相关技术事项的形式汇总已经标准化的现行技术外，也涉及尚未标准化的技术，以介绍机场铺装的最新技术。

第 1 章，首先简单介绍航空运输与机场的变迁和现状，然后从机场铺装的角度概略介绍交通荷载的飞机和机场，阐述了机场铺装的概况。

第 2 章，就机场铺装应该具备的性能进行总结后，从铺装无法长期保持耐久性这种观点出发，对从设计时起就应该考虑到将来的修补事宜，并对铺装实施管理的机场铺装管理系统的梗概进行了阐述。

第 3 章，就机场铺装结构设计时必须考虑的自然条件和外力因素进行总结后，对位于铺装下方的道床进行了阐述。

第 4 章，就机场铺装的结构设计方法，介绍了基于性能规定的方法后，并对以往使用的基于标准规定的方法进行了总结；另外，对虽然目前并非标准的方法，但却能应对近几年出现的新课题的结构设计方法也作了介绍。

第 5 章，对机场铺装投入使用后，为了确认其性能而使用的检查和评估方法进行了阐述。

第 6 章，对机场铺装的评估结果、性能不合格时所使用的修补方法进行了阐述。

本书是作者自 1979 年进入旧运输省被分配到港湾技术研究所以来，在同所、国土交通省国土技术政策综合研究所、独立行政法人港湾机场技术研究所、财团法人港湾机场建设技术服务中心等单位一直从事机场铺装的调查、设计、施工、养护管理、修补方面的研究开发工作获得的成果总结，也是在已故佐藤胜久先生等研究所和中心的同仁，以及旧运输省、国土交通省等的各位同仁指导和帮助下获得的成果，在此对大家表示衷心的感谢！另外，对给予机会的港湾机场振兴会，以及在执笔本书时给予指导的顾问合田良实先生也表示衷心的感谢！

八谷好高

2010 年 3 月

目　　录

第 *1* 章　航空运输与机场

上溯至一个多世纪以前的 1903 年,人类成功实现了首次飞行。历经两次世界大战,航空技术得到了持续快速的发展,一直至今。自 20 世纪 50 年代出现大型喷气式飞机以来,在利用民用飞机进行人员、物资航空运输方面,人类迎来了真正高速、大量的运输时代,目前已出现乘坐 800 人的超大型飞机。本章首先介绍日本以及在日本起降的国际航空运输状况,然后对日本机场的现状进行概述,最后对机场铺装进行简单介绍。

1.1　航空运输的现状

航空旅客数和货物量是反映航空运输状况的重要指标。图 1.1 表述了日本历年来航空旅客数与货物量(对于国际航班,仅限于在日本起降的飞机数据)的变化。如图 1.1 所示,随着产业分工、产业结构的变化、人际交流的扩大,人们对航空的需求显著增强。如果将 2005 年的数据与 1975 年相比,则可发现在这 30 年间,日本国际航线的旅客数与货物量分别呈 7 倍、13 倍增加;日本国内航线的旅客数也呈 4 倍增加。

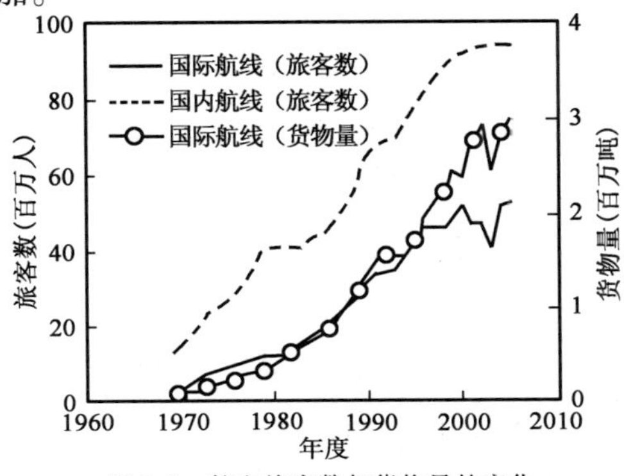

图 1.1　航空旅客数与货物量的变化

日本国内的机场旅客运输与汽车、铁路、客轮等其他运输方式相比，旅客数仅在1%以下，但公里数却呈数十倍增加。由此可知，旅客远距离出行时，利用飞机的时候较多。另一方面，飞机降落次数的变化如图1.2所示。从全部机场的角度考察，虽然在1970~2000年这30年间几乎增加了200%，但这远远赶不上前面所述的旅客数量的增加。由此可以推断，航空运输量的大幅增加是飞机大型化的结果。如果从图1.3观察日本航空公司所拥有飞机数量的变化情况，则可以发现相对于数量几乎无变化的涡轮螺旋桨飞机，涡轮喷气式飞机显著增加，这就是上述推断的佐证。

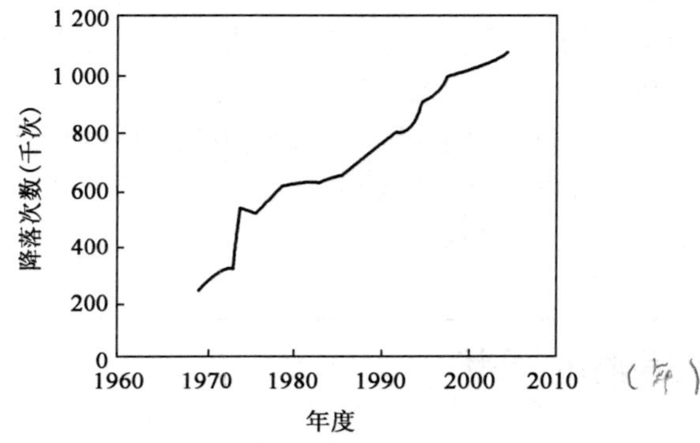

图1.2 飞机降落次数的变化

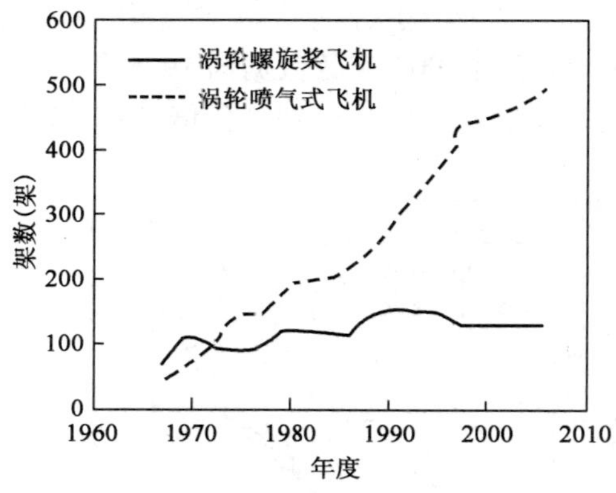

图1.3 日本航空公司拥有飞机数量

对于日本用于国际航空的所有国际机场(旧第一类机场)的降落次数和搭载旅客数，航空运输中国际机场(旧第一类机场)所占比例如图1.4所示。日本国内航班、国际航班合计的降落次数和搭载旅客数分别占 30% 左右和 50% 左右。即使仅考察日本国内航班，其所占比例也无较大差异（2005 年分别为 31%、48%）。由此可知，利用飞机进行的旅客运输的主要以此类机场为主，而且主要靠大型飞机的航行支持。

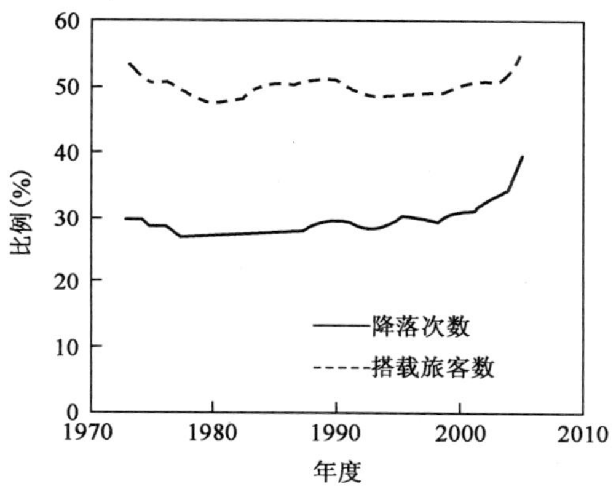

图 1.4　日本航空运输中国际机场（旧第一类机场）所占比例

1.2　日本机场

机场根据使用目的大致分为民用和军用两种。民用机场由国家或者地方公共团体、民间法人以公用的形式建设并管理。本书讲的机场为供定期运输旅客与货物用的机场。

因为飞机要用于物资和旅客的国际运输，所以机场、航行援助设施、航行方法都需要有国际性的规定。伴随 1947 年《国际民用航空公约》的生效，“国际民用航空组织（International Civil Aviation Organization，ICAO）”宣布成立，并陆续制定了相关的国际标准。日本的《航空法》对国际航空和国内航空都作了相应的规定，关于机场方面的各种标准和手册也作了相应的规定。机场的建设、管理等依照《机场法》进行了分类，见表 1.1。如表 1.1 所示，以往机场是依照《机场维修法》进行分类的，但是出于机场政策的重点从维修转移到运营，并最大限度地利用现有机场方面考虑，2008 年 6 月日本将《机场维修法》改为《机场法》，与此相应也重新修正了机场的分类，见表 1.2。

机场数和跑道总长的变化如图 1.5 所示，与前面所述的航空需求的增长趋势一致。机场数量在30年间约增加了30个，如果包括建设中的机场，就达到99个（表1.2）。

日本机场的分类　　表1.1

<table>
<tr><th>根据《机场法》分类</th><th>机场的建设管理</th><th>根据旧《机场维修法》分类</th></tr>
<tr><td rowspan="4">成为国际航空运输网或国内航空运输网基地的机场
（基地机场）</td><td>航空公司建设管理</td><td rowspan="2">第1类机场</td></tr>
<tr><td rowspan="2">国家建设管理（国家管理机场）</td></tr>
<tr><td>第2类机场（A）</td></tr>
<tr><td>由国家建设，委托地方自治体（特定地方管理机场）管理</td><td>第2类机场（B）</td></tr>
<tr><td>在构成国际航空运输网或国内航空运输网方面起重要作用的机场</td><td>地方自治体建设管理
（地方管理机场）</td><td>第3类机场</td></tr>
<tr><td>其他机场</td><td></td><td>其他机场</td></tr>
<tr><td>与自卫队等共用的机场</td><td>民用航空地区由国土交通省管理（共用机场）</td><td>共用机场</td></tr>
</table>

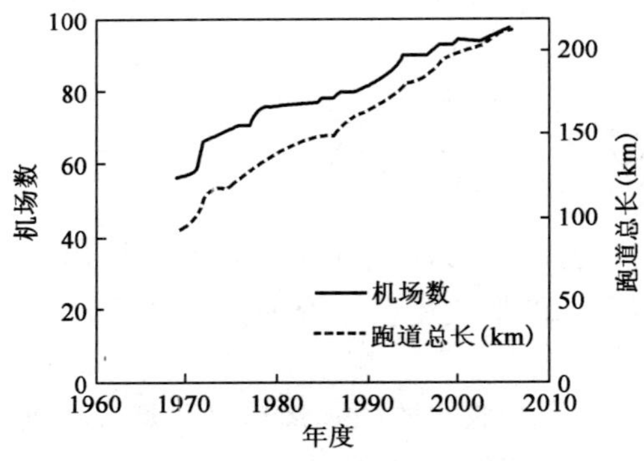

图1.5　机场数和跑道总长的变化

日　本　的　机　场　　表1.2

<table>
<tr><th colspan="2">根据《机场法》分类</th><th>名　　称</th><th>数量</th></tr>
<tr><td rowspan="3">基地机场</td><td>航空公司管理机场</td><td>成田国际、关西国际、中部国际</td><td>3</td></tr>
<tr><td>国家管理机场</td><td>新千岁、稚内、钏路、函馆、仙台、新潟、东京国际、大阪国际、广岛、高松、松山、高知、福冈、北九州、长崎、熊本、大分、宫崎、鹿儿岛、那霸</td><td>20</td></tr>
<tr><td>特定地方管理机场</td><td>旭川、带广、秋田、山形、山口宇部</td><td>5</td></tr>
</table>

续上表

根据《机场法》分类	名　　称	数量
地方管理机场	利尻、礼文、奥尻、中标津、纹别、女满别、青森、花卷、大馆熊代、庄内、福岛、大岛、新岛、神津岛、三宅岛、八丈岛、佐渡、富山、熊登、福井、松本、静冈、神户、南纪白滨、鸟取、隐岐、出云、石见、冈山、佐贺、对马、小值贺、福江、上五岛、壹岐、种子岛、屋久岛、奄美、喜界、德之岛、冲永良部、与论、粟国、久米岛、庆良间、南大岛、北大岛、伊江岛、宫古、下地岛、新多良间、石垣、(新石垣)、波照间、与那国	55(1)
共用机场	千岁、札幌、三泽、茨城、小松、美保、德岛	7
其他机场	调布、名古屋、八尾、冈南、但马、广岛西、大分县央、天草、枕崎	9

注:①表格中的内容截至2010年3月;

②(　)表示未投入使用,为包括数。

日本远离大都市圈的地区除了基本上按每个县建设(有的建设有多个)外,在主要的孤岛上也建设有机场。同样,机场跑道总长也在不断增加(图1.5),30年增加了170%。

表1.3是按2008年旅客数的多寡排列的世界各国的主要机场状况。东京国际机场(羽田机场)虽然居第4位,但与其他主要机场比较,其占地较小。

世界各国的主要机场状况　　表1.3

序位	机场名	国名	跑道		旅客数(千人)
			条数	全长(m)	
1	亚特兰大	美国	4	2 743、3 048、3 624、2 743	90 039
2	芝加哥	美国	7	2 286、2 460、2 428、3 091、3 049、3 963、1 628	69 354
3	伦敦	英国	3	1 962、3 902、3 658	67 056
4	东京(羽田)	日本	3	2 500、3 000、3 000	66 755
5	巴黎	法国	4	4 215、2 700、2 700、3 655	60 875
6	洛杉矶	美国	4	2 721、3 135、3 686、3 382	59 498
7	达拉斯/沃斯堡	美国	7	2 743、2 835、3 471、2 591、4 084、3 471、3 471	57 093
8	北京	中国	2	3 800、3 200	55 937
9	法兰克福	德国	3	4 000、4 000、4 000	53 467
10	丹佛	美国	5	3 658、3 658、3 658、3 658、3 658	51 245

注:旅客数为2008年的数据。

包括羽田机场在内的日本机场,特别是位于城郊的机场,许多都很难实施飞机大型化和高频率化的扩建工程。解决的对策是在海上造地或在山间平整用地,将机场转移,但会产生与造地和平整用地相关的各种技术问题。

日本在制订机场维修计划后开始进行机场的维修。具体讲,自1967年第一次机场维修5年计划开始,经过第7次机场维修计划,从2003年起被列入社会资本维修重点计划,一直持续到今天。图1.6表示的是每年度的机场维修专用账户年度支出情况。这一专用账户除了机场维修有关的费用外,还包括与环境措施和航空保安设施维修有关的费用。图1.6中仅表示了与机场维修有关的部分,即机场维修事业费和机场等维护运营费。机场维修专用账户在20世纪90年代前半期逐年增加,后期稍有减少。机场维修事业费以机场大型项目的推进为代表,从1980年后半期起快速增长了10年左右,然后有所下降。与此相对,机场等维护运营费却一直稳步上升,由此反映出现有机场设施维护管理的重要性。

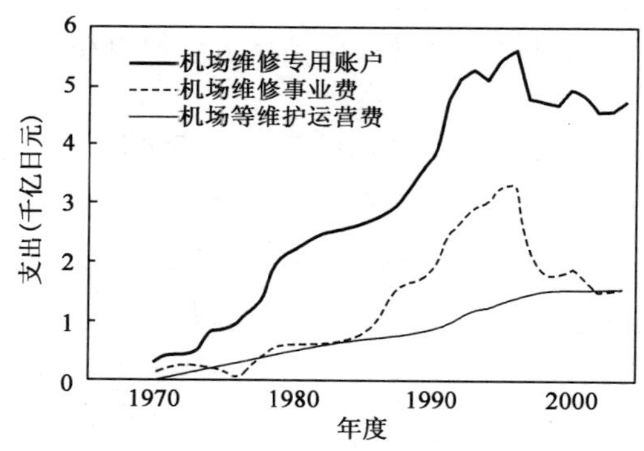

图1.6 机场维修专用账户的支出变化

1.3 飞机

日本机场的主要飞机的普通参数见表1.4(表中的符号意义见图1.7)。

进行机场设施设计时,由于飞机的航行特点、大小、质量等特性因飞机的机型不同有所差异,所以有必要对飞机进行分组。表1.5是根据飞机的航行特点进行的分类,表1.6是根据飞机的大小进行的分类。另外,ICAO根据尺寸对飞机进行了分类(代码字母),详见表2.4。

日本机场的主要飞机的普通参数(单位:m)　　表1.4

飞机代码	飞机	A	B	C	D	E	F	F'	G	H	I	J	K	L
F	A380－800	79.75	72.23	24.40	30.24	35.22	12.46	14.34	14.80	25.70	5.22	32.71	1.05	1.9
E	B747－400	64.92	70.67	19.51	25.60	33.35	11.00	12.60	11.68	20.83	5.11	26.16	0.71	1.32
	B777－300ER	64.80	73.86	18.85	31.22	37.11	10.97	12.90	9.61	—	7.29	25.95	0.75	—
	A340－600	63.45	75.36	19.32	33.26	39.84	10.68	12.61	9.37	19.27	5.93	25.42	0.52	1.56
D	B767－300	47.57	54.94	16.03	22.76	27.31	9.30	10.90	7.92	—	4.90	18.34	0.56	—
	A300－600	44.84	54.08	16.66	18.6	25.27	9.60	10.96	7.94	—	5.38	16.94	0.98	—
	DHC8－400	28.42	32.83	8.34	13.94	—	8.80	9.56	4.40	—	3.92	9.43	0.98	—
C	B737－800W	35.79	39.47	12.62	15.60	19.69	5.72	7.00	4.83	—	4.32	14.40	0.48	—
	A320－200	34.10	37.57	12.45	12.64	17.71	7.59	8.95	5.75	—	3.87	12.58	0.59	—
	DHC8－300	27.43	25.68	7.64	10.01	—	7.88	8.57	3.94	—	3.59	9.43	—	—
B	CRJ200/100	21.23	26.77	6.32	11.40	—	3.17	4.01	—	—	1.44	8.61	2.09	—
	Beech19000	17.67	17.63	4.57	7.25	—	5.23	—	—	—	—	—	—	—
A	BN－28	14.94	10.86	4.18	3.99	—	3.61	—	—	—	—	—	—	—

注:A代表全宽,B代表全长,C代表全高,D代表轮距,F代表悬架轮距,F'代表外轮距。

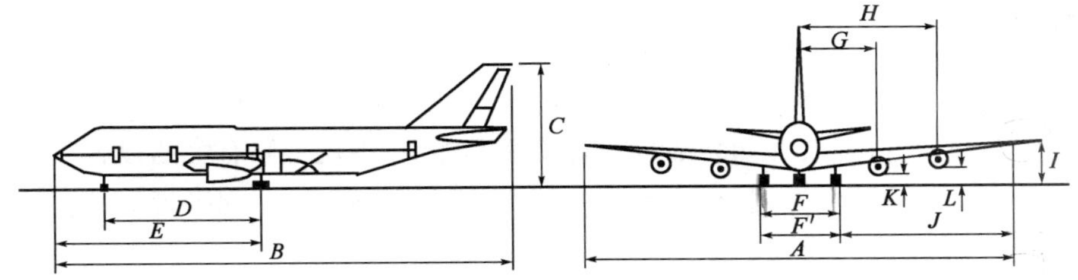

图1.7　飞机诸元素符号

根据飞机的航行特点进行的分类(日本国内航线)　　表1.5

分　类	飞　机
大型喷气式飞机	B747、B777等
中、小型喷气式飞机	B767、A300、B737、MD81、MD90、A320等
支线喷气式飞机	CRJ200、CRJ100等
螺旋桨飞机	DHC8、F50、SAAB340B等
小型飞机	DO228、BN2B等

根据飞机的大小进行的分类(日本国内航线)　　表1.6

飞机代码	机翼宽(m)	外侧主起落架车轮间的距离(m)	飞　机
F	65～80	14～16	
E	52～65	9～14	B747、B777 等
D	36～52	9～14	B767、A300、DHC8—400 等
C	24～36	6～9	B737、MD81、MD90、A320、DHC8—100、DHC8—200、DHC8—300、F50、SAAB340B 等
B	15～24	4.5～6	CRJ200、CRJ100、DO228 等
A	<15	<4.5	BN2B 等

1.4　机场铺装

国际上和日本国内对支承飞机荷载的机场铺装应该具备的性能都有规定。下面首先按功能对机场铺装进行分类介绍,然后再阐述普遍使用的沥青道面和水泥混凝土道面的特点。

1.4.1　机场的铺装设施

机场基础设施的整体图如图1.8所示,如果按功能划分,可分为与飞机运行有关的设施、与搭载旅客和装卸货物有关的设施、与飞机维修有关的设施;另外,从支承飞机荷载的角度划分,又可分为跑道、滑行道、停机坪、起降带等基础设施以及排水、照明等附属设施。

机场基础设施中需要进行铺装的设施有跑道、滑行道、停机坪三类。

(1)跑道:供飞机起降用。

(2)滑行道:连接跑道和停机坪等,供飞机在陆地上滑行。

(3)停机坪:搭载旅客、装卸货物、供油、维修等时供停放飞机使用。

其中,滑行道的类型又可分为4类,如图1.9所示。

①进口滑行道:为了让飞机在跑道与停机坪之间移动而连接到跑道的滑行道。为了缩短飞机占用跑道的时间而设置多条进口滑行道时,需要考虑飞机的必要着陆距离等因素来设定其位置。

②平行滑行道:为了缩短飞机占用跑道的时间而设置多条进口滑行道时,连

接进口滑行道与停机坪,并与跑道平行设置。

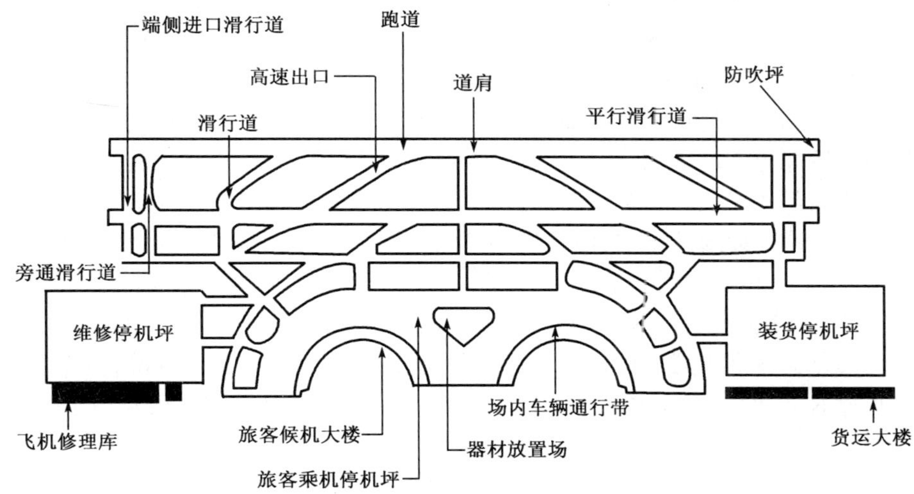

图 1.8　机场基础设施的整体图

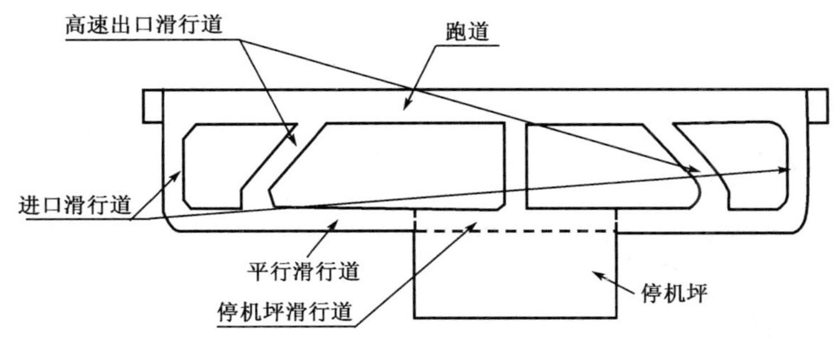

图 1.9　滑行道的类型

③停机坪滑行道:在停机坪内飞机的滑行区域中,具备平行滑行道功能的区域。

④高速出口滑行道:为了进一步缩短着陆后飞机占用跑道的时间,使飞机能够从跑道快速滑出而设置的滑行道。

建设跑道、滑行道、停机坪时,需要充分考虑飞机的航行特性。虽然国内外对跑道、滑行道、停机坪的形状(平面与断面)方面都有相应的规定,但是从确保飞机安全运行、提高机场功能、降低机场维修费用的角度考虑,有时还需要进行进一步讨论。另外,从支承飞机荷载的角度考虑,目前相关标准已规定了具备充分承载力的形式和标准结构。

在铺装设施的特征方面有如下规定:跑道由飞机特性、机场的地理条件等决定其数量、长度、方向等,并在考虑所使用飞机大小的基础上,对其长度和宽度进行标准化;滑行道由飞机占用跑道的时间、行驶时间、行驶距离、行驶线路等决定其配置,其宽度、滑行道与障碍物之间应留出的间距应充分考虑飞机的行驶特性等要素后进行标准化;关于停机坪,根据飞机的大小,对飞机与飞机、飞机与建筑物等的间距,GSE(地面支援设备)车辆通行带等进行标准化。

对于铺装设施的结构,应将机场分为不同的部分,然后针对各个部分作出适当规定。因为对于跑道、滑行道、停机坪的铺装,飞机在机场内的不同平面位置,其质量、行驶速度、通行频率等都存在着较大的差异,所以各设施的铺装应具备的承载力也各不相同。在日本,虽然现行的结构设计方法并无标准,但以往都按如下所示,将机场划分为 A ~ E 铺装区域 5 大类别,并以此为标准。图 1.10 具体表示了这 5 大类别。

①A 铺装区域——跑道端部、起飞时满载飞机通行的滑行道、乘机坪。

②B 铺装区域——跑道中部、出口滑行道、过夜停机坪。

③C 铺装区域——维修停机坪、通过维修停机坪的联络滑行道。

④D 铺装区域——超宽、道肩。

⑤E 铺装区域——停机坪周围、GSE 车辆通行带、器材放置场。

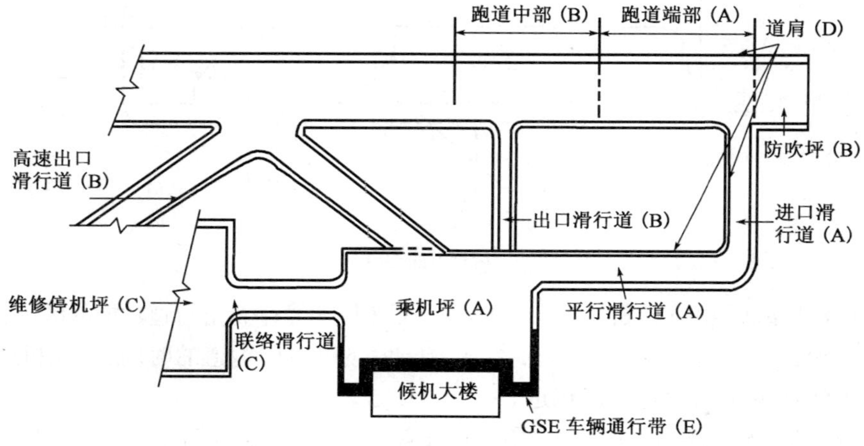

图 1.10　铺装区域

另外,对于跑道,宽度最大为 60m,比滑行道要宽得多。从横断方向观察可知,飞机集中在中心线附近行驶,因此铺装结构如图 1.11 所示,中部(中央带)

要比两侧(边缘带)厚。

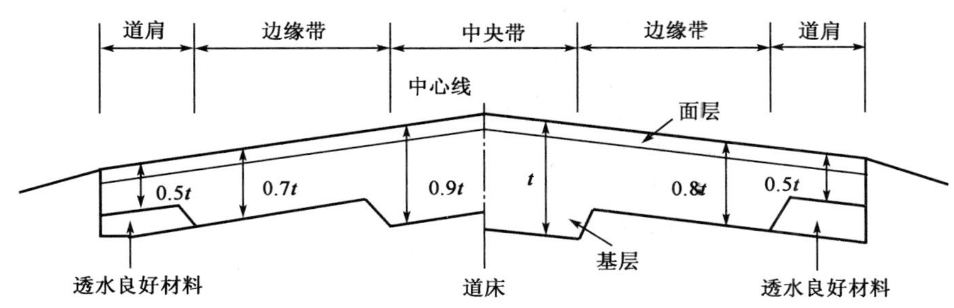

图1.11　跑道横断面铺装图

注:图中 t 为标准铺装厚度。

起降带是为了确保起降时飞机从跑道偏离时的安全性而设置的长方形区域,通常施以植被。起降带的长度为在跑道两端增加60m,宽度按表1.7设定。另外,有关标准对起降带纵向和横向坡度也作了规定。

起降带的等级　　表1.7

起降带的等级	跑道的长度(m)	起降带的等级	跑道的长度(m)
A	>2 550	F	1 080 ~ 1 280
B	2 150 ~ 2 550	G	900 ~ 1 080
C	1 800 ~ 2 150	H	500 ~ 900
D	1 500 ~ 1 800	I	100 ~ 500
E	1 280 ~ 1 500		

1.4.2　沥青道面和水泥混凝土道面

土基顶面用于降低飞机荷载压应变的道面结构,对于其承载力,ICAO作了具体规定。ICAO在20世纪50年代后半期就铺装荷载承载力的表示方法提出了荷载分类指数法(Load Classification Number,LCN),而后在20世纪80年代使其发展为ACN-PCN(ACN:Aircraft Classification Number,PCN:Pavement Classification Number)法。ACN-PCN法是表示飞机作用力的ACN与表示机场铺装荷载承载力的PCN相比较,如果等价或较小时,则视作该飞机进入该机场没有问题的一种方法。ACN和PCN将在第2章中详细介绍。

从结构的角度,机场铺装可以分为柔性沥青道面和刚性水泥混凝土道面两种类型。

沥青道面由沥青混凝土上下面层、粒料碎石和稳定处治材料构成的上基层、现场的砂砾碎石(未筛碎石)等构成的下基层等组成,如图 1.12 所示。上下面层不仅在恶劣自然环境下具有直接支承交通荷载的作用,而且还具有将荷载分散到基层的作用。面层不仅应必须具备应对交通荷载磨损的良好耐磨性,还必须能够防止雨水浸入到铺装内。上基层通过上下面层将分散传递到的荷载进一步分散到下基层,下基层又将其分散到道床。

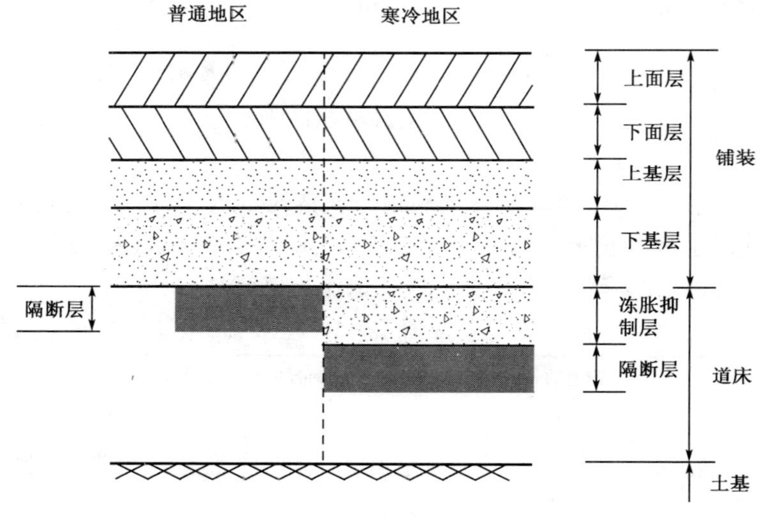

图 1.12 沥青道面的构成

沥青道面具有以下特点:

(1)从施工完成到开放使用需等待时间较短。

(2)比较容易实施应对交通条件变化的阶段性施工。

(3)修补比较容易。

(4)乘机舒适性较好。

(5)有时会发生车辙。

(6)容易因油或热受损。

沥青道面因具有上述特点,适用于飞机快速滑行、无燃料泄漏危险的跑道和滑行道。

水泥混凝土道面与沥青道面基本相同,由混凝土板以及支承该混凝土板的上基层、下基层构成(图 1.13)。因为混凝土板和基层的刚性存在较大差异,所以一般认为面层的混凝土板由基层支承。也就是说，交通荷载因混凝土板的平板作用而被支承，并被广泛分散到基层。

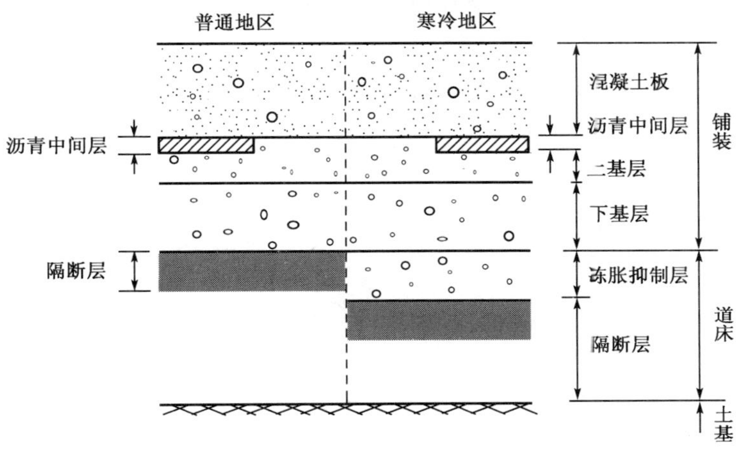

图1.13　水泥混凝土路面的构成

水泥混凝土道面具有以下特点：

(1)即使交通荷载反复加载，也不容易产生车辙。

(2)不易受油和自然环境的影响。

(3)铺装总厚度比沥青道面薄。

(4)混凝土板浇筑后需要较长时间的养护。

(5)修补施工比沥青道面困难。

(6)接缝影响到乘机舒适性，且接缝也容易损坏。

因为水泥混凝土道面具有上述特点，所以适用于飞机静止或低速滑行的停机坪和滑行道。

参 考 文 献

[1] 国土交通省航空局. 数字探测航空. 航空振兴财团，2009.

[2] 国土交通省航空局. 机场土木设施的设置标准及其解说.（财）港湾机场建设技术服务中心，2008.

[3] Airport Council International：Media Release，2008.

[4] International Civil Aviation Organization（ICAO）. Aerodromes，Volume I-Aero-

drome Design and Operations, Annex 14 to the Concention on International Civil Aviation, 2004.

[5] 国土交通省航空局. 机场铺装设计要领和设计事例.(财)港湾机场建设技术服务中心,2008.

[6] ICAO. Strength of Pavements, Aerodrome Manual, Part4, 1960.

第2章 机场铺装的性能和管理

机场是一种实现飞机运输旅客和装卸货物的设施。机场的铺装是指飞机可在机场内滑行、停留的地表面。机场铺装是直接与飞机飞行相关的基础设施(称为机场基础设施),日常管理中必须充分考虑自然状况以及使用状况等,确保飞机安全运行。

本章首先就机场铺装的性能要求进行了阐述,同时针对其从建设到修补的机场铺装管理进行了介绍。

2.1 机场铺装的性能要求

有关社会基础设施维修的设计和执行方式,目前正从依据标准限定逐渐转为基于性能要求。即使在道面铺装领域也是如此,而且各种组织与机构正在对标准类文件进行积极的制定和整理。因此,铺装道面时,首先有必要明确铺装的使用性能。下面结合日本《机场铺装结构设计方法》,对土木学会制定的《铺装结构设计方法》中规定的铺装性能作简单介绍,然后再对机场铺装的使用性能要求进行说明。

2.1.1 土木学会提出的铺装性能要求

在日本土木学会2007年发布的铺装标准规定中,针对铺装性能提出了荷载承载力性能、行驶安全性能、行驶舒适性能、面层耐久性能、减轻环境负荷性能等五方面性能要求。下面对各种性能要求进行具体说明。

(1)荷载承载力性能

荷载承载力性能是一种有关铺装结构的性能,无论是铺设沥青道面还是水泥混凝土道面,均采用道床和基层的支承性能与抗震性能来表征;此外,沥青道面还可用疲劳开裂、低温开裂、纵向开裂、冻胀性表征,水泥混凝土道面还可用混凝土板疲劳开裂、混凝土板施工阶段的开裂表征。

(2)行驶安全性能

有关车辆、飞机等行驶时安全性方面的性能,采用滑动、纵坡、车辙、磨耗表征。

(3)行驶舒适性能

行驶舒适性能是一种与车辆、飞机等行驶过程中驾驶员、乘客舒适性有关的性能,采用平整度和错台表征。

(4)面层耐久性能

铺装表层材料承受荷载的耐久性方面,除了用各种材料的衰减表征外,沥青道面还用剥落、集料松散表征;水泥混凝土道面还用相对交通、地震以外荷载的安全性,即传力杆的耐腐蚀性表征。

(5)减轻环境负荷性能

车辆、飞机等的行驶对周围环境造成的污染,采用噪声和振动表征。

实际铺装设计时,有必要根据具体的使用目的,从这几种性能要求中选择适当的标准要求。

2.1.2 机场铺装的性能要求

机场铺装分为跑道、滑行道、停机坪三类。如第 1 章所述,因为飞机在各铺装设施上的运行特征不同,所以三类铺装的性能要求也各不相同。

(1)跑道

跑道是飞机为了起飞和着陆而进行高速滑行的设施。跑道须具备以下性能:

①有足够的宽度和坡度。

②在表面实施铺装,在具备充分抗滑性能的同时,还须具备飞机滑行时的安全性和排水性。

③即使因交通荷载的作用或 1 级地震等受损,也不会影响其功能而正常使用;还需要确保在 2 级地震等条件下,通过稍微修补即可恢复功能。

(2)滑行道

滑行道是连接跑道和停机坪的设施,要求具备以下性能,以便飞机能够安全有效地滑行:

①有足够的宽度和坡度。

②表面有铺装,具备飞机滑行时的安全性和排水性。

③为了保证飞机能安全航行,应该确保跑道与其他滑行道之间具有足够的

距离；同时，其连接处应该有适当的角度和形状。

④即使因交通荷载的作用或 1 级地震等受损，也不会影响其功能而正常使用；还需要确保在 2 级地震等条件下，通过稍微修补即可恢复功能。

(3)停机坪

停机坪是旅客上下机、装卸货物、供油、实施维修时，供飞机停放的区域。停机坪须具备以下性能：

①有适当的形状和坡度。

②表面实施铺装，具备飞机滑行或停机时的安全性和排水性。

③停放的飞机与建筑结构物等之间确保有足够远的距离。

④即使因交通荷载的作用或 1 级地震等受损，也不会影响其功能而正常使用；还需要确保在 2 级地震等条件下，通过稍微修补即可恢复功能。

总之，机场铺装需要支承飞机荷载的同时，必须为飞机提供安全的滑行面。2008 年 7 月，以《机场铺装设计要领和设计事例》形式发布的日本机场铺装结构设计方法中就反映了这一点。此外，该书中明确指出机场铺装的性能包括荷载承载力性能、行驶安全性能、表层耐久性能，并阐述了为检查这些性能而必须实施的项目和方法。

另一方面，航空法中也有陈述，航空领域非常重视国际间的规定。伴随 1947 年《国际民用航空公约》生效而成立的日本“国际民用航空组织(ICAO)”，就民用航空运输事项方面制定了国际标准。该公约中的第 14 附件(Annex14)规定了有关飞机场的标准。日本也制定了应对该规定的各种标准文件。

因此，以下将从比《机场铺装设计要领和设计事例》所载内容更广的意义上，把握机场铺装的性能要求，着眼于与此类航空有关的标准进行总结和阐述。

另外，以道面为对象的铺装结构设计方法也于 2001 年出现了基于性能的方法。其中包括疲劳破坏累积轮数、塑性变形累积轮数、平整度，这些分别相当于日本土木学会在《铺装标准规格》中对于铺装所应具备的荷载承载力性能、行驶安全性能、行驶舒适性能的检查项目；除此之外，对排水道面铺装的性能还提出了渗透水量的要求，相当于行驶安全性能的相关检查项目。

2.2　行驶安全性能

行驶安全性能是机场铺装主要性能要求之一，主要用平面参数、纵断参数、抗滑性能等表征。

2.2.1 平面参数

对于跑道、滑行道、停机坪,因为飞机在其上的运行特征存在着差异,所以其各自所要求具备的性能也大不相同。

1)跑道

跑道的长度需要根据使用机场中的飞机而定。具体讲,跑道的长度必须满足以下三项要求。

(1)起飞距离:从飞机开始起飞滑行时起,一直到飞机达到临界速度后,在一台引擎停止运行的条件下起飞,并到达一定高度时为止的距离。

(2)加速停止距离:从飞机开始起飞滑行时起,一直到飞机达到临界速度后,因为引擎故障而中止起飞,进行制动后飞机停止时为止的距离。

(3)着陆距离:从飞机降落过程中距地面 15m 时起,一直到飞机着陆后完全停止时为止的距离,然后除以 0.6 得到的距离。

飞机起飞时需要的距离即起飞必要距离,取以下两种距离中较长者:同时满足起飞距离和加速停止距离;或者在所有引擎正常条件下飞机起飞后到达一定高度时为止的距离的 115%。通常,着陆距离不会比起飞必要距离长。

但是,起飞必要距离会因机场的海拔、气温、风向、跑道的坡度和表面特征而发生变化,跑道所应有的长度必须充分考虑这些因素。表 2.1 是日本规定的标准跑道长度。除此之外,为了防止飞机溢出或下冲,跑道的两端还需要设置 60m 长的缓冲带(超宽)。

日本规定的标准跑道长度　　表 2.1

分　类	飞　机	跑道的长度(m)
大型喷气式飞机	B747、B777 等	>2 500
中、小型喷气式飞机	B767、A300、B737、MD81、MD90、A320 等	>2 000
支线喷气式飞机	CRJ200、CRJ100 等	>2 000
螺旋桨飞机	DHC8、F50、SAAB340B 等	>1 500
小型飞机	DO228、BN2B 等	>800

设计跑道的宽度需要充分考虑飞机的类型、起落架和引擎的配置、滑行时在横断方向的位置分布等因素。在日本,起降带的等级(跑道长度)所要求的宽度(表 2.2)也各不相同。除此以外,为了防止飞机引擎的喷气流引起砂土等飞散和便于紧急车辆等的行驶,需要在跑道的两侧设置道肩。即使跑道的长度相同,

道肩的宽度也会因机场所处地域不同而异，这是基于除雪作业的考虑。跑道的道肩宽度见表 2.3。

跑 道 的 宽 度　　表 2.2

起降带的等级	跑道长度(m)	跑道宽度(m)
A ~ E	>1 280	>45
F、G	900 ~ 1 280	>30
H	<900	>25

跑道的道肩宽度　　表 2.3

起降带的等级	跑道长度(m)	道肩宽度(m)		
		温暖地区	准寒冷地区	寒冷地区
A、B	2 150	10	10	15
C ~ F	1 080 ~ 2 150	7.5	7.5	10
G、H	500 ~ 1 080	5	7.5	10

ICAO 只是建议跑道的长度需要根据适航的飞机作出适当的规定；另外，对于跑道的宽度，建议根据机场的规模采用最小值。具体讲，如表 2.4 所示，根据表示机场适航飞机性能和尺寸的代码编号(code number)和代码字母(code letter)进行分类，通过两者的组合确定机场的跑道长度和宽度(表 2.5)。代码 D、E 的机场中宽度不足 60m 的跑道以及代码 F 的机场跑道上应该设置道肩。道肩的具体宽度可以规定为：跑道主体和道肩的合计宽度，代码 D、E 时为 60m，代码 F 时为 75m。

ICAO 制定的机场代码　　表 2.4

代码编号	跑道长度(m)	代码字母	机翼宽(m)	外侧主起落架车轮间距离(m)
1	<800	A	<15	<4.5
2	800 ~ 1 200	B	15 ~ 24	4.5 ~ 6
3	1 200 ~ 1 800	C	24 ~ 36	6 ~ 9
4	>1 800	D	36 ~ 52	9 ~ 14
		E	52 ~ 65	9 ~ 14
		F	65 ~ 80	14 ~ 16

ICAO 对跑道宽度的规定(单位:m) 表2.5

代码编号	代码字母					
	A	B	C	D	E	F
1*	18	18	23	—	—	—
2*	23	23	30	—	—	—
3	30	30	30	45	—	—
4	—	—	45	45	45	60

注:*表示精密进近跑道的宽度在30m以上。

2)滑行道

在滑行道上,行驶的飞机速度比在跑道上的速度小得多。正因为如此,滑行道所要求的宽度,无论是滑行道主体还是道肩,都没有跑道那么严格,但需要考虑适航飞机的起落架和引擎配置。滑行道的宽度见表2.6,滑行道道肩的宽度见表2.7。

滑行道的宽度 表2.6

起降带的等级	滑行道长度(m)	滑行道宽度(m)
A~C	>1 800	>23
D~G	900~1 800	>18
H	500~900	>9

滑行道道肩的宽度 表2.7

起降带的等级	滑行道长度(m)	道肩宽度(m)	
		温暖、准寒冷地区	寒冷地区
A、B	>2 150	7.5	10
C、D	1 500~2 150	5	10
E~G	900~1 500	5	7.5
H	500~900	3	5

ICAO 建议滑行道的宽度依照表2.4中的机场代码编号,设定为7.5(代码A)~25m(代码F);另外,关于道肩方面,规定了代码C~F时的滑行道主体和道肩的合计宽度(代码C、D、E、F时分别为25m、30m、44m、60m),建议将从中减去滑行道主体宽度后的余值视为道肩的宽度。

3)停机坪

停机坪除了供停机后运输旅客或装卸货物外,在其上还要进行飞机的维修作业。停机坪的形状必须保证飞机和 GSE 车辆能够顺利行驶,以便实现以上目的。具体讲,飞机和其他飞机、相邻结构物之间应该确保有足够的间距。在日本,飞机的标准间距见表 2.8。在此基础上,停机坪的标准形状受过渡面❶的限制时,其标准参数如表 2.9 所示(飞机代码与 ICAO 规定的代码字母相同)。

飞机的标准间距(单位:m)　　表 2.8

适用场所	飞机代码					
	F	E	D	C	B	A
在停机坪滑行道上移动的飞机与其他飞机、障碍物之间的距离	>15	>15	>14.5	>8	>9.5	>8.75
在停机位滑行通道上移动的飞机与其他飞机、障碍物之间的距离	>10.5	>10	>10.5	>6.5	>4.5	>4.5
在飞机导入线路上移动的飞机与停靠的飞机、障碍物之间,停放着的飞机相互之间,停放着的飞机与建筑物之间的距离	>7.5	>7.5	>7.5	>4.5	>3	>3

停机坪的标准参数　　表 2.9

飞机代码	机头朝里方式		自走式(45°停机)	
	宽度 A(m)	进深 B(m)	宽度 A(m)	进深 B(m)
F	87.5	220	—	—
E	72.5	190	—	—
D	59.5	155	95	105
C	40.5	110	60	85
C、D(螺旋桨飞机)	—	—	55	70
参数	A, B; 候机大楼		A, B; 候机大楼	

❶ 为了确保飞机的航行安全,在机场的周边空间规定的障碍物限制面之一,连接起降带(长边),外侧呈 1/7 坡度的面(末端与水平面相接)。

ICAO 只是建议根据机场的代码字母选择最小的间距(代码 A ~ F 为 3 ~ 7.5m)。

2.2.2 纵断参数

跑道、滑行道以及停机坪,在铺装平整度方面的性能要求大不相同。前者需从高速滑行性、排水性的角度进行规定,而后者应从排水性、停机稳定性的角度进行规定。

1)跑道

跑道纵断方向的设计考量主要有飞行员操作便利性和包括旅客在内的乘机舒适性两项性能要求。

(1)操作便利性

操作便利性是在飞机速度较快的跑道上需要严格要求的性能,通过纵坡、视距、纵向变坡、变坡间距离这些指标进行规定。首先,纵坡会影响飞机起降所必需的跑道长度和进场时飞行员观察到的跑道形状,所以需要对纵坡进行规定,特别是须严格要求的跑道端部。另外,因为飞机的滑行速度较快,而且操作性较差,所以表示跑道可瞭望程度的视距(图 2.1)也是必要的规定项目。此外,飞机起飞滑行时,从防止飞机在其滑行速度达到起飞速度之前就起飞,或从防止前轮和主起落架间的机体在纵方向上下振动(porpoising)的角度考虑,跑道纵向变坡和变坡间距离(图 2.2)也是必要的规定项目。

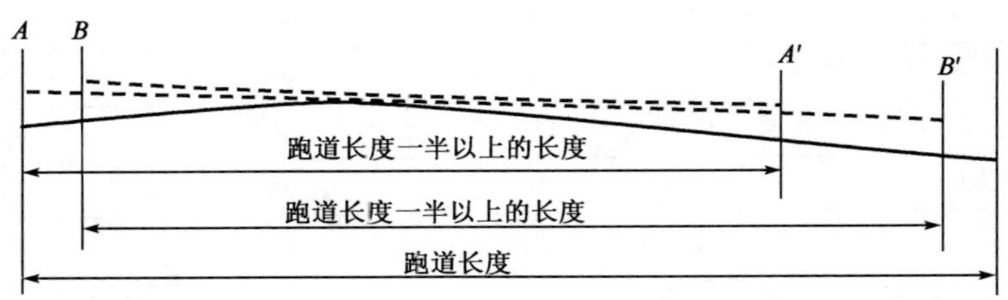

图 2.1 跑道视距

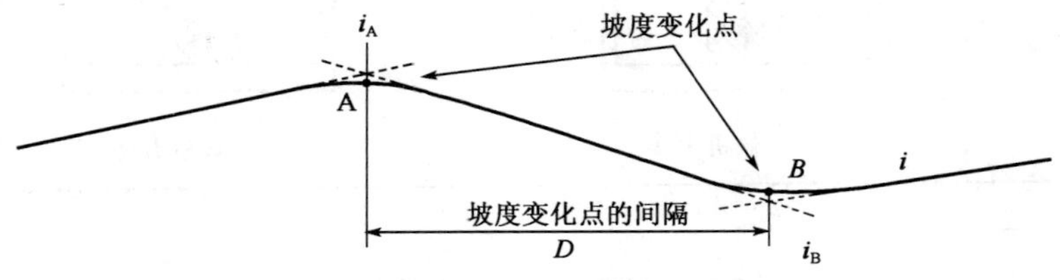

图 2.2 跑道纵向变坡及变坡间的距离

日本关于跑道纵断方向参数的相关规定见表 2.10。视距是飞行员在同一高度的点（表 2.10 中的视点高度）从跑道上方可以观察到的距离（图 2.1 表示的 $A \sim A'$ 和 $B \sim B'$），规定应包括跑道全长，确保跑道一半以上的距离。纵向变坡定义为坡度变化点上的两坡度之差的绝对值。曲率半径为坡度变化点上必须设置的纵断曲线的半径。纵断变化点间的最小间距 D 必须在 45m 以上，该值可以通过式（2.1）计算得到。

跑道纵断方向参数的相关规定　　表 2.10

a）纵坡、纵向变坡、曲率半径、与变坡间距离相关的系数 α

起降带的等级	跑道长度（m）	纵坡（%）	纵向变坡（%）	曲率半径（m）	与变坡间距离相关的系数 α（m）
A ~ D	>1 500	<1.0*	<1.5	>30 000	300
E ~ G	900 ~ 1 500	<1.0	<1.5	>15 000	150
H	500 ~ 900	<1.5	<2.0	>7 500	50

注：* 表示从末端开始，跑道全长 1/4 以下的范围在 0.8% 以下。

b）视点高度

飞机代码	视点高度（m）
A	1.5
B	2
C ~ F	3

式（2.1）中的系数 α 因跑道的长度不同而不同。

$$D = \alpha \cdot (i_A + i_B) \tag{2.1}$$

其中，i_A、i_B 是指纵坡变化点（A、B）上坡度变化量（%）的绝对值。

关于坡度变化，日本的标准是以跑道长 900m 和 1 500m 为临界改变标准值，而 ICAO 则是根据机场代码编号，即以 800m、1 200m、1 800m 为界，划分为 4 类临界改变标准值（表 2.11）。此外，关于可瞭望跑道长度一半以上距离的必要项目——视距，按飞机的类型，即机场代码字母规定的视距测量高度各不相同，代码字母 A、B、C ~ F 分别规定为 1.5m、2m、3m。

ICAO 对跑道纵断方向平整度的相关规定　　表 2.11

机场代码编号	纵坡①（%）	纵向变坡（%）	曲率半径（m）	与变坡间距离相关的系数 α②（m）
1	<2	<2	>7 500	5 000
2	<2	<2	>7 500	5 000

续上表

机场代码编号	纵坡[①]（%）	纵向变坡（%）	曲率半径（m）	与变坡间距离相关的系数 α[②]（m）
3	<1.5	<1.5	>15 000	15 000
4	<1.25	<1.5	>30 000	30 000

注：①代码编号 3（类型[❶] Ⅱ或Ⅲ）和代码编号 4 时，跑道两端跑道全长的 1/4 部分在 0.8% 以下；
②变坡间的距离在依此计算得到的值以上，并且在 45m 以上。

（2）乘机舒适性

关于乘机舒适性的研讨，本来就是分析飞机运动特性时必须进行的项目。关于这一点，虽然公路铺装方面有结合铺装破损状况和乘车舒适性的现有功能指标（Present Serviceability Index，PSI），以及采用车辆模型计算纵断方向平整度响应的国际平整度指数（International Roughness Index，IRI）指标，但在机场铺装方面尚未试验。机场铺装建设时有关平整度的性能要求，有的从防止积水的角度规定，利用 3m 直尺测得偏差，沥青道面和水泥混凝土道面应该分别在 2.4mm 以下和 2.0mm 以下。

对于跑道的横断面，如果排水不充分，不仅影响起飞滑行中飞机的性能发挥，而且积水还会影响滑行时的稳定性，所以将其排水性能规定为应该具备的性能。一般在跑道、滑行道中，中心线左右两侧的道肩设计带有坡度（横坡）。日本规定跑道的横坡为 1.5%（全长 900m 以下的跑道为 2.0%），见表 2.12。ICAO 按机场代码字母对跑道和滑行道的横坡进行了规定，见表 2.13。

跑道和滑行道的横坡 表 2.12

设　施	起降带的等级	跑道长度（m）	横坡（%）
跑道	A～G	>900	1.5
	H	<900	2
滑行道	—	—	1.5

ICAO 对横坡的相关规定 表 2.13

机场代码字母	横坡（%）	
	跑道	滑行道
A、B	<2.0	<2.0
C～F	<1.5	<1.5

❶ 是 ILS（仪表着陆系统）的设置和应用精度分类，类型的数字越大，决断高度越低，也就是精度越高。

2)滑行道

滑行道上飞机滑行的速度为 30 ~ 50km/h,这与超过 200km/h 的跑道相比非常小,所以对纵断方向的参数规定没有跑道那么严格,如表 2.14 所示。滑行道的纵坡可以比跑道的坡度大,视距从 3m 的高度最少可以观察到 300m 外的铺装面即可。这比起跑道的规定要宽松得多,而且对纵向变坡及变坡间的距离方面没有特别规定。关于此类性能,与跑道一样,ICAO 作出了国际性的规定(表 2.15);此外,对横坡方面也与跑道一样作出了规定,见表 2.12 和表 2.13。

滑行道纵断方向参数的规定　　表 2.14

起降带等级	跑道长度(m)	纵坡(%)	曲率半径(m)
A ~ D	>1 500	<1.5	>3 000
E ~ H	500 ~ 1 500	<3.0	>2 500

ICAO 对滑行道纵断方向平整度的相关规定　　表 2.15

机场代码符号	纵坡(%)	曲率半径(m)	视程测量高度(m)	视距(m)
A	<3	>2 500	1.5	150
B	<3	>2 500	2	200
C ~ F	<1.5	>3 000	3	300

3)停机坪

因为飞机在停机坪低速滑行或停止、停机,所以应该从确保排水性、防止积水,确保滑行和停机时的安全性角度规定性能。具体讲,坡度规定应保证飞机能够切实停止或停机。另外,设计时考虑单侧坡度或曲折坡度,目的是能使雨水迅速流入到排水沟。ICAO 虽然认为坡度的大小必须保证能够防止表面蓄水,但又规定应该尽可能保持水平。日本从排水的角度规定坡度的最小值为 0.5%,从防止停放的飞机发生移动的角度规定坡度的最大值为 1.0%。

2.2.3　抗滑性能

如果铺装表面处于湿滑状态,飞机滑行时机场铺装表面的抗滑性能将会降低,而且驱动时很有可能发生水漂现象,制动时很有可能发生滑动现象。正因为如此,机场铺装需要具备能够防止发生这些问题的性能,主要以飞机高速滑行的跑道为对象进行规定。

1)跑道铺装表面的抗滑性能

跑道铺装表面的抗滑性能包括跑道在内的铺装,其表面的抗滑性能会因降雨、降雪等发生变化,所以,ICAO 规定机场管理人员必须随时明确其具体状况。具体讲,就是当跑道处于湿滑状态时,应该将其归类到潮湿、湿滑、有积水、淹没中的一类并报告,并且测量滑动摩擦系数;当判定为易滑时,规定必须公布该信息。此时,信息的公布利用 NOTAM(Notice to Airmen)实施,直到易滑状态得到改善。

对于湿滑跑道,当其滑动摩擦系数小于表 2.16 中的最小值时,判定为易滑状态。表 2.16 所列的测量装置,湿滑时的道面被判定为易滑特征,是指滑动摩擦系数小于表 2.16 中所示的最小值时的特征。表 2.16 中的测量装置为车辆式装置,有 Mu 仪拖车(Mu-meter)、滑溜仪拖车(Skiddo meter)、表面摩阻测试车(Surface Friction Tester)、跑道摩阻测试车(Runway Friction Tester)、抗滑测试仪拖车(Grip Tester)等类型。

ICAO 对湿滑跑道滑动摩擦系数的规定值 表 2.16

测量装置	轮胎		速度(km/h)	水深(mm)	新建的目标值	修补计划值	最小值
	类型	压力(KPa)					
Mu 仪拖车(Mu-meter)	A	70	65	1	0.72	0.52	0.42
	A	70	95	1	0.66	0.38	0.26
滑溜仪拖车(Skiddo meter)	B	210	65	1	0.82	0.6	0.5
	B	210	95	1	0.74	0.47	0.34
表面摩阻测试车(Surface Friction Tester)	B	210	65	1	0.82	0.6	0.5
	B	210	95	1	0.74	0.47	0.34
跑道摩阻测试车(Runway Friction Tester)	B	210	65	1	0.82	0.6	0.5
	B	210	95	1	0.74	0.54	0.41
TATRA 摩阻测试车(TATRA Friction Tester)	B	210	65	1	0.76	0.57	0.48
	B	210	95	1	0.67	0.52	0.42
抗滑测试仪拖车(Grip Tester)	C	140	65	1	0.74	0.53	0.43
	C	140	95	1	0.64	0.36	0.24

注:类型中的 A 表示使用特殊橡胶,B、C 表示使用普通橡胶(C 为小径轮胎)。

无论哪一种测量装置类型,都装载有在水深 1mm 条件下测量的自动洒水装置,并装载有平滑胎面的测定轮。另外,在日本,湿滑跑道的滑动摩擦系数目标值按表 2.17 所示的值(水深 1mm)设定。

日本湿滑状态跑道滑动摩擦系数目标值　　表 2.17

装　置	速度（km/h）	轮　胎	滑动摩擦系数	
			分组	无分组
Mu 仪拖车	65	RL-2	0.6	0.5
表面摩阻测试车	95	RL-2	0.55	0.45
跑道摩阻测试车	95	AERO	0.45	0.4

除此以外，有时跑道上会有雪、融雪、冰块，无法完全清除降雪时，跑道整体或一部分被雪和冰覆盖。此时需要测量跑道整体的滑动摩擦系数，将跑道划分为 3 个部分，依照表 2.18 判定各部分制动的作用，并规定以 SNOTAM(Snow Notice to Airmen)的形式公布相关信息。

冰雪跑道制动效果信息　　表 2.18

测　定　值	制 动 效 果	编　码
>0.40	良好	5
0.39 ~ 0.36	良好 ~ 普通	4
0.35 ~ 0.30	普通	3
0.29 ~ 0.26	普通 ~ 较差	2
<0.25	较差	1

测量滑动摩擦系数的方法有采用车辆式或采用减速仪的方式。前者与湿滑铺装面的测量方法相同，后者为使用 Tapley 计（Tapley Meter）、James 制动减速计（James Brake Decelerometer）等车载式小型测量装置的方法。无论哪种方法，都可适用于冻结后的雪和冰的情形，但是后者很难应对松软积雪或融雪的情形。

2）确保铺装表面抗滑性能的对策

铺装表面部分使用的沥青混凝土和水泥混凝土，有无数的细微凹凸。其中，对飞机滑行时的抗滑性能影响较大的是波长在毫米级以下的凹凸，这部分凹凸可以分为由集料自身形成的大于 0.1mm 的宏观纹理和由集料表面粗糙形成的小于 0.1mm 的微观纹理。两种纹理是铺装面在湿滑状态下保持抗滑性能的重要因素。宏观纹理有助于轮胎与铺装接触面上的排水，微观纹理有助于确保轮胎与铺装间的无水接触面。如果此类纹理足够，则滑动摩擦系数将接近于干燥状态下的数值，可以确保铺装表面的抗滑性能。除了纹理外，铺装的表面形状也是确保跑道表面切实排水的重要因素。

湿滑状态下，跑道表面的抗滑性能因以上三个因素的不同而存在较大差异，所以需要制定确保与此相关性能的标准。ICAO 规定如下。

(1)宏观纹理

对宏观纹理以纹理深度的形式进行规定:新建跑道的纹理深度应该在1.0mm以上。

(2)微观纹理

对微观纹理没有特别规定,仅规定使用粗糙、有棱角的集料。

(3)表面特征

对坡度、平整度、表面处理方法等的规定如2.2.2节所述。特别是在横断方面,为了保持良好的排水性,规定中部稍高、两侧稍低(表2.13)。另外,规定表面应无凹凸,跑道表面采用3m尺规测量时应无3mm以上的高差。这是因为如果由于不均匀沉降或变形产生深度为3mm左右的积水时,则很有可能发生水漂现象;如果气温低至可能发生冻结时,也要禁止出现积水。此外,设槽时,建议与跑道中心线呈直角设置。

日本虽然没有上述与纹理有关的规定,但制定了与坡度(表2.10)和纵断参数有关的规定(表2.14)。此外,为了进一步提高排水性,跑道表面原则上应该在横断方向上开设如图2.3所示形状的槽。开设槽时,应该遍及跑道全长,长度为跑道宽度的2/3;但是在寒冷地区,因为从槽部分向外侧流出的雨水等会蓄积而冻结成冰,所以规定其长度最好为跑道的全宽。寒冷地区根据需要可以在滑行道上开设槽。

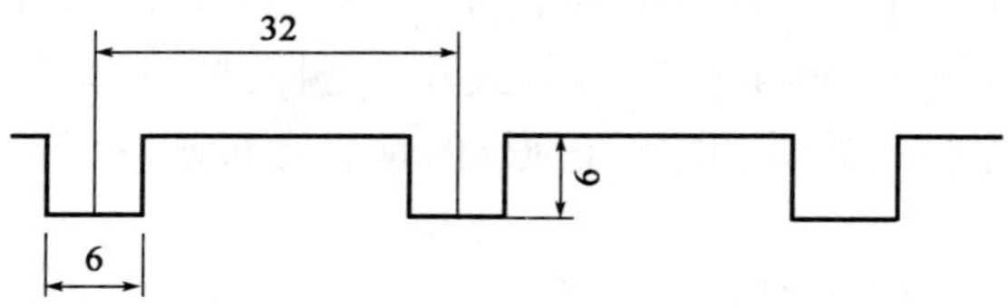

图2.3　槽的形状(尺寸单位:mm)

2.3　荷载承载力

机场铺装自然也需要具备荷载承载力,即具备飞机可在其上安全滑行的结构。这时,因为铺装是建设在地基上的设施,所以不仅仅是铺装,包括支承铺装的道床在内的土基也是规定对象。下面首先介绍直接支承飞机荷载的铺装的荷载性能要求,然后再阐述支承铺装的土基荷载承载力。

2.3.1 铺装的荷载承载力

关于铺装的荷载承载力,ICAO 规定以 AIP(Aeronautic Information Publication)的形式报告 5.7t 以上飞机所使用机场的铺装强度。日本的规定也与此相同。

如 1.4.2 节中的部分记述,ICAO 在 20 世纪 50 年代后半期提出了表示铺装强度的方法,即 LCN(Load Classification Number)法。这是一种可利用同一尺度(LCN)比较飞机荷载和铺装强度的方法。20 世纪 80 年代初,ICAO 将上述方法发展为 ACN(Aircraft Classification Number)-PCN(Pavement Classification Number)法。ACN 是将飞机对铺装所产生的影响指标化后的数值;PCN 是将铺装的荷载支承性能指标化后的数值,即表示在不受交通量限制的条件下,可以确保运行的飞机荷载。据此,该法可以统一表示因机型不同、主起落架和车轮各异的飞机荷载和铺装强度。对象飞机的 ACN 与想要进入机场的 PCN 比较,如果相等或较小时,则判定可以进场。但是,即便 ACN 超过 PCN,如果沥青道面时 ACN 在 PCN 的 1.1 倍以下,水泥混凝土道面对应 ACN 在 PCN 的 1.05 倍以下,则认为不会对铺装产生影响;如果此类超载飞机的交通量占整体交通量的 5% 以下,则容许进场。

ACN 的计算方法因铺装的类型,即沥青道面和水泥混凝土道面的不同而异。沥青道面时,利用 CBR 法依据飞机重力、交通量(10 000 覆盖量)、道床强度求得铺装厚度,利用图 2.4 求得 ACN。水泥混凝土道面时,利用威士加德(Westergaard)应力函数表示混凝土板中部承载飞机荷载时的应力(即所谓的板中荷载应力),并采用基于此应力的方法,根据图 2.5 求得 ACN。

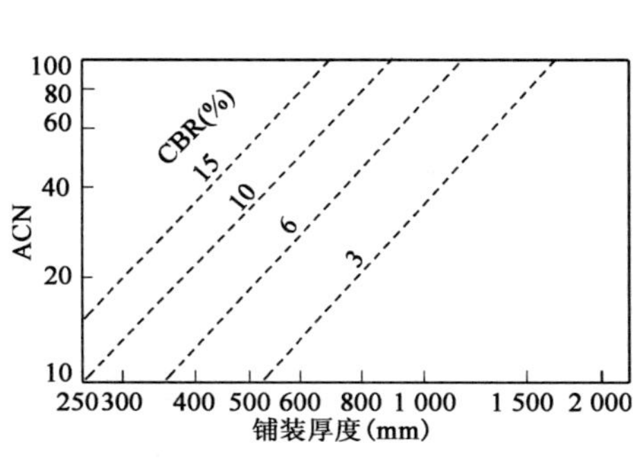

图 2.4　沥青道面的 ACN 计算图

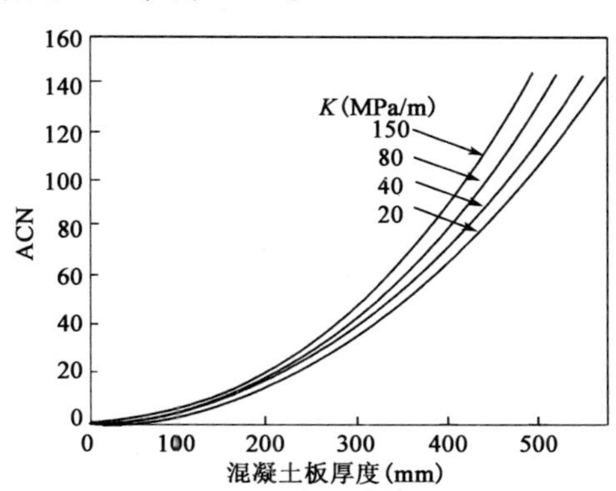

图 2.5　水泥混凝土道面的 ACN 计算图

PCN 的计算方法有依据飞机运行经验和依据铺装结构评估两种方法。依据飞机运行情况的方法，是指通过调查目前进场飞机的实际情况，求得各种飞机的 ACN，取其中的最大值为 PCN 值。这种方法属于现场修改型，当预测将来交通量增加时，需要降低 PCN 值。结构评估法依据铺装评估的方法又分为利用铺装结构设计方法的反算法，以及测量施加荷载时铺装响应的实测法。反算法是指在把握铺装各层与道床厚度、材料特性、交通量等后，通过逆向设计法求得铺装的容许荷载，将其当作 PCN；实测法是指根据非破坏性试验获得的变形推测破坏次数，由此求得铺装的容许荷载，并将其当作 PCN。

如以上所述，ICAO 仅规定了铺装强度是必要的性能，而未涉及铺装如何设计、施工等，以及是否“边修补、边应用”等内容。铺装的荷载承载力性能会因交通荷载的反复作用而慢慢降低。所以，为了在设计使用期限内针对飞机随时保持充分的结构稳定性而对铺装实施管理，需要适当预测投入使用后铺装的结构特征。

机场铺装的荷载承载力性能，必须以 AIP 的形式公布以下信息：

(1) PCN。

(2) 铺装的类型：R(刚性铺装)、F(柔性铺装)中的任一个代码。

(3) 道床的强度：分为高、中、低、超低四类，从这四类道床强度的代码(表 2.19)中选择。

道床强度的代码 表 2.19

代　码	道床强度	承载力系数(MPa/m)	CBR(%)
A	高	>120	>13
B	中	60~120	8~13
C	低	25~60	4~8
D	超低	<25	<4

(4) 容许胎压：分为高压、中压、低压、超低压四类，从这四类容许胎压的代码(表 2.20)中选择。

容许胎压的代码 表 2.20

代　码	容许胎压类型	容许胎压数值(MPa)
A	高压	无限制
B	中压	<1.5
C	低压	<1.0
D	超低压	<0.5

(5)评估方法。PCN 的评估方法:选择 T(技术性评估)、U(依据运行情况)中的任一个代码。

具体以低强度道床上铺设的柔性铺装为例,如果其荷载承载力性能技术性评估为 PCN140、可适航飞机的胎压在 1.5MPa 以下时,则以 AIP 的形式表示为:PCN140/F/C/B/T。

2.3.2　道床、地基的荷载承载力

地基的荷载承载力要求与铺装一样,主要是针对飞机荷载提出的,但也针对铺装本身。荷载长期持续施加于地基时,作用于地基的荷载压力,其上部较大,所以这一部分被称为道床,并有严格的性能要求。在日本的机场铺装设计中,道床的厚度如果考虑荷载向深度方向的传递,则 1 ~ 2m 已足够。对于沥青道面,仅在荷载较大时才设定为 2m 或 1.5m,否则为 1m。原因如第 1 章所述,是由沥青、水泥混凝土两种铺装的荷载支承结构不同所致。关于道床的材料性能,依据土质分类法进行规定,或者根据强度、CBR 这些土质材料的力学特性,还有粒径、塑性指数这些土质材料的物理特性进行规定。

因为道床下方地基的荷载压力通过铺装和道床的分散变得较小,所以对于地基性能的强度特性除了松软地基外,一般无需进行特别的研讨。在日本,具有表 2.21 所示特性的松软土基是研究对象。

松软土基的荷载承载力示例　　表 2.21

土　质	单轴压缩强度(MPa)	N 值
黏性土	0.05	<4
砂质土	接近 0	<9

除此以外,日本在山区地带和海上建设的机场也很多,有时山区不得不填筑数十米到数百米的土,填海区也不得不填埋数十米的海水。因此,针对控制压缩、固结所产生的变形,也是其性能要求之一。为了使机场尽早投入使用,通常都允许在地基固结沉降结束后马上实施铺装,但铺装结束后地基仍有继续沉降的危险。

机场投入使用后,地基沉降特别是不均匀沉降,会使铺装产生较大的问题。例如,填方地基上的机场铺装,就发生过因纵断方向上 100mm 左右的不均匀沉降而引起横断方向开裂的事例;另外,也出现过不均匀沉降不仅影响到铺装的表面坡度,而且影响到结构,在开始投入使用后就不得不进行修补这样的事例。不仅是机场,包括公路等在内,铺装通常不会修筑在有可能发生不均匀沉降的地基

上,结构设计方法也不能以这类地基为对象。但是,针对如上述所示开始投入使用后无法避免沉降这种特殊状况下的地基以及其上的铺装,日本规定了抵抗不均匀沉降性这一应该具备的性能。

此外,地基还可起到铺装施工平台的作用,为了能够有效地使用各种施工机械而规定了一些性能。特别是道床,根据用于土基的填料,有时为了确保该性能,必须在其表面铺设优质材料。

2.4 机场铺装的管理系统

机场、道路、港湾、上下水道等这些社会基础设施在建成投入使用后,随着时间的流逝,其性能将会降低。如果任其发展至无法使用的状态,则其更新需要巨额的费用。这种状况很难被社会理解,所以实施适当的维护管理,延长设施的使用寿命非常重要。

铺装与其他社会基础设施相比,性能降低的速度较快,从其建设到修补的时间,或者从修补到再修补的时间都比较短,而且修补部位基本上也只限于铺装的上部分。这是其特征。正因为如此,在整个使用期间如何以最少的经费提供最符合性能要求的铺装,人们一直进行此类方法的研究和开发。这种方法被称为铺装管理系统(Pavement Management System,PMS):不仅考虑铺装的初期建设费,而且还考虑从建设到使用结束期间的修补计划,最后决定出最经济的铺装建设和修补方案。

如前面所述,机场铺装需要保持较高水平的性能。因此,不仅铺装的建设和设计,而且评估和修补方法的选定也是非常重要的。在日本,新机场建设成为重点,考虑到飞机持续大型化这一事实,相关机构建立了设计使用期限为10年或20年的铺装设计、建设体系;另外,为了确保原有设施的性能,虽然正在整理和制定修补方面的标准,但是目前尚未建立“设计—建设—评估—修补”一体化的体系。

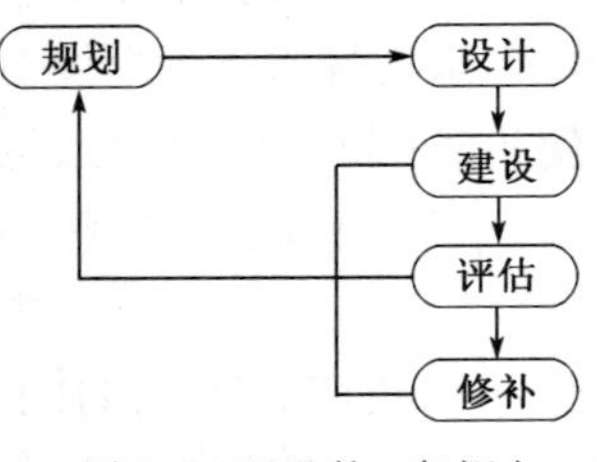

图2.6 PMS的一般概念

PMS的一般概念如图2.6所示,它由5个子系统(规划、设计、建设、评估、修补)构成。其中,规划子系统决定项目的优先度;设计子系统决定最佳设计方案;建设、修补子系统表示施工方面的详细规定;评估子系统不仅评估当前的铺装,而且也对其性能进行预判。

这些子系统需要互相联系，但其中评估子系统更需要与修补子系统保持密切关系。这是因为修补方案是在评估子系统获得的信息基础上作出的决定，只有评估方法确立后，才有可能实现合理的修补。

下面就构成 PMS 主要部分的规划、设计、建设、评估、修补子系统进行论述，概括介绍机场铺装的管理系统。修补可分为养护和维修。养护是指改善乘机舒适性和抗滑性能的行为；与此相对，维修是指以改善铺装结构为目的的行为。

2.4.1　规划子系统

PMS 一般分为网级和项目级。以机场为对象时，网级的系统是指日本全部或者东日本、西日本这类范围内机场的管理人员，以该对象区域内的机场群为管理对象的系统；项目级的系统是指以各个机场为管理对象的系统。网级负责决定维持航空或机场网络而实施的新建和修补的计划，项目级负责决定具体如何实施。

规划子系统就是以网级为对象，根据各机场的航空需求、各机场的铺装特征要素，制订项目的优先顺序和铺装的建设、修补规划。具体讲，就是为了构建和维持航空网络，收集必要的信息，并充分考虑经济性后，制订出最佳的预算分配方案。

2.4.2　设计子系统

设计子系统属于项目级，是将各项目具体化的子系统。在此阶段，审查上述规划子系统所决定的项目计划，制订出最佳的铺装设计或修补方案。与规划子系统一样，设计子系统需要实施经济性评估。评估项目的经济性时，需要计算相关的成本和效益，并进行综合评价。在铺装领域，一般将项目的成本及其效益量化，计算出目前价值成本的效益比，然后在此基础上利用成本效益分析法评估其经济性。

机场铺装设施如前面所述，分为跑道、滑行道、停机坪三种类型。在日本，考虑到飞机的重力、滑行速度等因素，一般跑道和滑行道采用沥青道面，而停机坪则采用水泥混凝土道面。对于结构设计方法，沥青道面采用美国陆军工程兵团（US Army Corps of Engineers，USACE）法，水泥混凝土道面采用美国波特兰水泥协会（Portland Cement Association，PCA）法。前者为 CBR 法，后者为依据威士加德的混凝土板板中荷载应力的方法。近年来，除这些方法外，对采用新结构、新材料的铺装也研究使用了新的合理方法,将在后面加以介绍。

2.4.3 建设子系统

建设子系统包括整理和制订铺装的各种建设方法和施工管理措施等。此类信息必然会反映到设计子系统阶段铺装结构的设计方案中。另外,该子系统在修正施工费用的计算方法等方面具有重要的作用。

2.4.4 评估子系统

铺装的性能在开始投入使用后便不可避免地发生下降,所以必须根据需要进行性能评估。评估及修补的流程如图 2.7 所示。

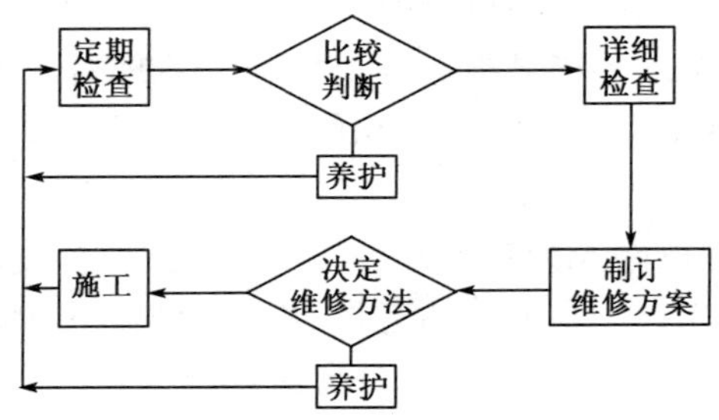

图 2.7 评估及修补的流程

评估及修补的流程可以划分为前半部分:定期检查、比较判断阶段,以及后半部分:详细检查、制订维修方案、施工阶段。如果从铺装评估的角度看,前者是为了检查铺装是否呈现预期的性能,后者的目的是收集制订铺装修补计划用的信息。也就是说,前者是判断能否保持铺装的性能,将来是否有结构性能下降的可能性;后者主要对制订的修补方案进行评估。因此,可以说前者相当于通过定期调查实施的评估,后者相当于上述评估不足以说明问题时而随时实施的评估。

评估的对象自然是 2.3 节中陈述的铺装性能要求。在日本,机场评估主要分为铺装的抗滑性能评估、铺装的破损特征评估和铺装结构评估。抗滑性能是 2.2 节中所述的机场性能要求之一——行驶安全性能中的一个项目。破损特征专注于开裂、错台这类损坏的程度和范围而实施的评估,是与行驶安全性能和荷载承载力性能都有关的项目。铺装结构的评估主要针对荷载承载力性能,除了可以评估铺装整体外,还可特定评估存在破损的部分。如果从图 2.7 所示的修补的整体系统看评估内容,则抗滑性能的评估和破损特征的评估属于前半部分,铺装结构的评估属于后半部分。

2.4.5 修补子系统

铺装的修补子系统是在 2.4.4 节所述评估子系统中所获得信息的基础上制订的修补方法。图 2.8 为主要的修补方法。在设计使用期限内，如果判定铺装在结构方面没有问题，则只进行日常养护即可。反之，当判定需要进行结构补强时，则必须充分考虑经济性后制订修补方案，并进行实施。代表性的修补方法是实施加铺层，如果原有铺装损坏较为严重，也可以选择重新翻新。

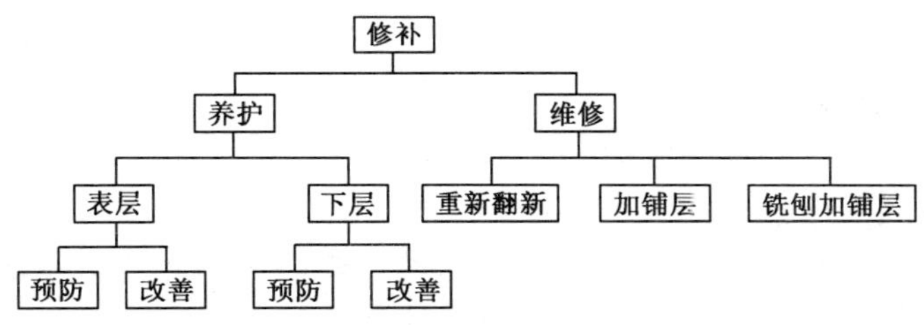

图 2.8　主要修补方法

参 考 文 献

[1] 国土交通省航空局监修. 机场土木设施的设置标准及其解说.（财）港湾机场建设技术服务中心，2008.

[2] （社）土木学会铺装工学委员会. 铺装标准规格，335p. ，2007.

[3] 国土交通省航空局监修. 机场铺装设计要领和设计事例.（财）港湾机场建设技术服务中心，2008.

[4] International Civil Aviation Organization（ICAO）. Aerodromes，Volume I-Aerodrome Design and Operations，Annex 14 to the Convention on International Civil Aviation，2004.

[5] （社）日本公路协会. 铺装结构的相关技术标准及其解说，91p. ，2001.

[6] Horonjeff，R. Planning and Design of Airports，McGraw-Hill Inc. ，460p. ，1975.

[7] Highway Research Board：The AASHO Road Test，Report 5，Pavement search，Special Report61E，352p. ，1962.

[8] M W Sayers, T D Gillespie, W D O Paterson. Guidelines for Conducting And Calibrating Road Roughness Measurements, World Bank Technical Paper, No. 46, The World Bank, 87p. , 1986.

[9] 国土交通省航空局监修. 机场土木施工通用规格书.(财)港湾机场建设技术服务中心,2009.

[10] 笠原笃,阿部洋一,片冈孝三,获岛彻. 大型飞机在滑行道上的滑行特性,土木学会论文集,No. 420/V-13, pp. 239-244, 1990.

[11] (财)航空保安协会. 关于刻槽跑道安全性的第二次调查研究报告,101p. , 1986.

[12] ICAO. Strength of Pavements, Aerodrome Manual, Part 4, 1960.

[13] 运输省航空局监修. 机场混凝土铺装结构设计要领.(财)航空振兴财团,86p. , 1982.

[14] 运输省航空局监修. 机场混凝土铺装结构设计要领.(财)航空振兴财团,105p. , 1977.

[15] 林洋介,佐藤胜久. 地基的不均匀沉降导致的机场铺装损坏,第 19 届土质工学研究发表会演讲集:1489-1490, 1984.

[16] 早田修一,八谷好高. 考虑到地基不均匀沉降因素的机场混凝土路面的结构设计,土木学会论文集,17(451):313-322, 1992.

[17] R Haas, W R Hudson. Pavement Management Systems, McGraw-Hill Inc. , 457p. , 1978.

[18] Monismith, C. L. and Finn, F. N. : Conference Summary, 4th International Conference on the Structural Design of Asphalt Pavements, 2:267-280, 1977.

第 3 章 机场铺装结构设计中的自然与外力因素

关于机场铺装的结构设计，首先必须适当规定铺装基础的地基条件和外力因素的荷载条件。

其中，地基必须保证在设计使用期限内不会对铺装的性能产生恶性影响。地基中承受飞机荷载作用的部分，即地基的上部被称之为道床。道床在铺装结构中是研讨重点。

外力因素，如地震等偶发性事件在铺装的设计中无需特别考虑，只考虑可变外力和永久性外力即可。根据铺装的类型适当组合这些外力因素，将其作为研讨对象，沥青道面时使用可变外力，水泥混凝土道面时使用可变外力和永久性外力。具体讲，可变外力主要有飞机、车辆等交通荷载；永久性外力主要有环境作用。另外，环境作用除以外力因素直接加以考虑外，有时还间接性地考虑它对地基条件的影响。

本章首先介绍地基条件，然后对飞机荷载和环境作用进行介绍，最后就铺装结构设计的重点——道床进行阐述。

3.1 地基

机场需要极为广阔而平坦的用地，这是机场区别于公路与铁道等线形结构物的特征。近年来，在日本城市近郊很难找到平整的土地，加之为了防止噪声污染，所以日本许多机场都建于稍微离开城市中心的山地或海上。在山地往往需要填筑数十米到数百米的土，在海上也往往需要填埋数十米的海水。如此建成的铺装，因为在开始投入使用后可进行修补施工，所以可以 10 年、20 年这样比较短的期限为条件进行研讨，但是对于地基则必须以更长的期限为条件进行研讨。

山区地带的机场用地建设，因为填方材料的质量直接决定着地基的质量，所以最好采用优良的填方材料。但是,如果从环境问题和经济性的角度考虑,则需要平衡现场填挖土量,将施工中挖方材料原样当作填方材料使用,所以有时不得不使用并非优质的土砂。图 3.1 所示机场的填方用地划分示例,虽然跑道、滑行道此类基础设施的地基采用的都是质量比较好的材料,但起降带采用的则是低质量的材料。

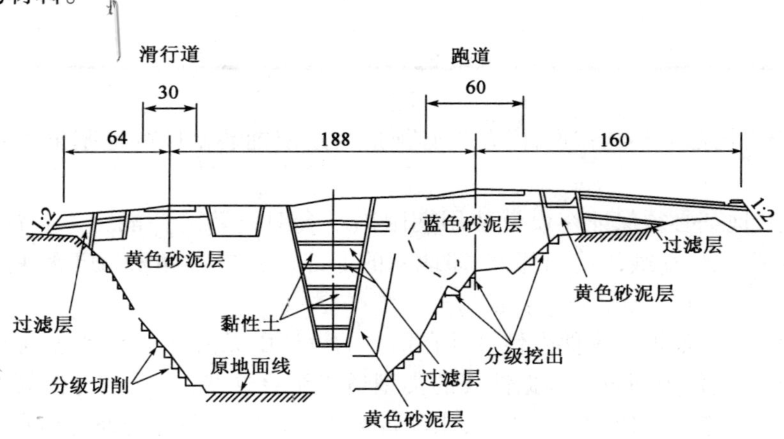

图 3.1　机场填方用地划分示例(尺寸单位:m)

以东京国际(羽田)机场、关西国际机场为代表的填海造地工程,分为使用疏浚土砂填埋和使用陆地土砂填埋两种情况。两种情况都存在因土砂的投入、荷载增加,导致海底地基固结沉降这一严重的问题,而且使用疏浚土砂填埋材料时还存在填埋土层本身发生沉降的问题。图 3.2 表示的是大型机场在海面扩展区域的地基状况,由此可以看出疏浚土砂层的厚度极不均匀。

无论是山地机场,还是海上机场,都会发生此类地基的不均匀沉降。为了抑制沉降,人们想出了各种各样的方法,但因受经济和工期的制约,实际上很难完全抑制此类沉降。如果这种不均匀沉降在机场投入使用后仍然持续的话,则会导致铺装发生严重的问题。图 3.3 表示的是填方地基上的机场铺装因地基沉降而发生损坏的分析结果。可以发现,纵断方向上出现 100mm 左右的不均匀沉降会导致横断方向发生开裂。

另外,地基的不均匀沉降不仅会破坏铺装的结构,而且会影响到表面坡度。此时,因为机场的铺装表面坡度方面有严格的规定,所以投入使用后很有可能发展成必须进行修补的状况。正因为如此,机场铺装必须充分考虑投入使用后的地基发生沉降所带来的影响。

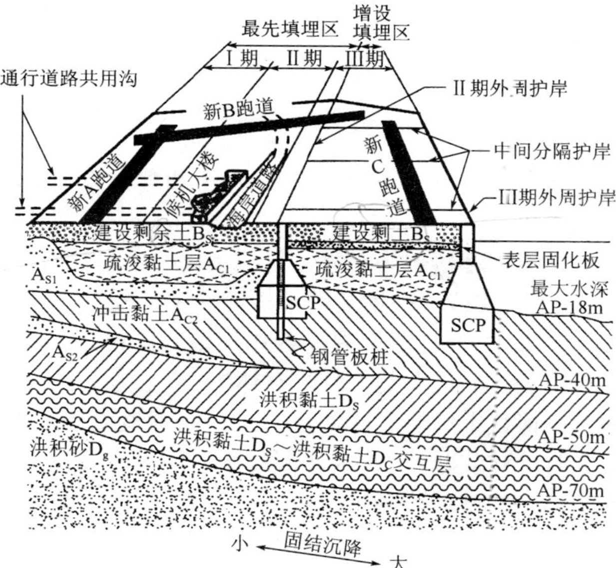

图3.2　海上机场的地基示例

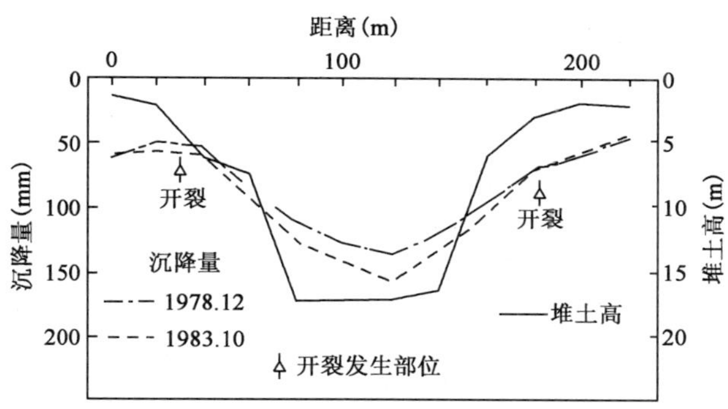

图3.3　填方地基上机场铺装的不均匀沉降

3.2　荷载

作用于铺装的主要可变荷载自然是交通荷载。铺装的建设必须使其随时具备承受可变交通荷载的承载性能。管理人员需要适当预测交通荷载，并以设计荷载的形式将其量化。交通荷载用轴重大小和作用次数表示。在机场铺装方面,交通荷载的大小从大型飞机到普通车辆所涉及的范围较广,但其作用次数却涉及较少。

3.2.1 飞机荷载

机场铺装设计涉及的飞机类型较广,如表1.4和图1.8所示,从大型喷气式飞机到小型螺旋桨飞机。

飞机的设计荷载以主起落架为对象。每架飞机的主起落架数为2~4个,每个起落架由2~6个机轮构成。在铺装的结构设计中,一般认为主起落架间应有足够的间距,所以考虑以1个起落架为荷载作用模式。设计荷载通常从进入机场的飞机中选择对铺装影响最大的一种。具体讲,就是为了追求设计的方便性,从表3.1分类的飞机荷载中选择。这种分类是在沥青道面的标准铺装厚度(基层全部由粒料构成时的铺装厚度)与水泥混凝土道面的混凝土板厚度基本相同的条件下决定的。表中的设计荷载LSA—1和LSA—2因为对应的是小型通勤飞机,所以仅适用于沥青道面设计。

设计荷载的分类与飞机类型 表3.1

设计荷载的分类	机型	代表机型
LA—1	B747,B777,MD11,A380,A330,A340	B747—400
LA—12	A300,B767,B757	A300—B4
LA—2	A320,MD81,MD90	A320—200
LA—3	DC9—41,B737	DC9—41
LA—4	DHC8	DHC8—400
LSA—1	DO228—200	DO228—200
LSA—2	N24A,BN2A	N24A
LT—1	LA—1用的飞机牵引车	50t飞机牵引车
LT—12	LA—12用的飞机牵引车	35t飞机牵引车
LT—2	LA—2、LA—3、LA—4用的飞机牵引车	15t飞机牵引车

表3.1中主要飞机荷载的相关参数,汇总于表3.2。飞机的起落架配置如图3.4所示,分为2起落架3轮车型、DC10型、B747型三类。

如上所述,飞机荷载仅采用1个主起落架,但B747型飞机有4个主起落架,与其他飞机相比,其主起落架的间距较小,最近的仅有3.8m,所以此类飞机在考虑荷载时除了该主起落架外,有时还需考虑其他起落架的影响。图3.5表示的是DC8型飞机的主起落架在沥青道面上施加745kN荷载时,道床变形的分布情况。此时的铺装由三个分区构成，其铺装厚度分别为160cm、150cm、130cm，分区2和分区3采用稳定材料处治基层。距离主起落架中心3.8m点(B747中最靠近的主起落架间的距离)处与主起落架中心点处的变形量之比，分区1与分区2为5%，分区3为10%；如果铺装厚度不变，考虑其他起落架的影响，设计荷载可以增加5%～10%。

飞机荷载参数　　表3.2

飞机		LA—1						LA—12
		A380—800	B747—400	B747—400D	B777—300ER	A340—600	B767—300	A300—600
总质量(t)	满载时	562.0	396.0	278.2	352.4	381.2	143.0	165.9
	着陆时	386.0	285.8	260.3	251.3	265.0	136.1	138.0
	燃料无装载时	361.0	242.7	242.6	237.7	251.0	126.1	130.0
起落架荷载(kN)	满载时	W:1049 B:1573	910	658	1 597	W:1187 C:1076	666	757
	着陆时	W:720 B:1080	657	616	1 139	W:825 C:748	630	630
	燃料无装载时	W:673 B:1010	558	574	1 077	W:782 C:708	586	593
机轮的配置形式		W:双复机轮 B:1起落架6机轮	双复机轮	双复机轮	1起落架6机轮	W:双复机轮 C:双复机轮	双复机轮	双复机轮
横断方向的主机轮数		8	8	8	4	4	4	4
双机轮的横向中心间距S(cm)		W:135 B:153,155	111.8	111.8	140.0	W:139.7 C:117.6	114.3	92.7
纵向机轮的横向中心间距S_T(cm)		W:170 B:340	147.3	147.3	293	W:198.1 C:198.1	142.2	139.7
轮胎内压(MPa)		W:1.50 B:1.50	1.38	1.04	1.52	W:1.61 C:1.61	1.10	1.25
轮胎接地压(MPa)		W:1.50 B:1.50	1.38	1.14	1.52	W:1.61 C:1.61	1.21	1.25

续上表

飞 机		LA—1						LA—12
		A380—800	B747—400	B747—400D	B777—300ER	A340—600	B767—300	A300—600
轮胎接地面积 $A(cm^2)$	满载时	W:1748 B:1748	1 649	1 443	1 751	W:1843 C:1114	1 376	1 514
	着陆时	W:1200 B:1200	1 190	1 351	1 249	W:1281 C:774	1 302	1 259
	燃料无装载时	W:1122 B:1122	1 010	1 258	1 181	W:1214 C:733	1 211	1 186
满载时的机轮接地宽度(cm)		W:34.7 B:34.7	33.7	31.5	34.7	W:35.6 C:27.7	30.8	32.3
满载时的机轮接地半径(cm)		W:23.6 B:23.6	22.9	21.4	23.6	W:24.2 C:18.8	20.9	22
起落架配置形式		B747 型	B747 型	B747 型	2 起落架 3 轮型	DC10 型	2 起落架 3 轮型	2 起落架 3 轮型
起落架中心间距		S_1 =526 S_2 =360 S_3 =328	S_1 =384 S_2 =358 S_3 =307	S_1 =384 S_2 =358 S_3 =307	1 097	1 068	930	960

飞 机		LA—2	LA—3	LA—4		LSA—1	LSA—2
		A320—200	B737—800	DHC8—400	DHC8—300	DO228—200	BN2A
总质量(t)	满载时	67	79.2	28.7	19.5	5.7	3
	着陆时	64.5	66.4	27.4	19.1	5.5	2.9
	燃料无装载时	60.5	62.7	25.1	17.9	5.3	2.8
起落架荷载(kN)	满载时	309	363	129	90	25.2	13
	着陆时	300	304	126	88	24.3	13
	燃料无装载时	280	287	114	82	23	12
机轮的配置形式		双机轮	双机轮	双机轮	双机轮	双机轮	双轮
横断方向的主机轮数		4	4	4	4	2	4

续上表

飞　机		LA—2	LA—3	LA—4		LSA—1	LSA—2
		A320—200	B737—800	DHC8—400	DHC8—300	DO228—200	BN2A
双机轮的横向中心间距 S(cm)		78.0	86.0	49.6	43.7	—	32
纵向机轮的横向中心间距 S_T(cm)		—	—	—	—	—	—
轮胎内压(MPa)		1.2	1.41	0.93	0.67	0.44	0.23
轮胎接地压(MPa)		1.31	1.41	0.97	0.7	0.48	0.25
轮胎接地面积 A (cm^2)	满载时	1 179	1 287	664	645	525	241
	着陆时	1 145	1 079	650	630	506	230
	燃料无装载时	1 069	1 019	588	591	488	246
满载时的机轮接地宽度(cm)		28.5	29.8	21.4	21.1	19	12.9
满载时的机轮接地半径(cm)		19.4	20.2	14.5	14.3	12.9	8.8
起落架配置形式		2起落架3轮型	2起落架3轮型	2起落架3轮型	2起落架3轮型	2起落架3轮型	2起落架3轮型
起落架中心间距		759	572	880	788	330	361

注:B747型、DC10型起落架配置形式中的W、B、C分别表示机翼起落架、机身起落架、中央起落架。

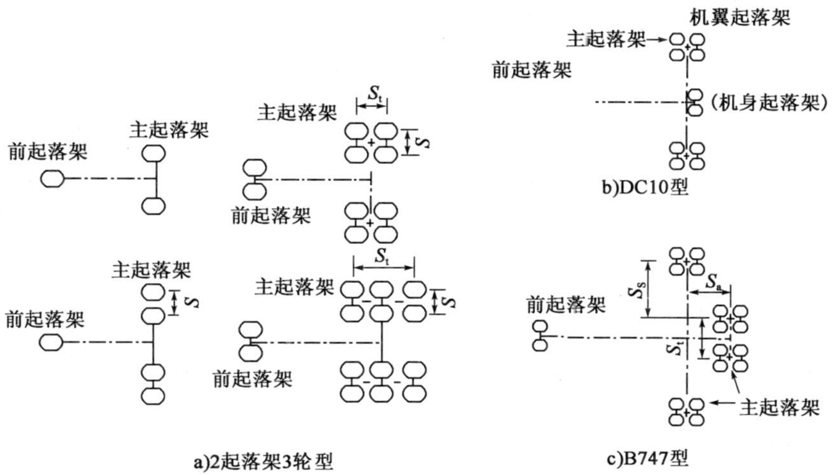

图3.4　飞机的起落架配置

ESWL 在沥青道面设计时用于计算标准铺装厚度，在混凝土道面设计时用于设计传力杆、拉杆。

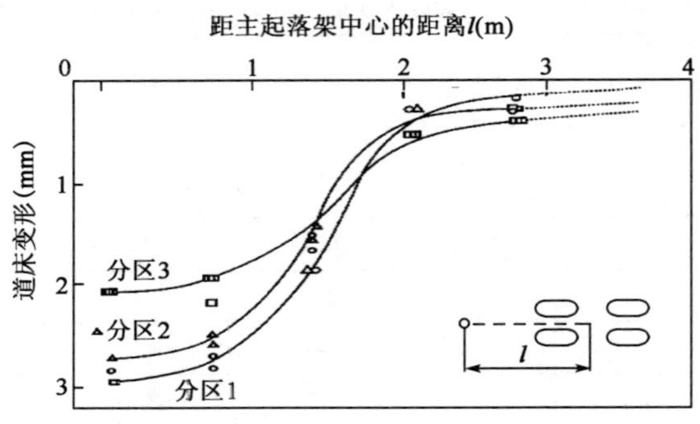

图 3.5 道床变形的分布

即便是同一种飞机类型，除了旅客、货物、燃料装载量等荷载外，滑行速度、停机时间这些方面也有不同，所以飞机荷载的大小对铺装产生的影响因飞机在机场内的位置而异。另外，滑行道和停机坪上的停机位置（停机位）通常设有多处，加之跑道虽然只有 1 条，但起飞着陆的方向并不固定，所以严格意义上说，即便是同一基础设施，其交通量也不同。此时，设计时通常可以采用表 3.3 的规定。

飞机荷载的大小和交通量 表 3.3

设施		荷载	交通量
跑道	端部中央带	起飞和着陆时的荷载	对象滑行道的起飞交通量和着陆交通量的合计，乘以各滑行道方向的使用比例后获得的值
	端部边缘带		根据横断方向上的滑行分布计算得到的边缘带的交通量
	中部中央带		对象滑行道的起飞交通量和着陆交通量的合计
	中部边缘带		根据横断方向上的滑行分布计算得到的边缘带的交通量
进口滑行道 平行滑行道		起飞和着陆时的荷载	对象滑行道的出发飞机的交通量和降落飞机的交通量的合计
快速出口滑行道 出口滑行道		着陆时的荷载	对象滑行道的降落飞机的交通量

续上表

设　施	荷　载	交　通　量
道肩 超宽	适航器材起飞时的最大荷载	年间 1 次
乘机停机坪	起飞和着陆时的荷载	对象停机坪的出发飞机的交通量和降落飞机的交通量的合计
过夜停机坪	燃料无装载时的荷载	对象停机坪的飞机的交通量

除此以外，在日本的机场铺装结构设计方法中还有这样的内容，即不是以飞机主起落架上安装着的多个轮子，而是以其中的 1 个轮子进行荷载设计，此时采用被称之为当量单轮荷载（Equivalent Single Wheel Load，ESWL）的多个轮子构成的主起落架荷载对铺装的影响，或当量的单一荷载。沥青道面影响程度用变形表示，水泥混凝土道面时利用混凝土板的弯曲应力表示。例如，图 3.6 表示的是 B747 时（沥青道面）的当量单轮荷载，ESWL 在铺装较薄时相当于 1 个轮子的荷载，与此相对，铺装变厚后其大小则与主起落架荷载基本相同。

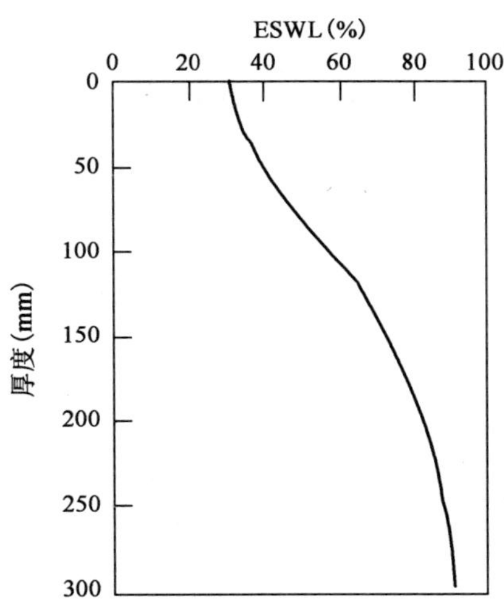

图 3.6　B747 的 ESWL（沥青道面）

以往使用的典型设计法很难准确把握机场内未来的交通荷载（大小和交通量），在实际操作中可利用较为简单的方法来考虑交通荷载的差异。具体讲，如图 3.7、表 3.4 所示，将以飞机为承载对象的铺装区域划分为 $A \sim D$ 四个区域。A、B、C 铺装区域分别为出发时、着陆时、燃料无装载时的飞机滑行或停机的场所,*D* 铺装区域则是飞机通常无通行的场所。另外,跑道中部虽然是出发飞机滑行的区域,但滑行时飞机双翼承受升力,实际施加到铺装上的荷载变小,所以该部分划归为 *B* 铺装区域。

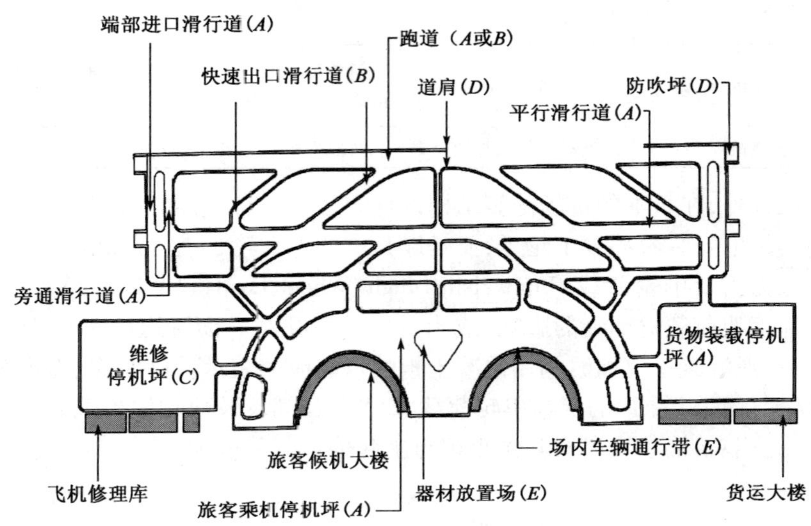

图 3.7 铺装区域的类型

铺装区域和分类 表 3.4

铺装区域	场 所	说 明
A	跑道端部(跑道两端,全长的 1/5 部分) 与起飞时同等荷载的飞机行驶的滑行道 乘机停机坪	供与起飞时同等荷载的飞机低速滑行或停机
B	跑道中部 出口滑行道 过夜停机坪 通过过夜停机坪的联络滑行道	供与着陆时同等荷载的飞机滑行
C	维修停机坪 通过维修停机坪的联络滑行道	供燃料无装载飞机进行维修时通过或停机
D	超宽 道肩	飞机通常不行驶
E	GSE(地面支援设备)车辆通行带 器材放置场	供飞机牵引车等各种车辆通行或放置各种器材

虽然 $A \sim D$ 中的任何一个区域都存在起飞和着陆的差别，但设计飞机的荷载分类却属同一种荷载，所以如后面所述，交通量按 A、B、C、D 的顺序减少，其铺装厚度也可按该顺序变薄。具体讲，采用沥青道面时，B、C、D 铺装区域的铺装厚度可以分别为 A 铺装区域的 90%、80%、50%；而水泥混凝土道面时，B、C、D 区域的混凝土板厚度可以分别为 A 区域的 90%、80%、60%。

以上内容是以静止状态的飞机为研究对象分析得到的结果。如果考虑飞机在机场铺装之上的运行特征，荷载应分为静态荷载、着陆时的冲击荷载、滑行时的动态荷载三种类型。但是，因为冲击荷载和动态荷载的量化和引进到铺装结构设计中的方法尚有许多不明之处，所以铺装结构的设计一般采用上述飞机的静态荷载。

对于飞机降落到跑道上时的冲击荷载，因为现代的飞机与之前的螺旋桨飞机不同，是以切向线加载到跑道上为前提的，所以冲击时的加速度并没有大幅超过重力加速度，与静态时的荷载相比差异不会太大。如果假定飞机振动的固有频率为 1.1Hz，降落速度为 6ft/s（1ft = 304.88mm），按式（3.1）计算冲击荷载 F，则为静态荷载的 1.3 倍。实际飞行中也报告有超过重力加速度 1.5 倍的冲击荷载的情况。即便这样，考虑到飞机着陆时燃料基本耗尽，所以因冲击所增加的荷载部分最多为载满旅客和燃料后处于静止状态下的飞机荷载的 30% 左右。

$$F = \frac{W_v}{g} p_v v_0 \tag{3.1}$$

式中：W_v——飞机重力；

g——重力加速度；

p_v——振动固有频率；

v_0——飞机的降落速度。

动态荷载是指飞机在凹凸不平的铺装上行驶时因飞机的振动而施加到铺装上的荷载。由此可见，动态荷载因铺装表面的凹凸和行驶速度不同而异。Gerardi 试图运用简单的模型使动态荷载量化。飞机在跑道上高速滑行时，因为机翼受升力的作用，其动态荷载比静态荷载小。所以铺装的结构设计，主要考虑在低速行驶的滑行道上滑行时的动态荷载。

另外，飞机的滑行速度有时也是机场铺装结构设计中必须考虑的要素。此时，需要根据具体设施适当设定飞机的滑行速度，特别是沥青混凝土的强度和变形特性受荷载的加载速率影响，所以可以将飞机在跑道上的滑行速度设定为 160km/h，在滑行道上的滑行速度设定为 32km/h，以求得加载速率。此外，荷载通常可以仅考虑垂直方向，但根据情况，有时还需要考虑水平方向的荷载。

3.2.2 交通量

对交通荷载的另一个要素——飞机的交通量进行量化时,必须明确设计使用期限内预计航行的飞机类型以及各自的交通量。

交通量的计算方法分为:①在以往情况的基础上进行预估;②预测航空运输需求后计算出交通量。具体讲,前者可以根据其他同等规模的机场运营情况进行推测;后者通常可以就对象机场各航线的航空运输需求进行预测后,按照飞机的投入标准计算出各飞机的交通量。对于后者,如果有各飞机类型的航班数推测值,则可以使用。

在日本,飞机大型化发展迅速,加之很难准确预测未来的航空需求等,以往设计使用期限一般考虑为 10 年(对该期限内适航的飞机及其交通量进行预测),后来转为根据性能要求来设定设计使用期限。具体讲,考虑荷载承载性能和水泥混凝土铺装的行驶安全性能时,设计使用年限从 10 年增加到 20 年。

除此以外,设计时还需要增加铺装横断方向上飞机的滑行位置这一因素。这是因为机场与公路不同,飞机的滑行位置在横断方向分布较广。为了将此要素作为量化的指标,引进了覆盖量的概念。该覆盖量定义为设计荷载在同一地点反复作用的次数。即便是相同的交通量,如果交通集中于横断方向较狭窄的范围内,则覆盖量较大;如果交通分布于较广范围,则覆盖量变小。

(1)飞机滑行位置在铺装横断方向上的分布

机场与公路相比,其在横断方向的滑行位置分布较广,如果采用标准差表示,则公路的标准差为 0.3m 左右,而机场的标准差为 0.6 ~ 6m。实际飞行中,对于飞机在横断方向上的滑行位置分布,跑道要比滑行道广,大型飞机要比小型飞机广。为了将此引进到铺装的结构设计中,首先需要掌握各种飞机在横断方向上的滑行位置分布,并明确由此对铺装造成的影响。滑行位置分布的具体量化方法主要有:①累加各飞机的影响,取其中最大值的方法(峰值法);②在横断方向上的观察特定范围内均等滑行的方法(平均法)。前者是将前起落架在横断方向位置分布的峰值位置上,把每 1 个机轮接地宽度的交通量当作覆盖量,并将位置分布看作正态分布进行计算。与此相对,后者平均法是认为全部飞机中,有一定比例的飞机在铺装宽度方向上的某一范围均等地滑行,跑道、滑行道分别在 37.5ft(11.4m)、7.5ft(2.3m)范围内,由全部交通量的 75% 均等地分布。目前,日本采用前者方法。

以所有机型为对象,对某国际机场的跑道上起飞时和着陆时的前起落架位置横向分布规律进行总结,如图 3.8 所示。从图中可以发现,飞机起飞时主要集中于跑道中心线附近。关于这一点，将滑行位置分布看作正态分布后按飞机的大小求得的标准偏差也可以印证（表3.5）。表3.5还列出了平行滑行道、快速出口滑行道时的偏差，但比起跑道，行驶速度较小的滑行道上的飞机滑行位置更集中于中心线附近，特别是平行滑行道更明显。在机场铺装设计指南中，飞机代码E、F采用表3.5中的LA—1的偏差，代码B～D采用LA—12的偏差。

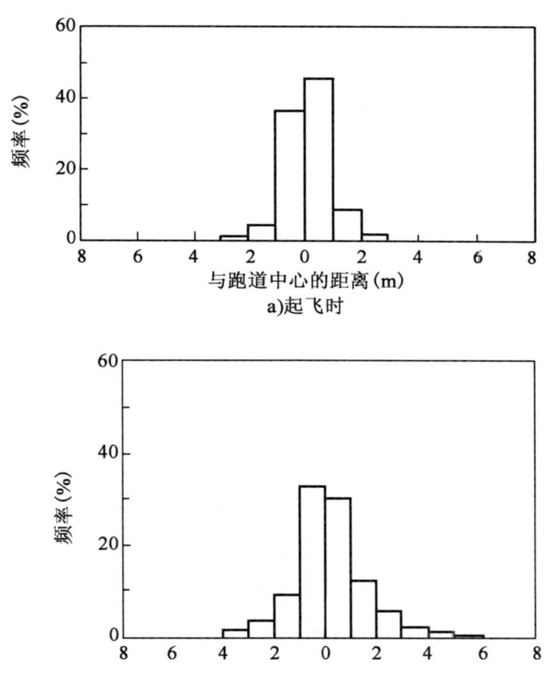

图3.8　跑道横断方向上的前起落架位置

前起落架位置分布的标准偏差　　表3.5

设计荷载的分类	横断方向标准偏差(m)			
	跑道		平行滑行道	快速出口滑行道
	起飞时	着陆时		
LA—1	0.91	1.74	0.67	0.74
LA—12	0.74	1.1	0.57	0.63
LA—2	0.42	1.45	0.54	0.65
LA—4	—	1.31	—	0.6

进入停机坪的停机位时,飞机在停机位滑行通道和飞机导入线路上滑行,但是利用推出方式(利用 GSE 车辆从后部推出的方式)从停机位出来时,在进入停机坪滑行道时飞机往往偏离停机位滑行通道和飞机导入线路(图 3.9)。

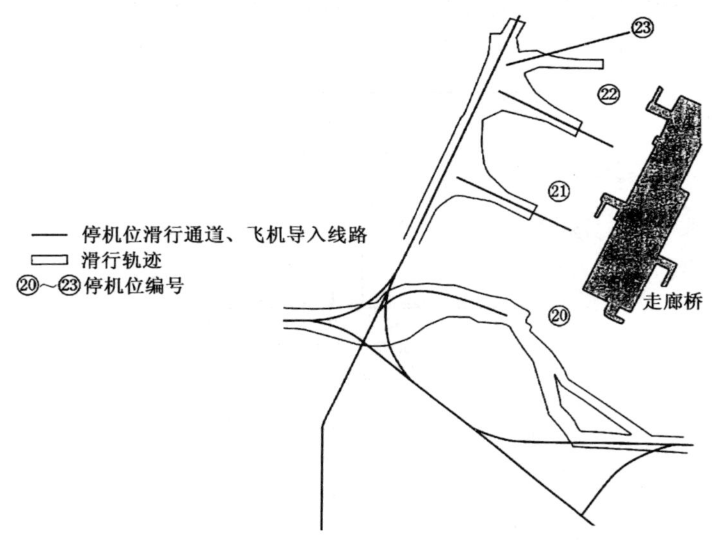

图 3.9　停机坪停机位上飞机的滑行轨迹

在机场铺装的结构设计中,如前面所述,外力荷载采用的是主起落架荷载,因此需要根据起落架的位置明确主起落架的位置分布。图 3.10 考虑了全部机型,统计出飞机在某国际机场和地方机场的跑道起降时、平行滑行道和高速出口滑行道滑行时主起落架在横断方向上的滑行位置分布情况。由图 3.10 可知,由于主起落架在机身中心的安装位置因机型不同而异,所以与前起落架的位置相比,其分散程度较大。另外,对于国际机场,因为引进了拥有 4 个主起落架的飞机(P747),所以在左右分布形成两个峰值。

首先考虑飞机在横断方向上的滑行位置分布,然后将设计使用期限内各飞机类型的交通量引进到设计中。其方法主要有两种,即考虑各种飞机荷载对铺装影响的方法以及换算成标准飞机荷载(标准机型)的重复作用次数的方法。日本基于性能的设计法采用的是前者,而标准结构设计法采用的是后者。

(2)基于性能的设计法中的交通量

在日本,基于性能的设计法需要充分考虑各种飞机在设计使用期限内的交通量和在横断方向上的滑行位置分布。

对于飞机在横断方向上的滑行位置分布,采用通行/覆盖率(P/C)这一指标进行量化。通行/覆盖率表示的是在跑道或滑行道的任意点上覆盖量为1时所需要的交通量(通行)。此时,首先假定从横断方向观察跑道或滑行道时飞机的滑行位置分布呈正态分布,据此计算得到标准偏差,然后将机身中心看作与跑道或滑行道中心保持一致,并考虑飞机的起落架配置,最后计算出通行/覆盖率。

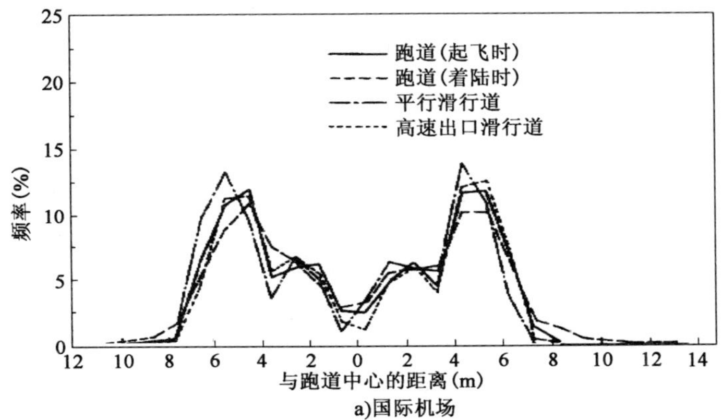

a)国际机场

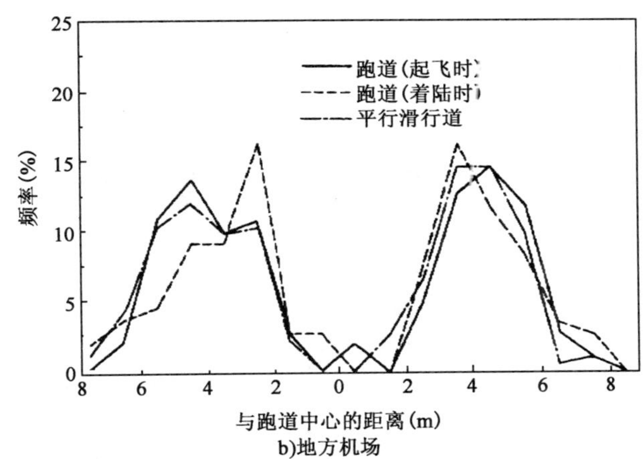

b)地方机场

图3.10　主起落架在横断方向上的滑行位置分布

例如,如果考察当单机轮呈图3.11所示的滑行位置分布时的斜线部分,则用 $C(x) \cdot W_t$ 表示机轮每通过1次所需要的覆盖量。因此,通行/覆盖率(P/C)可表示为:

$$P/C = \frac{1}{C(x) \cdot W_t} \tag{3.2}$$

式中：W_t——机轮接地宽度；

$C(x)$——距离跑道或滑行道 x 处机轮的横断方向位置分布的概率密度值：

$$C(x) = \frac{1}{\sqrt{2\pi}\sigma}e^{-\frac{(x-\mu)^2}{2\sigma^2}} \tag{3.3}$$

μ——机轮距机身中心的距离；

σ——飞机滑行位置在横断方向分布的标准偏差。

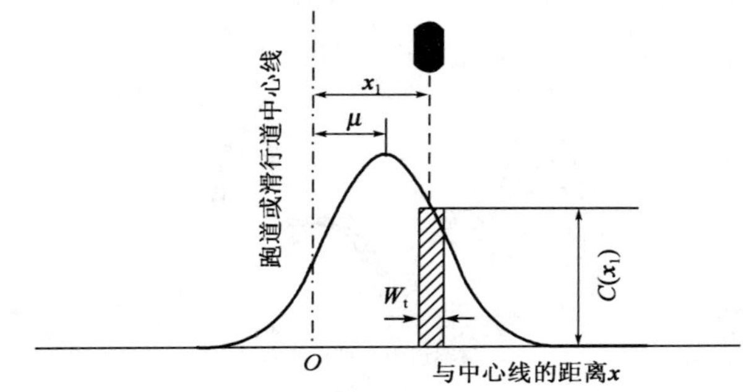

图 3.11 单机轮的通行/覆盖率计算图示

多个机轮时，可以通过累加单轮的值进行计算（图 3.12）。也就是说，在距离跑道或滑行道中心线的 x 点处的通行/覆盖率可用下式求得：

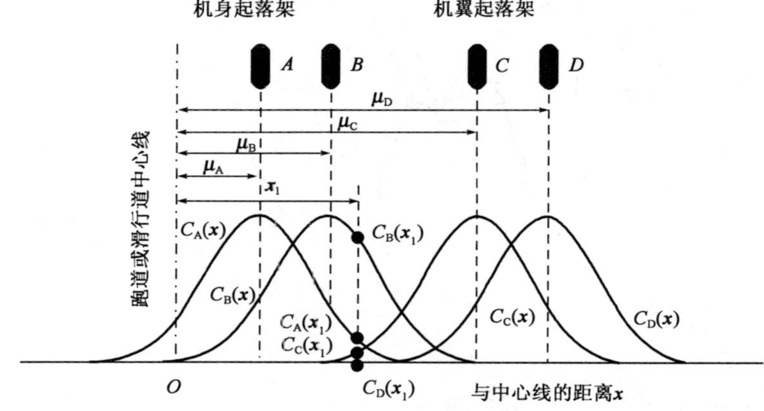

图 3.12 双复机轮的通行/覆盖率计算图示

$$P/C(x) = \frac{1}{\sum_{i=1}^{m} C_i(x) \cdot W_t} = \frac{1}{\sum_{i=1}^{m} \frac{1}{\sqrt{2\pi}\sigma}e^{-\frac{(x-\mu_i)^2}{2\sigma^2}} \cdot W_t} \tag{3.4}$$

式中：$C_i(x)$——机轮 i 在 x 地点处的概率密度值；

μ_i——机轮 i 与机身中心的距离；

m——机轮数。

通过以上方法将设计使用期限内的飞机及其交通量进行量化，可在此基础上进行结构设计，以便满足铺装的性能要求。

(3)标准结构设计法中的交通量

日本的标准结构设计法与基于性能的设计法相同，需充分考虑各飞机在设计使用期限内的交通量和横断方向滑行位置分布。但是，因为飞机的质量因机型不同而有所不同，如果分别分析各飞机荷载对铺装的影响，则非常繁琐，所以采用选择代表性的飞机并将其他飞机的交通量换算为代表性飞机的等量交通量这样的方法。该量化方法有①$\sqrt{P}\lg N$ = 常数（P 表示荷载，N 表示破坏次数）；②$N_5 = (P/49)^4 N$[P 表示荷载(kN)，N 表示交通量，N_5 表示 49kN 换算交通量]等形式。日本采用第一种计算方法。

计算覆盖量时，首先按机型、起飞着陆累加设计使用期限内飞机的交通量，利用式(3.5)将其换算为设计荷载的交通量。然后用获得的值乘以各飞机在横断方向的主起落架机轮数，最后利用式(3.6)求得其合计值。

$$\bar{n}_i = n_i\sqrt{P_i/P_0} \tag{3.5}$$

式中：$\bar{n}_i$——换算为代表机型后的交通量；

n_i——所考察飞机的交通量；

P_i——所考察飞机的 ESWL；

P_0——代表机型的 ESWL。

$$N = \alpha\sum_{i=1}^{m}(\bar{n}_i \times W_i) \tag{3.6}$$

式中：α——交通量的覆盖量当量系数；

m——机型数；

W_i——飞机在横断方向上的主起落架机轮数。

覆盖量当量系数是对前面所述的飞机在横断方向上的分布实施量化后获得的数值，如表 3.6 所示。

覆 盖 量 当 量 系 数　　表 3.6

机　　场	α	
	跑道	滑行道
大型喷气式飞机适航	0.03	0.04
中小型喷气式飞机适航	0.04	0.05
仅螺旋桨飞机或小型飞机适航	0.05	0.05

(4)设计覆盖量

下面具体介绍日本机场铺装结构设计中交通荷载的量化方法。首先,以20年设计使用期限推算该期间各飞机的交通量;其次,选择适当的设计荷载(代表机型),将各种飞机的交通量换算为设计荷载的交通量;最后,考虑滑行位置的横断方向分布,计算覆盖量。计算示例见表3.7。

覆盖量的计算示例　　表3.7

机型	国际/国内	起飞/着陆	n_i	P_i (kN)	P_0 (kN)	$\sqrt{P_i/P_0}$	$\bar{n}_i$	W_i	$W_i \cdot \bar{n}_i$
沥青道面									
B747	国际	起飞	10 000	555	555	1	10 000	8	80 000
		着陆	10 000	401	555	1	2 512	8	20 095
	国内	起飞	80 000	421	555	1	18 646	8	149 170
		着陆	80 000	401	555	1	14 710	8	117 684
DC10	国内	起飞	23 000	390	555	1	4 520	4	18 080
		着陆	23 000	373	555	1	3 772	4	15 090
AC300	国内	起飞	50 000	438	555	1	14 883	4	59 531
		着陆	50 000	389	555	1	8 571	4	34 285
A320	国内	起飞	35 000	275	555	1	1 581	4	6 325
		着陆	35 000	267	555	1	1 424	4	5 697
DC9	国内	起飞	60 000	218	555	1	991	4	3 962
		着陆	60 000	194	555	1	667	4	2 667
$\bar{n} = \sum W_i \cdot \bar{n}_i$									512 586
大型喷气式飞机在适航跑道上的覆盖量($\alpha=0.03$)$N=\alpha\bar{n}$									15 380
大型喷气式飞机在适航滑行道上的覆盖量($\alpha=0.04$)$N=\alpha\bar{n}$									20 500
水泥混凝土道面									
B747	国际	起飞	10 000	555	555	1	10 000	8	80 000
		着陆	10 000	401	555	1	2 228	8	17 827
	国内	起飞	80 000	421	555	1	16 101	8	128 808
		着陆	80 000	401	555	1	12 702	8	101 619
DC10	国内	起飞	23 000	390	555	1	4 430	4	17 720
		着陆	23 000	373	555	1	3 588	4	14 351

续上表

机型	国际/国内	起飞/着陆	n_i	P_i (kN)	P_0 (kN)	$\sqrt{P_i/P_0}$	$\bar{n}_i$	W_i	$W_i \cdot \bar{n}_i$
水泥混凝土道面									
AC300	国内	起飞	50 000	438	555	1	13 502	4	54 008
		着陆	50 000	389	555	1	7 527	4	30 110
A320	国内	起飞	35 000	275	555	1	4 550	4	18 198
		着陆	35 000	267	555	1	3 729	4	14 918
DC9	国内	起飞	60 000	218	555	1	2 912	4	11 647
		着陆	60 000	194	555	1	1 855	4	7 418
$\bar{n} = \sum W_i \cdot \bar{n}_i$									496 624
大型喷气式飞机在适航跑道上的覆盖量($\alpha = 0.03$) $N = \alpha\bar{n}$									14 900
大型喷气式飞机在适航滑行道上的覆盖量($\alpha = 0.04$) $N = \alpha\bar{n}$									19 860

注：ESWL 以设计覆盖量为 10 000 次、道床设计 CBR 为 8%（沥青道面）、设计基层承载系数为 70MPa/m（混凝土道面）时的铺装结构为对象进行计算。另外，P_0 是 LA—1 的代表机型 B747—400（国际航线规格、起飞时）的值。

采用上述方法求得的覆盖量，如表 3.8 所示从 6 000 覆盖量到 80 000 覆盖量划分为 5 级，以此对设计覆盖量进行量化；并将该设计覆盖量如表 3.9 所示进行分类后，引入到结构设计方法中。选择设计覆盖量时，根据机场的规模和飞机的运行情况，各设施可以选用相同的设计覆盖量；但根据经验，即使跑道或滑行道的设计覆盖量超过 40 000 次时，但停机坪最多选用 40 000 次已经足够。另外，对于国际机场等大规模机场，虽然所推算的覆盖量有的也在 100 000 次以上，但这种情形一般不得不采用基于性能的设计方法。

计算获得的设计覆盖量　　表 3.8

计算获得的覆盖量(次)	设计覆盖量(次)
<7 000	6 000
7 000 ~ 12 000	10 000
12 000 ~ 24 000	20 000
24 000 ~ 50 000	40 000
50 000 ~ 100 000	80 000

设计覆盖量的分类　表3.9

沥青道面	
设计覆盖量的分类	设计覆盖量(次)
a	6 000
b	10 000
c	20 000
d	40 000
e	80 000
水泥混凝土道面	
设计覆盖量的分类	设计覆盖量(次)
M	6 000
N	10 000、20 000、40 000
O	80 000

3.3 环境

在铺装的结构设计中,除了3.2节所述的交通荷载外,还需要充分考虑温度、降雨(雪)量、地下水位等称之为环境作用的外力因素。

温度条件是材料和结构两方面重要的研究项目。在材料方面,因为沥青混凝土的力学特性会因温度而发生较大的变化,所以必须考虑混合料各组成材料的性能与集料级配。另外,必须注意水泥或石灰处治的稳定处治材料的强度发展速度也会因温度而发生变化。在结构方面,特别是在水泥混凝土道面中,温度梯度是研讨的重要对象。也就是说,水泥混凝土板厚度方向上的温度梯度是与交通荷载同等重要的设计要素,平均温度变化量是与接缝间距、连续配筋混凝土道面的钢筋量、预应力混凝土道面的预应力钢筋用量有关的重要设计要素。此外,寒冷地区铺装、道床的冻胀、冻结、融化现象都与温度有关。

降雨(雪)量、地下水等也是重要的设计要素。例如,降雨不仅严重影响飞机、车辆的行驶安全性能,而且直接导致水泥混凝土道面发生唧泥现象。另外,地下水位较高时也会发生相同的情况,因为雨水等浸入铺装内很有可能导致道床、基层的强度降低,所以需要迅速排水,或采取降低地下水位的措施。此外,粒料等无稳定处理的土质材料因为浸水导致强度降低的事例也不少,所以还需要考虑使用耐水性优良的材料。对于面积较广的机场铺装来说,现实中做到切实排水并非易事，所以非常有必要开发一种在排水时间较长时，能够考虑到因浸水而导致的道床强度降低现象的设计方法。

图 3.13 是其他国家以开级配沥青混凝土作为排水层的跑道、滑行道上的排水设施结构示例。设计此类排水设施时，也需要考虑地下水位的位置。因为排水设施不完备时很有可能导致铺装损坏，所以不仅降水量较多时，而且在地下水位较高的填海地基上的机场铺装，都必须设计适当的排水设施。

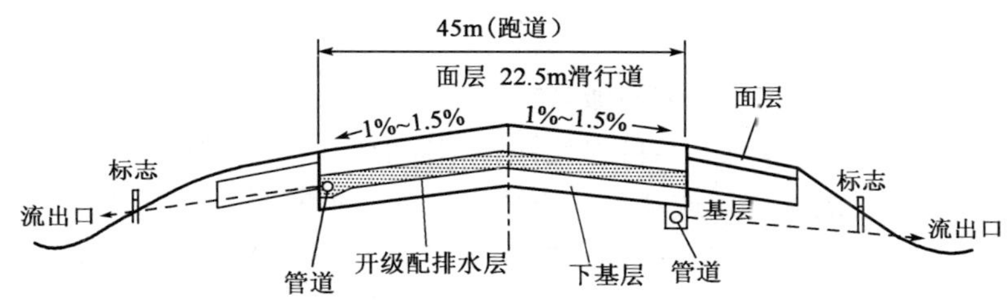

图 3.13　机场铺装的排水设施结构

关于此类环境要素，也有像美国那样，将国土划分成片，充分考虑地域性的设计方法。日本的机场铺装设计虽然没有采用这样的方法，但正如上面所述，在沥青混凝土的材料设计、水泥混凝土铺装的结构设计、冻胀抑制层等的设计思路中部分性地考虑了这些环境要素。在寒冷地区设置冻胀抑制层时，需要考察对象地点的冻结深度。考察方法有两种：①根据气象观测数据进行计算；②在冻结期挖掘调查孔，实际测量直到地下 0℃温度线深度。采用计算方法时，可以利用式(3.7)求得冻结深度。例如，在土壤热特性的基础上适当设定常数 C 值，用该值乘以冻结指数即可计算得到冻结深度，如图 3.14 所示。图中的 A 曲线为容易引起冻胀的均匀微粒材料时的情形，B 曲线为不易引起冻胀的均匀粗粒材料时的情形，但一般认为冻结深度在 A 曲线和 B 曲线之间。

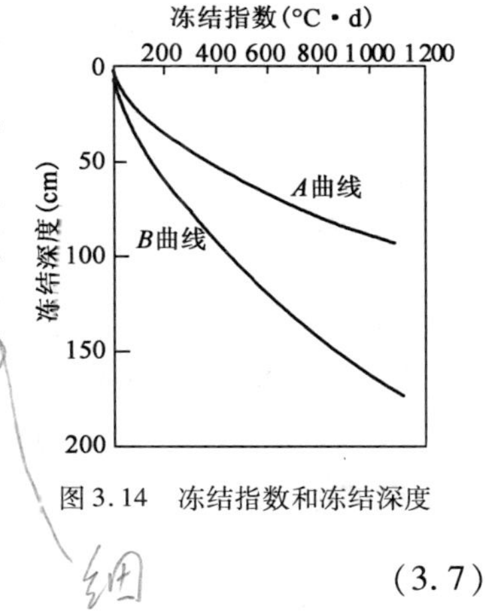

图 3.14　冻结指数和冻结深度

$$Z = C\sqrt{F} \tag{3.7}$$

式中：Z——冻结深度(cm)；

C——常数(cm)；

F——冻结指数(℃·d)。

采用实测法时,可使用亚甲蓝冻土深度测量仪,或者在土基中埋设电阻温度计或热电偶,也可以挖掘土基观测地下的温度和冻结形式。

3.4 道床

3.4.1 道床的构成

将铺装下方一定厚度范围的地基称为道床。道床可以为自然地基或者为填方地基、挖方地基,通常由同一材料构成。但是,为了防止道床土侵入到基层中而使用的隔断层、局部回填或置换的土层以及冻胀抑制层等也包括在道床中。

道床因为直接支承铺装,所以是决定铺装结构的重要设计条件之一。道床的厚度,对于水泥混凝土道面为1m,但沥青道面时则如表3.10所示因设计交通荷载不同而异。也就是说,以LA—1、LA—12、LA—2这类大中型飞机为设计对象时厚度为2m或1.5m,此外的飞机为1m。

沥青道面的道床厚度 表3.10

设计荷载分类	道床厚度(m)
LA—1、LA—12	2
LA—2	1.5
其他	1

3.4.2 道床土

为了满足道床的性能要求,道床土需要具备以下条件:

(1)土颗粒的矿物成分具有不溶性。

(2)粒径在2mm以上的颗粒为硬质且具有耐久性,不会因冻结、融解或干湿条件而损坏。

(3)不含有机物。

(4)即便浸水时,也能承受由飞机等通过道面铺装而施加的荷载。

(5)容易进行挖掘、搬运、摊铺、压实等施工。

道床土的评判标准采用美国国家公路和运输协会(American Association of State Highway Officials,AASHO)的规定,见表3.11。

AASHO 对土的分类　　表 3.11

分类	土的分类		通过质量百分比(%)			0.42mm 筛子通过部分的性质		土的主要组成类型	道床土的性质
			2.00mm 筛子	0.42mm 筛子	0.074mm 筛子	液限	塑性指数		
粗粒土	A—1	A—1—a	<50	<30	<15		<6	岩粒、碎石、砂	非常适合↓适合
		A—1—b		<50	<25				
	A—3			>51	<10		NP	细砂	
	A—2	A—2—4			<35	<40	<10	泥砂质或黏土质的碎石、砂	
		A—2—5			<35	>41	<10		
		A—2—6			<35	<40	>11		
		A—2—7			<35	>41	>11		
泥砂质和黏性土	A—4				>36	<40	<10	泥砂质土	普通↓不适合
	A—5				>36	>41	<10		
	A—6				>36	<40	>11	黏性土	
	A—7	A—7—5 A—7—6			>36	>41	>11		

注:粗粒土,0.074mm 筛孔通过率在 35% 以下;泥砂质和黏性土,0.074mm 筛孔通过率超过 35%。

表 3.11 的分类中归属 A—1、A—2—4、A—2—5、A—3 的土,作为道床土使用时不会发生特殊问题,但如果属于其他土,则需要特别注意。

另外,道床土在施工时,要求具备采用 JIS A 1210"土的击实试验"中规定的方法(E 法)获得 ρ_{dmax} 值的 90% 以上的压实度。但是,0.074mm 筛孔通过部分较多的土,请务必注意,因为微粒部分的影响会引起"过碾"现象,越压实其强度越小。

3.4.3　道床处治

当地基土无法满足道床的性能要求时,就应进行处治,即实施道床处治,一般有置换和稳定处理两种方法。

置换是自古以来一直沿用的方法,就是清除质量不好的土,更换为质量优良的土。位于内陆的某大型机场的第一期施工中,道床用的原地基土因为土质松软,承载力较小,所以在其上部置换了厚达 1m 的土,实施了道床处治。

稳定处理也是常见方法。从环境等角度考虑,很难找到置换用的优良材料,或者很难处理挖掘出的剩余土,所以不得不采用现场的不良土。如果综合考虑位于其上的铺装,则比起置换施工方法,稳定处理方法有时更经济。所以,道床处治施工方法中稳定处理法的适用性较高。上述机场的第二期施工中就采用了稳定处理施工方法。

当遇到松软的黏性土时,为了确保其荷载承载性能而使用稳定处理方法,从经济性和施工性考虑,则采用水泥类或石灰类添加剂的化学稳定方法。对于水泥稳定处理,因为水泥自身的水硬性导致的强度增加较为迅速,所以主要适用于初期机动性改善和需要尽快开放交通场合。对于石灰稳定处理,因为是通过火山灰反应使土和石灰成为一体,以增加强度,所以具有慢凝性特点,一般适用于无需确保初期的机动性,交通开放可以延缓的场合。此类松软黏性土道床的处治,从经济性等角度考虑,一般不采用拌和场混合方式,而采用现场拌和方式。

除此以外,对于填海造地等人工地基,很多时候都使用砂质土构筑道床,但当要求地基具备抵抗振动液化性时,则需要进行道床处治方面的研讨。

3.4.4 道床的荷载承载性能

交通荷载引起的道床变形如果持续发展,则会影响到铺装,所以一般都用达到某一界限变形量(挠度)的荷载强度来表示道床的荷载承载性能。土的强度通常指破坏时的荷载强度。但对于铺装,更关注的是交通荷载反复作用引起的反应,所以不能采用破坏强度。

(1)沥青道面的道床

沥青道面的道床荷载承载性能一般用 CBR 表征。CBR 是采用直径 50mm 的柱塞贯入土中时,贯入量 2.5mm 处的贯入阻力和标准荷载的百分比进行表示,可用式(3.8)计算,此时标准荷载为 13.4kN。

$$\mathrm{CBR} = \frac{\text{贯入量 2.5mm 时的荷载}}{\text{标准荷载}} \times 100\% \tag{3.8}$$

CBR 试验原则上是在当地最恶劣条件下测试,但实际中一般采用室内 CBR 试验。此时在自然含水状态下,将试样分为 3 层,并使用 2.5kg 夯锤各层振捣 45 次,进而求得浸水 4d 的 CBR 值。虽然这比公路设计中使用的 3 层 62 次振捣次数少,但这是在机场道床施工状况的观测结果基础上决定的。

试验方法依据 JIS A1222“现场 CBR 试验方法”或 JIS A1211“CBR 试验方法”中的规定,但试验时的荷载如表 3.12 所示因设计飞机荷载不同而不同。

CBR 试验时的荷载　　表 3.12

设计荷载的分类	荷载(KN)
LA—1、LA—12、LA—2	150
LA—3、LA—4、LT—1、LT—12	100
LSA—1、LSA—2、LT—2	50

当某一地点的道床由多层构成时，因为通常各层的 CBR 不同，所以需要依照式(3.9)求得该地点的平均 CBR(CBR_m)。

$$CBR_m = \left[\frac{\sum_{i=1}^{m}(h_i \cdot CBR_i^{1/3})}{\sum_{i=1}^{m} h_i}\right]^3 \tag{3.9}$$

式中：h_i——道床第 i 层的厚度；

CBR_i——道床第 i 层的 CBR。

铺装厚度相同的区域，从各地点(通常 2 000m^2 取 1 点)的平均 CBR(CBR_m)去除最大值、最小值，利用式(3.10)求得设计 CBR(CBR_d)。如果依此为标准，则在该区域小于设计 CBR 的发生概率为 25%。

$$CBR_d = CBR_m - \frac{CBR_{m,max} - CBR_{m,min}}{d_2'} \tag{3.10}$$

式中：$CBR_{m,max}$、$CBR_{m,min}$——分别为该区域内各地点平均 CBR 中的最大值、最小值；

d_2'——根据统计理论获得系数，见表 3.13。

设计 CBR 和设计反应模量计算中所使用的系数　　表 3.13

n	3	4	5	6	7	8	9	10	11	12	13	14	15	16	17	18	19	20
d'_2	2.547	3.089	3.489	3.801	4.059	4.271	4.455	4.617	4.760	4.887	5.004	5.111	5.208	5.298	5.382	5.460	5.534	5.603

注：n 表示平均 CBR 的个数。

如此计算得到的设计 CBR 如果不足 2%，则需要实施道床处治或者置换优质土。设计 CBR 如果不足 3%，为了防止松软的道床土和土基材料混杂，以及为了能够充分进行土基的振捣作业，需要利用砂或者未筛砾石在道床中设置 150mm 以上厚度的隔断层。

(2)水泥混凝土道面的道床

水泥混凝土道面的道床荷载承载性能通常采用承载板试验获得的承载力系数(K 值)表征。该承载板试验的方法按照 JIS A1215“公路的承载板试验方法”的规定，K 值利用式(3.11)求得。荷载强度为回弹变形值达到 1.25mm 时对应的强度。

$$K = \frac{荷载强度}{回弹变形值} \tag{3.11}$$

K 值如图 3.15 所示因试验时使用荷载板的大小而发生变化。从图 3.15 中可以看出,荷载板直径越小,K 值越大,而且基本上以直径 750mm 为界,如果比该直径小,则变化较大;如果比该直径大,变化的比例则较小。因为施加到水泥混凝土道面的荷载被混凝土板分散,在基层和道床上分布较广,所以与公路相比,铺装较厚的机场铺装一般采用直径 750mm 荷载板所获得的 K 值(K_{75})。

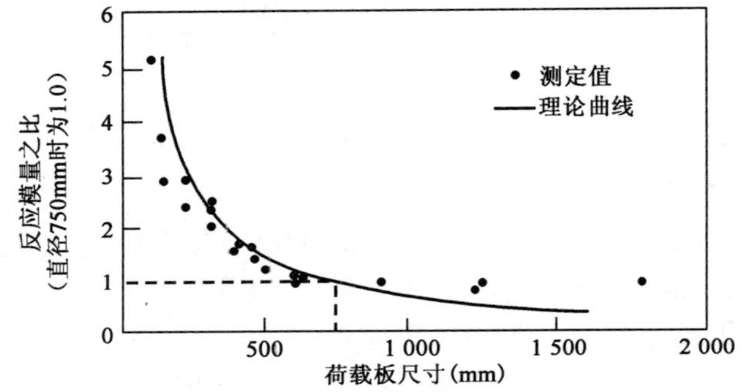

图 3.15　因荷载板尺寸不同引起的反应模量变化

但是,使用直径 750mm 荷载板进行承载板试验时需要较大的反作用力,所以在实际中很多时候无法实施。因此,首先采用反作用力很小即可实施的直径 300mm 承载板进行试验,然后将该试验的 K 值(K_{30})换算成 K_{75}。此时的当量系数参照图 3.15、图 3.16 等,通常采用 2.5,具体计算见式(3.12)。

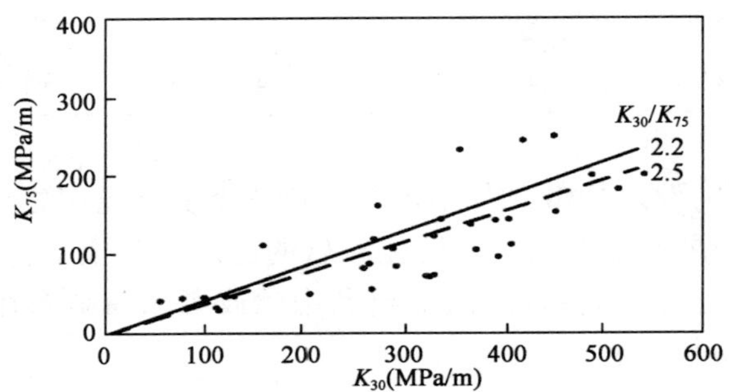

图 3.16　因荷载板尺寸不同引起的反应模量变化
(直径 300mm 与直径 750mm 的荷载板)

$$K_{75} = \frac{1}{2.5}K_{30} \tag{3.12}$$

另外，因为道床尚未完工而无法实施承载板试验时，还可以根据道床土的 CBR 按照图 3.17 所示的关系推算出道床的承载力系数。可是，CBR 大于 12% 时或者道床由多层构成时，该法往往不适用。

依据各点的 K 值计算设计承载力系数时，可以参照采用从各点的 CBR 计算设计 CBR 时使用的计算式。在此设计承载力系数的基础上，进行基层组成、厚度设计以及混凝土板厚度设计等。

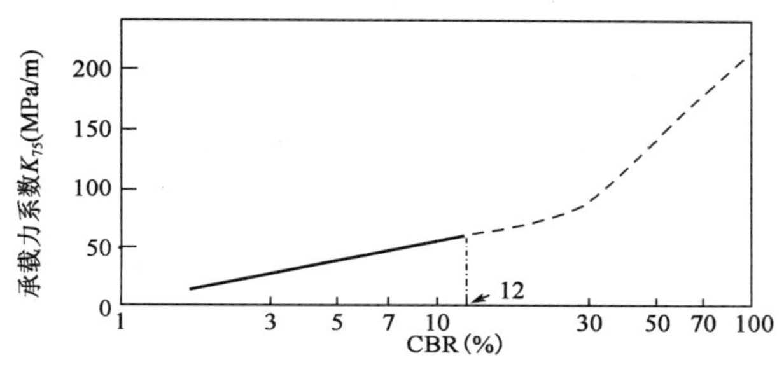

图 3.17　CBR 与 K 值的关系

(3) 道床处治土的承载力

实施道床处治后，需要利用室内试验事前评估道床处治土的荷载承载性能，计算出 CBR、K 值的设计值。通过置换处治道床时，一般采用摊铺置换材料后进行碾压的方法，所以室内试验获得的承载力与实际现场不会发生较大的差异。但是，实施稳定处理时，因为添加剂的混合程度、混合土的压实度以及养护条件的差异等，室内和现场间存在着较大的差异，所以室内试验所获得的值不能完全适用于现场。

经过稳定处理的道床现场的 CBR 推算方法，可以根据几次有关黏性土的稳定处理试验的结果，采用式(3.13)求得。

$$CBR_f = a_1 \cdot a_2 \cdot a_3 \cdot CBR_l \tag{3.13}$$

式中：CBR_f——稳定处理土的现场 CBR；

CBR_l——室内配合试验中的 CBR；

a_1——混合程度不同产生的系数（使用稳定剂处理 50cm 时为 0.6，见图 3.18）；

a_2——压实程度不同产生的系数（使用轮胎式压路机碾压层厚 50cm 时为 0.7，见图 3.19）；

a_3——养护温度不同产生的系数（10℃时为 0.85，20℃时为 1.0，30℃时为 1.35，见图 3.20）。

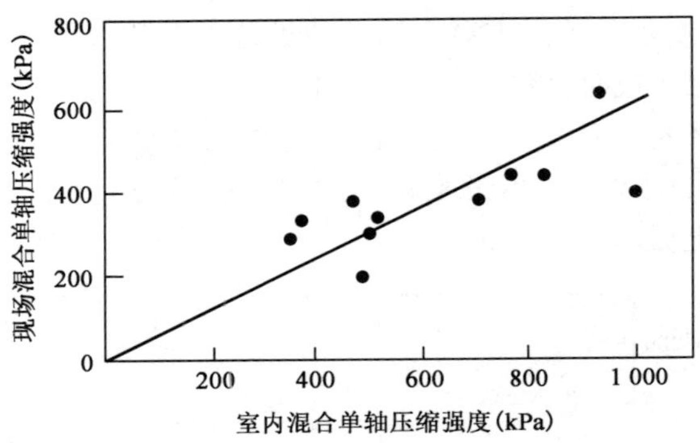

图 3.18　混合程度不同产生的系数

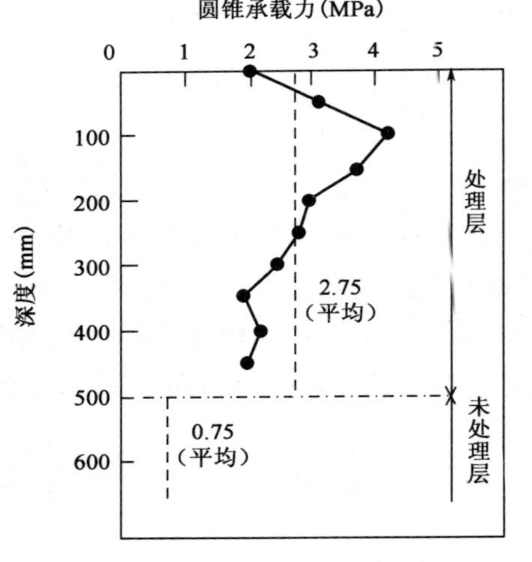

图 3.19　压实程度不同产生的系数

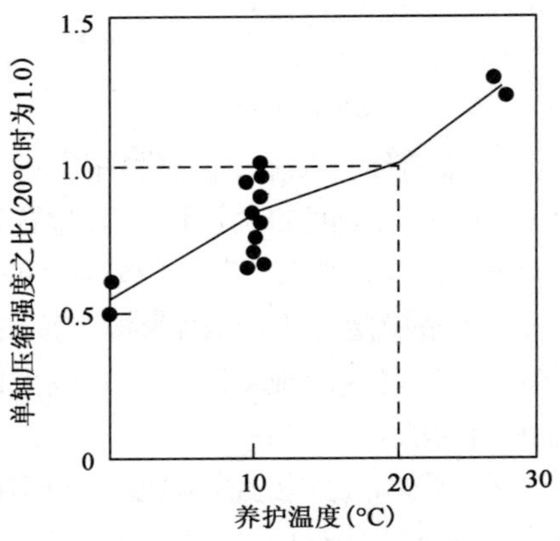

图 3.20　养护温度不同产生的系数

参 考 文 献

[1] 佐藤胜久. 最近的机场建设与其中的土质工程学诸多问题,土与基础,Vol. 39,No. 5,pp. 5-10,1991.

[2] 盐见雅树,金泽宽,稻田雅裕,福田直三. 超软地基上机场建设中的地基处

治计划和实际，土木学会论文集，No. 546，pp. 23-37，1996.

[3] 林洋介，佐藤胜久. 地基不均匀沉降导致的机场破损，第19届土质工程学研究发表会讲演集，pp. 1489-1490，1984.

[4] 须田熙，森口拓，佐藤胜久，吉田丰雄，川本晴郎，阿部洋一. 利用静态荷载试验进行的机场铺装的试验性研究，港湾技术研究所报告，Vol. 9，No. 3，pp. 89-156，1970.

[5] 国土交通省航空局监修. 机场铺装设计要领和设计事例.（财）港湾机场建设技术服务中心，2008.

[6] N C Yang. Design of Functional Pavements，McGraw-Hill，Inc. ，467p. ，1972.

[7] A G Gerardi. Digital Simulation of Flexible Aircraft Response to Symmetrical and Asymmetrical Runway Roughness，Technical report AFFDL-TR-77-37，August 1977.

[8] E J Yoder， M W Witczak. Principles of Pavement Design，Second Edition，John Wiley&Sons，Inc. ，711p. ，1975.

[9] 八谷好高，梅野修一. 飞机滑行位置分布的实态和对铺装结构的影响，港湾技研资料， No. 757，25p. ，1993.

[10] G R Rada， N W Witczak. Aircraft Traffic Mix Analysis Damage Factors and Coefficients，Aircraft/Pavement Interaction，pp. 1-20，1991.

[11] 竹下春见，岩间滋. 公路铺装的设计，Ohm公司，254p. ，1960.

[12]（社）日本公路协会. 铺装结构的相关技术标准及其解说，91p. ，2001.

[13] 阿部洋一，古财武久. 跑道铺装的经年变化和材料特性，石油协会杂志，第28卷，第6号，pp. 445-454. 1985.

[14] H R Cedergren. Drainage of Highway and Airfield Pavements，John Wiley&Sons，285p. ，1974.

[15] American Association of State Highway and Transportation Officials（AASHTO）. AASHTO Guide for Design of Pavement Structures，1993.

[16] 佐藤胜久，八谷好高. 机场中夹层铺装的试验和分析，第16届土质工程学研究发表会讲演集，pp. 1297-1300，1981.

[17] 佐藤胜久，八谷好高，山崎英男. 利用水泥、石灰的路床稳定处理评估，第15届土质工程学研究发表会讲演集，pp. 1753-1756，1980.

第 4 章 机场铺装的结构设计

机场铺装的设计、建设、养护、管理都必须满足荷载承载性能的要求。机场铺装应具备的承载性能如第 2 章中所述，无论是沥青道面，还是水泥混凝土道面都是采用飞机荷载承载力进行比较的 ICAO 方法，即 ACN—PCN 法进行判定。此时判定的仅是机场刚投入使用时铺装的荷载承载性能，由于机场铺装的性能会因交通荷载的反复作用等而降低，所以需要铺装在设计期限内满足承载性能要求。

为实现上述目的，工程人员开发出各种设计方法。这些方法最初是在试验和分析的基础上开发的，然后根据建设和养护的实际成果进行修正，所以经验性较强，被称为经验型设计法。另一方面，因为计算机等技术的发展可实现复杂的运算，所以也有人提出理论型设计法和综合两者的半经验型设计法。

这些铺装结构设计方法一直以来都使用由企业颁布的标准，即所谓的标准结构设计方法。另外，如第 2 章中所述，日本也出现了如像土木学会在《铺装标准规格》中规定的基于性能的设计方法。目前日本机场的铺装结构设计方法已经达到采用基于性能设计方法的水平[3]。

本章首先介绍机场铺装结构设计方法中新出现的基于性能设计方法的概要，然后详细阐述标准结构设计法。沥青道面和水泥混凝土道面不仅在面层使用的材料不同，而且在设计方法方面也存在着较大的差异。前者主要专注于沥青混凝土层与道床，后者则主要专注于混凝土板的结构稳定性。下面按沥青道面、水泥混凝土道面的顺序分别对两者进行阐述。

4.1 基于性能的机场铺装结构设计

4.1.1 设计原则

日本机场的铺装结构设计方法如上所述，为了谋求向性能、标准结构设计法转变,日本于 2008 年 7 月制定和公布了《机场铺装设计要领和设计事例》。该“设计要领”中规定:首先明确机场内各区域铺装要求的性能,针对该性能设定适当的设计服役期限,然后在设定的服役期限内校验是否能够满足性能要求。但是,如果能够充分理解机场铺装要求的性能,并合理证明可以满足该性能,那么就可以不局限于该设计方法。

此处的性能主要有荷载承载性能、行驶安全性能、表层的耐久性能。设计时,需要在适当选定的校验检查项目基础上,对性能进行参照检查。图 4.1 具体给出了机场铺装的性能要求和参照检查方法。

设计时,需要根据铺装的使用目的、重要程度等适当选择参照查项目的极限值,即参照检查标准值。但是,目前很难对图 4.1 所示检查方法中的所有项目实施检查,对沥青道面的疲劳程度、车辙、摩擦系数、冻结深度,水泥混凝土道面的挠度、疲劳程度、摩擦系数、冻结深度、错台分别设定设计极限值即可。

设计服役期限是指满足性能要求的期限,需要在充分考虑铺装的使用目的、寿命周期成本、环境条件、耐久性能等因素的基础上进行设定。此时,如果要在设计服役期限内满足所有性能,则成本费用可能会很高,也可以按各性能要求规定的设计服役期限分别进行设计。另外,设计服役期限可根据已有的调查结果进行设定。荷载承载性能和混凝土铺装的行驶安全性能一般设定为 20 年,沥青道面的行驶安全性能和表层的耐久性能一般设定为 10 年。但是,考虑到机场的运营特征和寿命周期成本,也可以设定为另外的期限。

研讨与机场铺装有关的经济性时,原则上以新建时所需要的费用为对象。但是,根据设施的重要程度,使用后的养护、修缮的难易度,有时还需要考虑寿命周期成本。开始使用后很难进行大规模的修补施工时,在新建时可考虑铺设耐久性较高的铺装,还可以采用无需维修的设计方法。

4.1.2　沥青道面的性能参照检查

沥青道面所要求的性能主要有承载性能、行驶安全性能、表层耐久性能。

1)承载性能的检测

承载性能的检测需要根据铺装的使用目的和适用部位,从道床、基层的承载力、疲劳开裂、冻胀中选择必要的项目实施检查。

(1)道床的承载力

对于道床承载力,主要检测道床因压缩变形导致的疲劳破坏。道床的压缩变形的主要为道床上部的压缩变形。当道床的设计疲劳程度 FD_d 和疲劳程度

设计极限值 FD_{dl} 之比乘以重要度系数 r_i 的值在1.0以下时,可以说明承载力符合要求。也就是说,如果不等式(4.1)成立,则道床承载力没有问题。

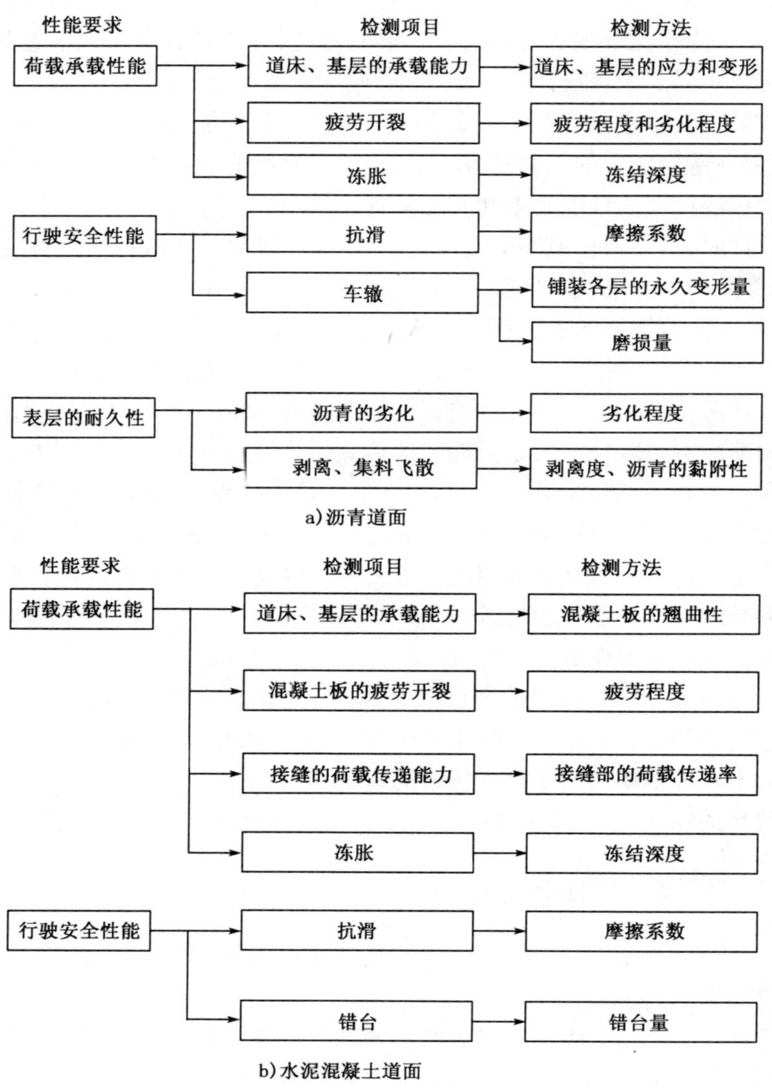

图4.1　机场铺装的性能要求和检查方法

$$r_i \cdot FD_d / FD_{dl} \leqslant 1.0 \tag{4.1}$$

式中：r_i——重要度系数，是安全系数[注]之一；

FD_{dl}——疲劳程度的设计极限值，疲劳程度的极限值除以构成层系数 r_b 所获得的值（$1.0/r_b$）；

FD_d——设计疲劳程度，在式（4.2）表示的疲劳破坏曲线的基础上，根据Miner法计算出累积疲劳程度FD，然后乘以结构分析系数 r_a 所获得的值（$r_a \cdot FD$）。

注：安全系数是在设计和制订施工计划时，为了充分考虑与材料物性及其经年变化、荷载条件变化、环境条件变动等各种项目有关的不确定性而引进的数值。安全系数主要有材料系数、荷载系数、结构分析系数、构成层系数、重要度系数。分别设定各种系数时，可以考虑以下所示要素后，在实际经验等基础上取值。《机场铺装设计要领》中则全部规定为1.0。

①材料系数：向材料各种力学性质的特性值相反的方向变动，考虑了试样与铺装构成层之间的材料特性差异，材料特性对所要求性能的影响，材料特性的经时变化等。

②荷载系数：向与荷载特性值相反的方向变动，考虑了荷载计算方法的不确定，设计服役期限内的荷载变化，荷载特性对极限特征的影响，环境作用的变动。

③结构分析系数：考虑了荷载的铺装反应分析的不确定性等。

④构成层系数：考虑了铺装构成层应力等计算方面的不确定性，层厚等尺寸偏差的影响，铺装构成层的重要度，即对象层达到某种特征时对铺装整体的影响等。

⑤重要度系数：考虑了铺装结构的重要度，即达到极限特征时对社会的影响等。

$$N_f = \frac{10^{\beta}}{\varepsilon^{\alpha}} \tag{4.2}$$

式中：N_f——破坏次数；

ε——变形；

α、β——常数（$\alpha = 11.213$，$\beta = -29.298$）。

FD为累积疲劳程度，取跑道或滑行道中心线的各距离点处的疲劳程度FD（x）中的最大值。

$$FD(x) = \sum_{i=1}^{n} FD(i,x) \tag{4.3}$$

式中：FD（i，x）——因飞机 i 导致的距离跑道或滑行道中心线 x 处的疲劳程度；

$$FD(i,x) = \frac{\text{飞机 } i \text{ 的交通量}}{N_f(i) \cdot P/C(i,x)} \tag{4.4}$$

$N_f(i)$——针对飞机 i 所引起的道床变形，通过式（4.2）的疲劳破坏曲线求得的允许荷载次数；

$P/C(i,x)$——飞机 i 在 x 点处的通行/覆盖率。

(2)基层的承载力

基层承载力的检测方法没有像道床那样规定具体的方法，可以采用适当的方法实施检查。但是，如果对设计服役期限内的沥青混凝土层的层底开裂、车辙、道床的压缩变形进行了检测，则可省略基层承载力的检测。

(3)冻胀

对冻胀的检测，需要计算冻结深度以便确认冻结危险性。当判断具有冻胀危险时，需要适当采取设置冻胀抑制层这样的措施，要求设计厚度 t_d 与设计厚度最小值 t_{dl} 之比乘以重要度系数 r_i 所获得的值在 1.0 以上。冻胀抑制层的设计最小层厚 t_{dl} 为通过冻结深度或经验值求得的必要置换深度减去铺装厚度。

冻胀抑制层可以采用当地的砂、火山灰、最大粒径 80mm 以下的未筛碎石等无冻胀可能性的材料。

(4)疲劳开裂

因交通荷载和环境作用产生的应力所导致的沥青混凝土层的疲劳开裂，分为从层底面开始发生的底面疲劳开裂和从铺装表面开始发生的表面疲劳开裂。对疲劳开裂的验算，仅就交通荷载所导致的开裂进行验算即可。其方法与道床承载力的验算方法相同。疲劳破坏曲线如式(4.5)所示。

$$N_f = \alpha \cdot \left(\frac{1}{\varepsilon}\right)^{\beta} \cdot \left(\frac{1}{E}\right)^{\gamma} \tag{4.5}$$

式中：N_f——破坏次数；

ε——沥青混凝土发生的拉伸变形；

E——沥青混凝土的模量；

α、β、γ——系数，可分别设定为 $\alpha = 7.681 \times 10^{-6}$、$\beta = 6.333$、$\gamma = 3.374$。

(5)温度开裂

在寒冷地区，有时会发生与沥青混凝土层施工方向(长度方向)基本垂直的裂纹，被称为温度(低温)开裂。这是由于温度下降时沥青混凝土的收缩变形与基层之间的摩擦等受限所致。此类低温开裂在冻结指数 1 000(℃ · d)以上的地区，或者是冬季期间最低气温在 -20℃以下时，发生得较多，所以在这样的地区需要对温度开裂实施验算。

验算时，要求沥青混凝土的设计温度应力 σ_{fb} 与极限抗拉强度 F_{cr} 之比乘以材料系数 r_m、重要度指数 r_i 所获得的值在 1.0 以下，见式(4.6)。

$$r_m \cdot r_i \cdot \sigma_{fb} / F_{cr} \leq 1.0 \tag{4.6}$$

温度应力 σ_b 一般可利用式(4.7)求得。

$$\sigma_b = E_r(t) \cdot \alpha \cdot \Delta T \tag{4.7}$$

式中：σ_b——温度应力；

$E_r(t)$——沥青混凝土的模量；

α——热膨胀系数（线膨胀系数）；

ΔT——温度下降量。

2）行驶安全性能的检测

对行驶安全性能，需要根据铺装的使用目的和适用部位，从抗滑、车辙中选择必要的项目进行检测。

（1）抗滑

沥青道面的抗滑性能以滑动摩擦系数的形式进行量化，该滑动摩擦系数因表层使用的材料、表面纹理、排水状况不同而有所不同。滑动摩擦系数的设计极限值（水深 1mm 时的测定值）可以采用表 2.17 所示的目标值。

当铺装表层材料达到《机场土木施工通用规格书》中规定的品质时，无需实施该项检测；但是对于跑道，除达到该品质外，还需适当刻槽。此外，仅小型飞机适航的机场也无需该项检测。

（2）车辙

因交通荷载反复作用于沥青道面而在铺装各层上发生永久性变形，形成车辙。对车辙的检验，主要是对沥青混凝土与道床、基层的永久变形量，以及沥青混凝土的磨损量实施检测。其方法与荷载承载性能检验中对道床承载力和开裂项目实施检查时的方法相同，使用车辙取代疲劳程度即可。也就是说，要求设计车辙量 D_d 针对车辙量设计极限值 D_{dl} 之比乘以重要度系数 r_i 所得的值在 1.0 以下，见式（4.8）。但是，如果已经进行了荷载承载性能检验，则无需该项检验。

$$r_i \cdot D_d / D_{dl} \leqslant 1.0 \tag{4.8}$$

式中：D_{dl}——车辙量的设计极限值 D_l / r_b；

D_l——车辙量的极限值；

D_d——设计车辙量 $r_a(\delta_a + \delta_b + \delta_c + d)$；

δ_a、δ_b、δ_c——沥青层、基层、道床的永久变形量；

d——沥青混凝土的磨损量。

车辙量的设计极限值，可以采用第 5 章记述的判断修补必要性时使用的 B（近期需要修补）与 C（需要尽快修补）的极限值，见表 4.1。

车辙量的设计极限值示例 表4.1

设　　施	车辙量的极限值(mm)
跑道	38
滑行道	57
停机坪	70

沥青混凝土层和基层的永久变形量可通过各自发生的永久变形乘以层厚求得,见式(4.9)。计算道床永久变形量的方法可参考式(4.10)。

$$\delta = \sum_{i=1}^{n} \varepsilon_{\mathrm{i}} \cdot h_{\mathrm{i}} \tag{4.9}$$

式中:δ——沥青混凝土层或基层的永久变形量;

ε_{i}——第 i 层的永久变形;

h_{i}——第 i 层的厚度;

n——沥青混凝土层或基层的层数。

$$\delta_{\mathrm{s}} = W_{\mathrm{s}} \times N^{0.25} \tag{4.10}$$

式中:δ_{s}——道床的永久变形量;

W_{s}——标准荷载负荷时道床上面的压缩变形量;

N——标准荷载换算交通量。

3)表层耐久性能的验算

沥青道面即便荷载承载性能和安全行驶性能已经满足要求,但一般因交通荷载的反复作用和环境作用等,随着使用时间的推移,其表层的耐久性能也会降低。表层耐久性能方面主要对沥青的气候变化、沥青混凝土的剥落、集料飞散进行检测。但是,如果采用了《机场土木施工通用规格书》中规定的材料,则无需实施检测。

其中,对于沥青混凝土层的层间剥离,主要要求层间剪应力 T 与层间剪切强度 F_{cr} 之比乘以材料系数 r_{m}、重要度系数 r_{i} 所获得值在 1.0 以下,见式(4.11)。

$$r_{\mathrm{m}} \cdot r_{\mathrm{i}} \cdot T/F_{\mathrm{cr}} \leq 1.0 \tag{4.11}$$

4.1.3 水泥混凝土道面的性能检测

水泥混凝土道面要求具备的性能,主要有荷载承载性能和行驶安全性能。此类性能的参照检查方法如下所述。

1)荷载承载性能的检测

荷载承载性能的检测需要根据铺装的使用目的和适用部位,从道床、基层的承载力,混凝土板的疲劳开裂,冻胀之中选择必要的项目,这与沥青道面的检测内容相同。此外,水泥混凝土道面还需对道床、基层的承载力,混凝土板的疲劳开裂进行检测或验算。

(1)道床、基层的承载力

道床、基层承载力主要是检测混凝土铺装的变形,要求水泥混凝土道面的设计挠度 W_d 和设计挠度极限值 W_{dl} 之比乘以重要度系数 r_i 所得的值在 1.0 以下。这种方法与沥青道面的道床承载力和疲劳开裂的验算基本相同,只是将疲劳开裂替换为挠度,见式(4.12)。

$$r_i \cdot W_d / W_{dl} \leqslant 1.0 \tag{4.12}$$

式中:W_{dl}——挠度的设计极限值 W_l / r_b;

W_l——挠度的极限值;

W_d——设计挠度 $r_a \cdot W$;

W——挠度。

挠度的设计极限值可以采用 1.25mm。挠度的计算可以采用能够适当考虑到混凝土板接缝处荷载传递的有限元法等方法。

为了确保必要的基层反应模量,可以根据道床的承载力系数设定其构成、材料与厚度;但典型设计法采用基层厚度设计曲线来设定基层厚度。此时,虽然道床反应模量越大,混凝土板可以越薄,但因为需要充分考虑土基的长期耐久性,所以一般不采用超过 150MPa/m 的值。另外,对于基层每层的最小厚度,粒料类和水泥稳定碎石时为 150mm,沥青碎石时为 60mm。此外,如果材料满足《机场土木施工通用规格书》的规定,并且采用由以往经验为主的结构设计方法中规定的基层结构时,则可视为已经满足道床、基层的承载性能。

(2)混凝土板的疲劳开裂

混凝土板会因交通荷载和温度变化产生弯曲应力,所以混凝土板疲劳破坏指的是弯曲疲劳破坏。此时,适当计算出此类弯曲应力后,可以参照沥青混凝土疲劳破坏的检查方法,要求因交通荷载和温度变化导致的设计应力强度 σ_{rd} 与设计弯曲疲劳强度 f_{rd} 除以构成层系数 r_b 所获得值之比,再乘以重要度系数 r_i 所获得值在 1.0 以下,见式(4.13)。

$$r_i \cdot \sigma_{rd} / (f_{rd} / r_b) \leqslant 1.0 \tag{4.13}$$

式中:f_{rd}——设计弯曲疲劳强度,为混凝土弯曲疲劳强度的特性值 f_{rk} 除以材料系数 r_m 所获得的值。

2)行驶安全性能的检验

行驶安全性能需要根据铺装的使用目的和使用部位,从抗滑、磨损、邻板差(错台量)中选择必要的项目进行检验。

水泥混凝土道面的接缝部如果产生错台,则有可能影响飞机等的行驶安全性能,要求设计错台 FTS_d 针对错台量的设计极限值 FTS_{dl} 之比乘以结构物系数 r_i 所获得值在 1.0 以下,见式(4.14)。

$$r_i \cdot FTS_d / FTS_{dl} \leqslant 1.0 \tag{4.14}$$

式中:FTS_{dl}——错台量的极限值 FTS_l 除以构成层系数 r_b 所获得的值 FTS_l/r_b;

FTS_d——使用设计荷载 F_d 计算得到的错台量 $FTS(F_d)$,再乘以结构分析系数 r_a 所获得的值 $r_a \cdot FTS(F_d)$。

错台量的设计极限值与车辙一样,可以采用判定修补必要性时使用的 B 和 C 的极限值,见表 4.2。

错台量的设计极限值 表 4.2

设　施	错台量(mm)
跑道	10
滑行道	12
停机坪	14

4.2 沥青道面标准结构设计

日本机场的跑道、滑行道一般采用沥青道面,这主要是考虑到跑道、滑行道具有飞机快速滑行的荷载特性,以及无需封闭即可进行修补的便利性。

铺装主要因承受交通荷载的反复行驶而发生破损并逐渐恶化,直至损坏。但是,“破坏”不仅很难明确定义,而且采用力学分析方法探求破损的进展机理几乎不可能。加之沥青道面破损类型也很多,所以,其结构设计方法,目前实用而且已有使用成果的基本都是基于经验的方法。

日本机场沥青道面的标准结构设计方法基本上都以美国陆军工程兵部队开发的 CBR 设计法,即以所谓的 CE 法为基础,所以在此首先介绍 CE 法的概要,然后阐述日本使用的设计法,最后从与日本使用方法对比的角度介绍国外的机场铺装结构设计方法,即加拿大、法国与美国的方法。

4.2.1　CE 的设计法

1920 年,美国加利福尼亚州公路局研究开发了 CBR 设计法。该法于 1940 年被 CE 尝试作为机场铺装设计方法。以公路为设计对象的 CBR 设计法分为平均交通荷载和轻荷载两种情形,铺装厚度以 CBR 的函数形式表示,将前者看作相当于 12 000lb(1lb = 453.6g)的飞机单轮荷载时,便得到了如图 4.2 所示的用于机场的铺装厚度设计曲线。

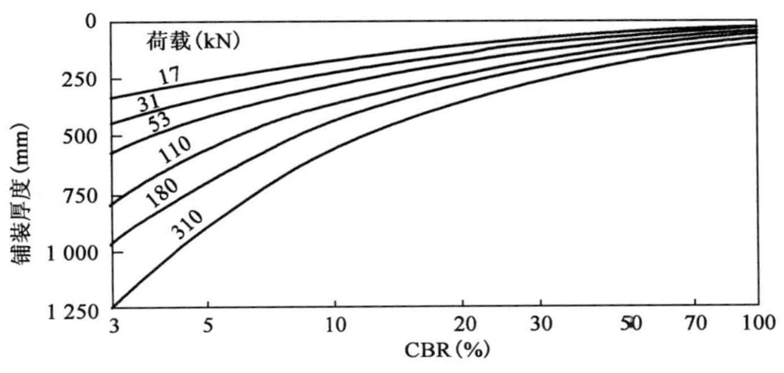

图 4.2　CE 开发的铺装厚度设计曲线

根据试验铺装和使用中机场铺装的调查,对上述铺装厚度设计曲线进行修正,见式(4.15)。为了考虑多个机轮的支承作用,式(4.15)中的 P 需要采用将多个机轮换算为单机轮后的当量单轮荷载(ESWL)。ESWL 定义为通过单轮产生实际起落架荷载所导致翘曲量时的荷载。ESWL 随铺装厚度的变化而变化,如图 3.6 所示。

$$t = \sqrt{\frac{P}{8.1\mathrm{CBR}} - \frac{A}{\pi}} \tag{4.15}$$

式中:t——铺装厚度(in,1in = 0.025 4m);

P——质量(1lb = 0.453 6kg);

A——接地面积(in^2)。

根据式(4.15),CBR > 12% 时虽然所需铺装厚度可以变薄,但是考虑到服役期限内的耐久性,如图 4.3 所示对设计曲线做了修正。修正过程中,参考了必要铺装厚度的经验值(表 4.3)。

式(4.15)是在飞机交通量相当于 5 000 覆盖量条件下推算的,对于此外的交通量,需要使用荷载反复系数 $f = 0.23\lg C + 0.15$(C 为覆盖量)增减铺装厚度。

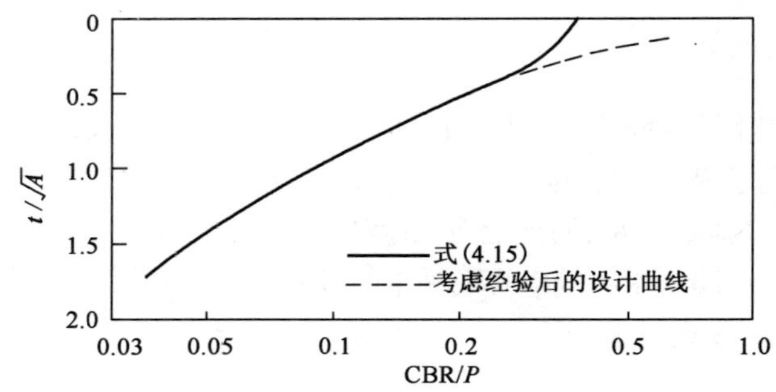

图4.3　修正后的CE铺装厚度设计曲线

必要铺装厚度的经验值　表4.3

单机轮或当量单轮荷载(lb)	轮胎内压(psi)	铺装厚度(in)	
		基层(CBR80%)	基层(CBR100%)
20 000	100	2	1.5
50 000	100	3	2
70 000	100	3.5	2.5
20 000	200	3	2
50 000	200	4	3
70 000	200	4.5	3.5

注:145psi = 1MPa。

在20世纪70年代后半期,包括上述CBR > 12%时的情形在内,铺装厚度计算式表示为式(4.16)(其中,$p = P/A$)。同时,上述的荷载反复系数在考虑到机轮数的差异后进行了修正。

$$\frac{t}{\sqrt{A}} = -0.0481 - 1.562\lg\frac{\text{CBR}}{p} - 0.6414\left(\lg\frac{\text{CBR}}{p}\right)^2 - 0.473\left(\lg\frac{\text{CBR}}{p}\right)^3 \tag{4.16}$$

CE法是在总结较好地基条件下的铺装工程经验的基础上开发出的设计法。近年来出现的机场所处位置地基松软或交通荷载增大,以及因为很难找到优良材料,于是在铺装中必须使用稳定处治材料等情况,与设计法开发过程中所考虑的条件不相符,加之缺乏铺装设施管理方面所必需的成本信息,所以有关机构整理和制定了基于弹性理论的设计法。

CE在1989年发布的理论性设计法中,将铺装看作可以由模量和泊松比表征的多层弹性体,将沥青混凝土层的破坏考虑为沥青混凝土层表面的开裂和车辙,重点考虑表层底面的水平变形和道床上面的垂直变形;此外,如果采用了稳定处治材料,就须考虑稳定处治材料层底面的水平变形。该设计法正是专注于此类变形的疲劳设计法,采用累加各等级疲劳变形的 Miner 法则。道床、沥青混凝土层的疲劳曲线分别如图 4.4、图 4.5 所示。

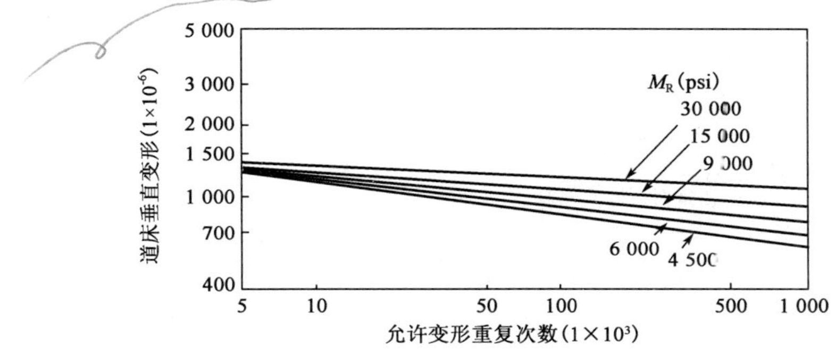

图 4.4 道床的疲劳曲线

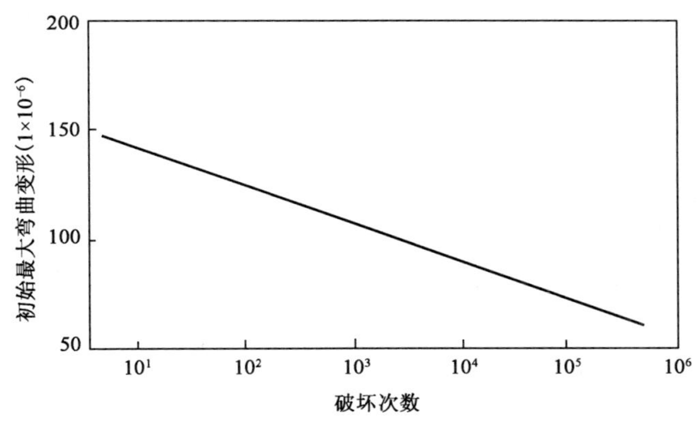

图 4.5 沥青混凝土层的疲劳曲线

铺装结构按图 4.6 所示的流程进行设计。关于沥青混凝土层底面的水平变形,首先使用沥青混凝土层的模量最大值进行安全性检验。也就是说,将利用多层弹性理论获得的计算值(ε_h)和允许值(ε_{ALL})进行比较。如果 $\varepsilon_h > \varepsilon_{ALL}$,则需要细分设计期限,利用 Miner 法则详细研讨疲劳累积损伤。对于道床,必须与沥青混凝土层的情况进行对照,对采用沥青混凝土层的模量最小值时的计算值(ε_v)和允许值(ε_{ALL})进行比较。此时,如果有可能发生冻结和融解,则必须分为融解期和正常期研究疲劳累积损伤。通过沥青混凝土层、道床变形的研究和综合评估,调整层厚,设定最佳的铺装厚度。

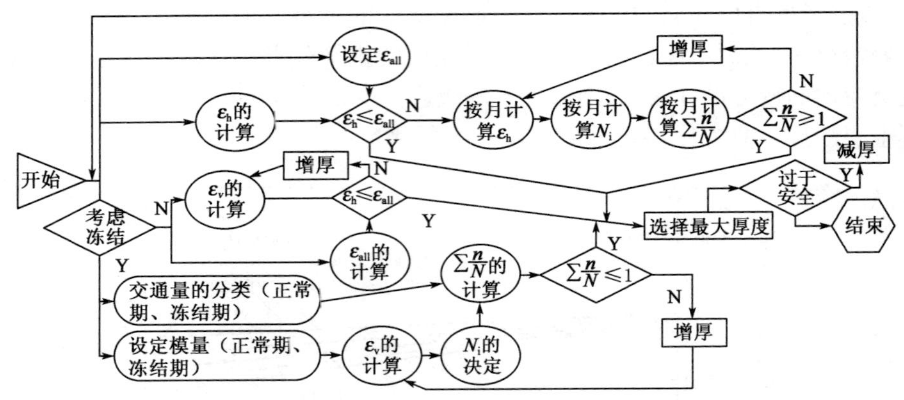

图 4.6　CE 提出的理论性铺装设计法流程图

4.2.2　日本的方法

日本的典型沥青道面设计法基本上采用式(4.15)，考虑荷载反复系数f，铺装厚度由飞机荷载、交通量和道床的 CBR 之间的函数决定。下面对标准铺装结构相关的标准铺装厚度计算法、结构层组合、铺装材料进行介绍，然后阐述铺装区域的差异和跑道横断方向上的差异。

1)标准铺装厚度的计算

沥青道面由沥青混凝土上下面层，以及粒状材料基层构成。前者直接承受交通荷载和环境作用，因此必须具备充分的抵抗性。即便是后者，在这一点上也与前者相同，但后者一般在上部采用承载力较大的材料，而在下部采用承载力较小的材料(分别称为上基层、下基层)。

沥青道面的标准铺装厚度是指由使用沥青混凝土的上下面层和粒料基层构成铺装结构的厚度，该厚度的计算方法是采用式(4.17)求得设计覆盖量 5 000 次时的厚度。该计算中，将起落架荷载替换为等价单轮后的荷载，即当量单轮荷载(ESWL)。式(4.17)是仅将式(4.15)的单位变更为 SI 单位后的计算式。

$$\frac{t}{\sqrt{A}} = \sqrt{\frac{1}{0.057\,\frac{\text{CBR}}{p} - \frac{1}{\pi}}} \tag{4.17}$$

式中：t——铺装厚度(mm)；

A——轮胎接触面积(mm^2)；

p——接地压力(MPa)。

为了方便设计，对于飞机荷载的大小和交通量，可以按照表 3.1 所示的设计荷载分类，以及按照表 3.9 所示的设计覆盖量分类进行选择。关于道床的设计 CBR，沥青道面时，如表 3.10 所示，可根据设计飞机荷载具体情况，选定可代表 1 ~ 2m道床范围的数值，按照第 3 章所述的方法求得。另外，设计覆盖量为 5 000 次以外时，可以使用上述的荷载反复系数修正铺装厚度；也可以采用与设计覆盖量 5 000 次条件下厚度的百分比来表示此时的铺装厚度，如图 4.7 所示。图 4.8 表示的是以 B747 为代表的 LA—1 时的标准铺装厚度示例。

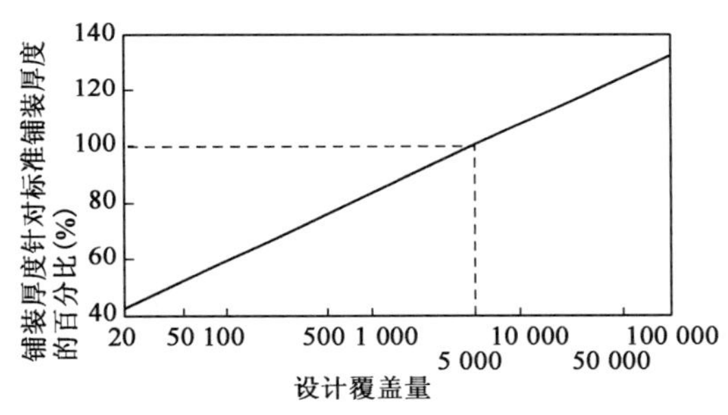

图 4.7　设计覆盖量条件下铺装厚度推算图

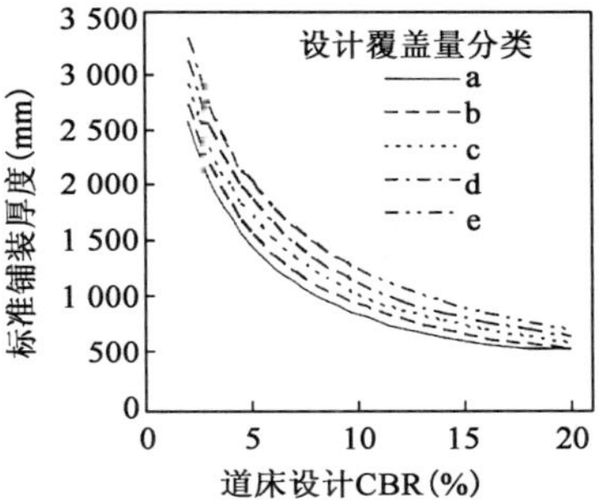

图 4.8　LA—1 的标准铺装厚度

在参考以往的经验和弹性计算的结果等基础上，如表 4.4 规定了沥青混凝土面层、基层的标准厚度，表 4.5 规定了级配碎石上基层的标准厚度。下基层由未筛碎石构成，其厚度为标准铺装厚度减去这里的面层和上基层的标准厚度后的余值。

上下面层的标准厚度（单位：mm）　　表 4.4

设计荷载的分类	设计覆盖量的分类				
	a	b	c	d	e
LA—1	140	140	150	150	160
LA—12	130	130	140	140	150
LA—2	120	120	120		
LA—3	100	100	100		
LA—4	80	80	80		
LSA—1	40	40	40		
LSA—2	40	40	40		
LT—1	100	100	100		
LT—12	90	90	90		
LT—2	80	80	80		

级配碎石上基层的标准厚度(单位:mm)　　表 4.5

<table>
<tr><th rowspan="2">设计荷载的分类</th><th colspan="17">道床的设计 CBR(%)</th></tr>
<tr><th>2</th><th>2.5</th><th>3</th><th>3.5</th><th>4</th><th>4.5</th><th>5</th><th>6</th><th>7</th><th>8</th><th>9</th><th>10</th><th>12</th><th>14</th><th>16</th><th>18</th><th>20以上</th></tr>
<tr><td>LA—1</td><td colspan="7">400(350)</td><td colspan="2">350(300)</td><td colspan="3">300(250)</td><td colspan="5">250(200)</td></tr>
<tr><td>LA—12</td><td colspan="6">400(350)</td><td colspan="2">350(300)</td><td colspan="3">300(250)</td><td colspan="6">250(200)</td></tr>
<tr><td>LA—2</td><td colspan="6">350(300)</td><td colspan="3">300(250)</td><td colspan="4">250(20)</td><td colspan="4">250(150)</td></tr>
<tr><td>LA—3</td><td colspan="8">300(250)</td><td colspan="4">250(200)</td><td colspan="5">250(150)</td></tr>
<tr><td>LA—4</td><td colspan="17">200(150)</td></tr>
<tr><td>LSA—1</td><td colspan="4">150(100)</td><td colspan="13">100</td></tr>
<tr><td>LSA—2</td><td colspan="17">100</td></tr>
<tr><td>LT—1</td><td colspan="12">250</td><td colspan="5">200</td></tr>
<tr><td>LT—12</td><td colspan="9">200</td><td colspan="8">150</td></tr>
<tr><td>LT—2</td><td colspan="17">150</td></tr>
</table>

注:B、C、D 铺装区域和跑道边缘带使用括号内的数值。

沥青混凝土面层、基层的标准厚度仅表示面层、基层的最小厚度。关于面层材料,虽然特别要求具备耐老化性、抗滑性能,但在强度规定方面与基层材料没有差别,所以可以从施工性、经济性的角度选择最佳面层材料。此外,对于实施刻槽的跑道厚度,需要在表 4.5 的值上增加 10mm。

如第 3 章中所述,即便是同一种机型,飞机质量、滑行速度、停机时间等也都存在着差异,所以将铺装区域划分为 $A \sim D$ 四个区域,施以不同的铺装厚度。这里讲的标准铺装厚度的计算方法因为是针对 A 铺装区域的厚度,所以 B、C、D 区域的厚度需要分别设定为 A 区域标准铺装厚度的 90%、80%、50%。

另外,从跑道横断方向上观测到的飞机滑行位置,如第 3 章中所述集中于中心线附近,所以将跑道分为中央带(宽 20m)和边缘带,施以不同厚度的铺装(图 4.9)。

2)结构组合

CBR 设计法的思路是将基层设计成由粒料层构成,并随着向上层过渡逐渐使用优质材料这样的铺装结构。但是,交通荷载对铺装结构的影响在铺装上部较大,加之近几年飞机的大型化和交通量的增加,所以铺装越往上部,越要求材料具备针对荷载的高耐久性和变形抵抗性。此时，对于集料间黏结力较弱的粒料，会因交通荷载的反复作用等导致集料发生较大的移动，所以很有必要在基层中引进稳定处治材料，于是规定设计荷载较大时，上基层原则上应该使用稳定处治材料。

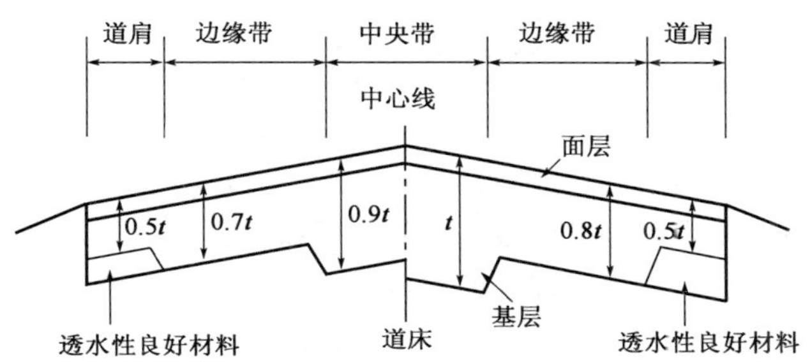

（跑道中部）　　　　　　　　（跑道端部）

图4.9　跑道横断面标准铺装厚度

注：t-标准铺装厚度

在基层上使用稳定处治材料时，其性能比起粒料要优越得多，所以与使用粒料时相比，即便减小层厚，也可获得等效结构。具体讲，就是按稳定处治材料的类型、性能，规定了针对粒料的等效厚度比例，对可减厚度程度进行了量化。这与美国公路及运输协会（AASHTO）引进的结构指数（Structural Number，SN❶）中表示各层结构性能的层系数（layer coefficient）属于同一概念[12]，在日本的机场铺装结构设计中称为等效值。该基层材料的等效值严格来说，除了材质外，还受层厚和层位等影响，但在以往研究和经验等的基础上，上基层、下基层可分别采用表4.6、表4.7的值。

上基层材料的等效值　　表4.6

材料名	主要材质	等效值
沥青碎石	马歇尔稳定度（75次）4.90kN以上 马歇尔稳定度（50次）3.45kN以上	2.0 1.5
水泥稳定碎石	单轴压缩强度（龄期7d）2.90MPa以上	1.5
石灰稳定处治材料	单轴压缩强度（龄期14d）2.90MPa以上	1.5
水硬性级配钢铁渣	单轴压缩强度（龄期14d）1.20MPa以上	1.5
级配碎石	修正CBR80%以上	1.0

❶ $SN = a_1D_1m_1 + a_2D_2m_2 + a_3D_3m_3 + \cdots$，$a_i$ 表示第 i 层的层系数，D_i 表示第 i 层的厚度，m_i 表示第 i 层的排水系数。

下基层材料的等效值 表4.7

材料名	主要材质	等效值
沥青碎石	马歇尔稳定度(50 次)3.45kN 以上	2
水泥稳定碎石	单轴压缩强度(龄期 7d)2.00MPa 以上	1.5
石灰稳定处治材料	单轴压缩强度(龄期 14d)2.00MPa 以上	1.5
粒料	修正 CBR30% 以上	1

上基层使用沥青碎石以外的水泥稳定碎石、石灰稳定处治材料、水硬性级配钢铁渣时,有可能发生因交通荷载的反复作用和铺装上部的温度、湿度变化等导致的开裂现象。由此,在其上部的沥青混凝土层有可能发生反射裂缝。为了防止此种现象的发生,需要加厚沥青混凝土层,最小厚度可以设定在 150mm 以上。

另外,铺装材料是通过碾压、振捣进行施工的,加之需要充分发挥结构层的性能,所以按使用的材料,日本规定了每层的最小厚度。

视材料的不同,表4.8 规定了基层的最小厚度。但是,当即便上基层采用最小厚度,而下基层的厚度也无法确保最小厚度时,需要增加厚度,或者将上下基层当作一层处理,使用上基层材料铺筑基层。

基层的最小厚度(单位:mm) 表4.8

基层材料	设计荷载的分类	
	LA-1、LA-12、LA-2、LA-3	LA-4、LSA-1、LSA-2、LT-1、LT-12、LT-2
水泥稳定碎石	150	120
粒料	150	100
沥青碎石	60	60

3)铺装材料

沥青道面的材料大致分为用于上下面层的沥青混凝土和用于基层的各种材料。其中,特别是基层,从有效利用资源、活用铺装施工中产生的材料等角度考虑,应该积极使用本地材料、再生材料。铺装内原则上不应出现地下水位,但是从长期来看,如果有可能因地基的沉降等发生该种情况时,基层材料最好采用稳定处治材料。

(1)上下面层

机场铺装的设计对象飞机,与公路铺装的设计对象汽车相比,其荷载即接地压力和接地面积都较大。例如,接地压力相对于汽车的 0.4~0.8MPa,飞机为 1~1.5MPa;接地面积相对于汽车的 600~1 000cm^2,飞机为 1 200~1 600cm^2。接地压力和接地面积都较大,意味着沥青铺装内产生的应力也较大,并反映到机场铺装材料,特别是构成面层、基层的沥青混凝土的品质要求上。具体讲,如表 4.9 所示,机场用沥青混合料要求具备 8.80kN 以上(75 次振捣)的马歇尔稳定度。表 4.9中的面层 1、基层 1 适用于 LA—1 ~ LA—4 时,面层 2、基层 2 适用于其他设计荷载。

上下面层用沥青混合料的马歇尔实验标准　　表 4.9

项　目	面层		基层	
	面层 1	面层 2	基层 1	基层 2
振捣次数(次)	75	50	75	50
马歇尔稳定度(kN)	>8.80	>4.90	>8.80	>4.90
流值(0.1mm)	20 ~ 40	20 ~ 40	15 ~ 40	15 ~ 40
空隙率(%)	2 ~ 5	3 ~ 5	3 ~ 6	3 ~ 6
饱和度(%)	75 ~ 85	75 ~ 85	65 ~ 80	65 ~ 80

注:残留稳定度都在 75% 以上。

沥青规定使用符合 JIS K 2207“石油沥青”的纯沥青(针入度为 40 ~ 60、60 ~ 80、80 ~ 100、100 ~ 120),集料级配则应满足表 4.10 的标准规定。表 4.10 中的类型Ⅱ是指积雪寒冷地区,但可适用于设计荷载 LA—4 以下的情形。

集料级配(通过质量百分比)　　表 4.10

筛孔尺寸(mm)	面层			基层
	类型Ⅰ		类型Ⅱ	
	20[注]	13[注]	13F[注]	20[注]
26.5	100	—	—	100
19	95 ~ 100	100	100	95 ~ 100
13.2	75 ~ 90	95 ~ 100	95 ~ 100	70 ~ 90
4.75	45 ~ 65	55 ~ 70	45 ~ 65	35 ~ 55
2.36	35 ~ 50	35 ~ 50	30 ~ 45	20 ~ 35
0.600	18 ~ 30	18 ~ 30	25 ~ 40	11 ~ 23
0.300	10 ~ 21	10 ~ 21	20 ~ 40	5 ~ 16
0.150	6 ~ 16	6 ~ 16	10 ~ 25	4 ~ 12
0.075	4 ~ 8	4 ~ 8	8 ~ 12	2 ~ 7

注:13、20 等表示集料的最大直径(mm)。

沥青混合料的性能要求因机场内铺装区域的不同而有所不同,主要的性能要求如下。

①跑道、滑行道的边缘带和道肩,因为没有交通荷载的揉搓作用,使面层的沥青混凝土容易老化,所以应该尽量提高沥青用量,或者采用耐老化性较强的沥青。

②停机坪、滑行道、跑道端部这类有静态荷载作用或荷载缓速行驶较为集中的区域,因为在面层、基层上发生较大车辙的情况比较多,所以应该尽量提高集料尺寸,尽量减少沥青用量。沥青尽量使用针入度较小的种类或改性沥青。

③跑道端部、高速出口滑行道、进口滑行道及其近旁跑道的中部这类飞机转弯或进行制动的区域,因为要承受较大的水平力,面层容易发生错位移动或层间剥离,所以应该提高面层、基层各层间的黏着力。

④停机坪等区域因为飞机燃料泄漏时很有可能造成面层沥青混合料的损伤,所以应该使用耐油性较强的材料和耐油涂层等。

⑤跑道上飞机着陆时的接地带、飞机进行制动或转弯时的滑行道近旁的跑道中部,以及寒冷地区机场的铺装等,应该确保面层具有充分的抗滑性能。

沥青混合料施工时,需要进行碾压、压实作业,每层最大压实厚度为80mm,压实度要求达到98%。另外,沥青混合料集料的最大粒径对于面层必须在该层厚度的1/2以下,对于基层必须在厚度的2/3以下。

(2)排水槽

为了确保机场跑道的抗滑性能,下雨时从跑道迅速排出雨水是关键,为此应该在跑道横断方向上设计坡度的同时,设置排水槽。该槽的排水效果会因轮胎橡胶附着而降低约15%,也会因飞机反复行驶发生变形而导致排水效果降低。为了解决此类问题,规定需在沥青道面施工后2个月以上才能开设排水槽。但是在大型机场为主的多个机场依然发现开设的排水槽发生变形的现象(图4.10)。

为了确保跑道的抗滑性能,室内试验表明必须将排水槽形状的变化率❶控制在20%以下,如果使用改性沥青,将收到很好的效果;另外,如果使用最大粒径的材料,也可获得相当的效果。对设置了排水槽的试样进行室内轮辙试验,结果(温度为40℃)见图4.11。

---

❶ 表示槽变形程度的变化率 l 可以利用以下计算式实施量化。

$$l = \frac{a - a'}{a'} \times 100\%$$

式中:a、a'——试验前、试验后的槽宽度、深度或体积。

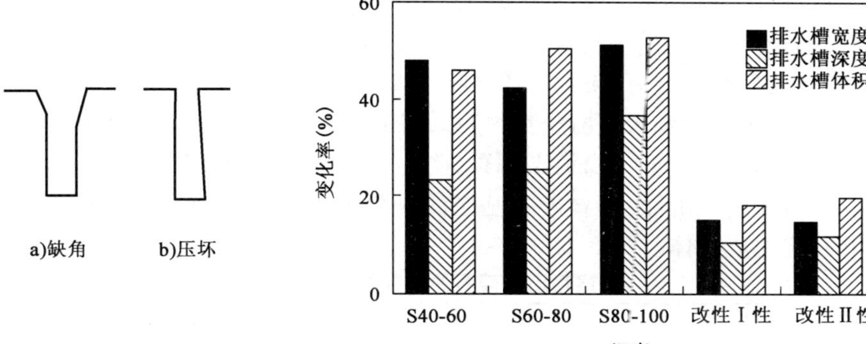

图 4.10　排水槽的破坏类型

图 4.11　沥青对排水槽变形的影响

注:S 为基质沥青

此外,实施加铺层时,即便使用的是基质沥青,如果能够确保较长的养护时间,也可采用较大粒径、较粗级配集料,从材料方面着手改善排水槽的变形问题。

(3)上基层

上基层可采用级配碎石、沥青碎石、水泥稳定碎石、石灰稳定处治材料、水硬性级配钢铁渣等材料。无论使用哪种材料,其集料的最大直径都要求在 40mm 以下。稳定处治材料原则上采用厂拌材料,这是考虑到混合后材料的均一性这一质量要求而规定的。如果使用路拌法也能确保满足质量要求,也可采用路拌法,但需要注意第 3 章中所述的道床方面的性能降低等问题。

级配碎石由不含有害物质的碎石与砂或公路用钢铁渣组成。级配碎石的粒径应该符合规定,最大粒径为 30mm 或 40mm,修正 CBR 应在 80% 以上,0.425mm筛子通过部分的塑性指数(PI)必须在 4 以下。此时,测量修正 CBR 时的压实度必须为标准密度(依据 JIS A 1210 的 D 法或 E 法的最大干密度)的 95%,施工时要求压实度在 95% 以上。

另外,关于再生级配碎石,如果满足上述修正 CBR 和 PI 方面的规定,则原则上可以使用;但如果含有沥青混凝土再生集料时,应在 40℃ 条件下进行修正 CBR 试验。如果是水泥混凝土再生集料时,则其洛杉矶磨耗率应在 50% 以下;如果仅使用基层再生集料时,则需要满足 PI 方面的规定。

对于公路用钢渣(水硬性级配钢渣和级配钢渣),与上述一样,修正 CBR 需在 80% 以上;如果不会因浸水而发生"黄浊水"现象或有硫化氢气味,则可以使用。另外,对于水硬性级配钢渣,如果修正 CBR 在 80% 以上,而且龄期为 14d 时的单轴压缩强度在 1.20MPa 以上,则可以按等效值 1.5 使用。

基层用沥青碎石的标准值见表4.11。其中,类型A适用于LA-1~LA-4时的情形,类型B适用于其他设计荷载时的情形。材料需要使用基质沥青和符合级配要求最大粒径为50mm的集料。此时也可使用再生沥青混合料,但是,沥青、集料(包括再生沥青混凝土集料)以及沥青混合料应该具备的品质与上述相同。另外,施工时,与上下面层一样,基层压实度要求达到98%以上。此外,根据情况,考虑到经济性,沥青碎石基层的一部分可以使用与上下面层相同的材料,并与之建成一体。

基层用沥青碎石的马歇尔特征值标准 表4.11

项　目	类　型　A	类　型　B
振捣	两面	两面
稳定度(kN)	>4.90	>3.45
流值(0.1mm)	20~40	20~40
空隙率(%)	3~8	3~8

对于水泥稳定碎石,按照JIS A 1210规定的A法制成的试样,经6d正常养护、1d浸水养护后的单轴压缩强度要求在2.90MPa以上,此时集料需要使用最大粒径为40mm,而且0.425mm筛子通过部分的PI在9以下的材料;另外,施工时需要进行碾压、压实作业,压实度要求在95%以上。

除此以外,如表4.6所示,龄期14d时的单轴压缩强度在2.90MPa以上的石灰稳定处治材料,也可以作为相对级配碎石的等效值为1.5的材料使用于上基层。

(4)下基层

下基层可采用碎石、砾石、砂、钢渣、再生未筛碎石等材料。原则上最大粒径在50mm以下,但在没有办法的情况下可以使用最大粒径在每层压实厚度的1/2以下且小于100mm的材料。使用沥青碎石时,其粒径宜在40mm以下。

用于下基层的材料,根据荷载和铺装厚度等具体情况,其0.425mm筛子通过部分的PI和修正CBR应符合表4.12的规定。表中的类型A适用于设计荷载为LA-1~LA-3时的下基层上部,类型B适用于此外的情形,类型C适用于下基层较厚时的下部。

下基层如果与上基层同时满足标准要求(PI和修正CBR标准值见表4.12),也可以使用未筛钢渣和再生未筛碎石。当铺装内无法避免地下水浸入时,宜采用稳定处治材料,规定如下:对于马歇尔稳定度(振捣次数50次)在3.45kN以上的沥青碎石,其等效值为2.0;对于龄期分别为7d、14d时的单轴压缩强度在2.00MPa以上的水泥稳定碎石和石灰稳定处治材料,其等效值为1.5。

此外，对于不符合质量规定的材料，如果采用石灰、水泥等实施稳定处理后可满足质量规定时，则可用于下基层。

道床具有与下基层等效强度、性质时，或者山区机场等采用岩石道床等时，可以不设下基层。但此时需要充分考虑道床的构造、最大 2m 深度以及道床范围内的土质特性，以及针对浸水的耐久性。

下基层材料的要求　　表 4.12

项　　目	类型 A	类型 B	类型 C
PI(0.425mm 筛子通过部分)	<6	<6	<10
修正 CBR(%)	>30	>20	>10

(5)沥青混合料的再生利用

为了向循环型社会发展，日本正在努力完善相关再循环法、建设再循环法等与再循环有关的法律体系。与此同时，针对建设副产物的对策与措施也日益成熟。建设废弃物中，铺装工程中的沥青混凝土以及水泥混凝土的再生利用率已接近 100%。

对于机场领域，机场设施的建设正从新建向维护、修缮逐步转移，人们都希望能够将机场铺装修补施工中废弃的所有(或者大部分)材料进行回收再利用。为了实现这一目的，工程人员正在不断进行研究和尝试，努力将机场铺装施工中产生大量废弃物如旧沥青混合料等，以再生加热沥青混合料的形式用于面层、基层，将再生粒料和再生水泥稳定碎石用于基层。

①再生沥青混合料

对于再生沥青混合料，其集料由一定级配的再生集料和一定比例的新集料混合而成。在机场铺装领域，将再生集料占全部集料的比率称为再生率，其上限为 40%，可用于除面层以外的结构层。再生率超过 40% 时，或者需将再生沥青混合料用于面层铺装时，可在充分确认其性能后使用。可以使用的沥青混凝土再生集料的性能标准见表 4.13(最大粒径为 13mm 时)。但是，在将因机场铺装非正常拆除而产生的旧沥青混合料再生利用时，日本也有再生率达到 70% 的成功案例。

沥青混凝土再生集料标准　　表 4.13

项　　目	标　准　值
旧沥青含量(%)	>3.8
旧沥青的针入度(25℃,0.1mm)	>20
75μm 筛子通过率(%)	<5

考虑到今后铺装的修补施工将不断增加，面层铺装有可能发展到不得不使用再生沥青混合料的情况，所以工程人员一直在对其进行研究与试验。例如，上述再生率上限为70%的案例，将机场铺装非正常拆除而产生的旧沥青混合料用作再生集料，从弯曲特性、集料飞散性、排水槽稳定性等任何一个方面考查，再生沥青混合料与新沥青混合料都具有同等的性能；而且室内试验表明，即便在承受老化作用时，性能也基本相同。图4.12表示的是采用加热(70℃)20次循环的热加速老化，或者经过3年自然老化后的弯曲，即破坏变形的情况。从图4.12中可以看出，无论采用哪一种方法，对于老化后的力学特性，再生沥青混合料与新沥青混合料相比都基本相同，或者变化很小。即使观察服役期限达3年左右的试验铺装，也表明两者之间的性能几乎并无差异。根据这些结果可以认定，该种类型的再生沥青混合料，能以再生率70%为上限，正常用于机场滑行道的面层铺装。甚至还有报告显示，根据室内试验的结果，其再生率达100%时的适用性也很高。

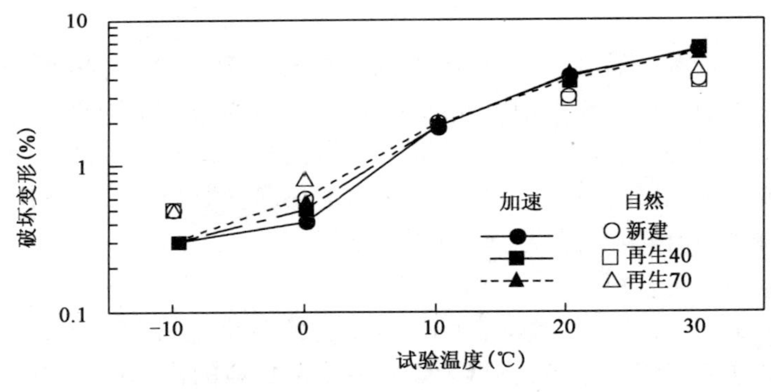

图4.12　老化后的破坏变形

②再生粒料

再生粒料是指在沥青混凝土再生集料中混合新集料(未筛碎石C-40)后的材料。使用该再生粒料进行修正CBR试验的结果如图4.13所示(图中A表示沥青铺装中的基层，C表示水泥混凝土道面的基层)。试验温度设定为40℃。从图4.13中可以看出，随着再生集料掺配比例的提高，修正CBR逐渐变小，所以可以通过调整再生集料的掺配比例，来达到上下基层的标准。但是，CBR会因浸水而下降，所以在水会浸至基层的情况下需要特别注意。

③再生水泥稳定碎石

再生水泥稳定碎石是指在沥青混凝土再生集料中掺入新集料以及水泥后混

合而成的材料。不管再生集料的掺配比例是多少,只要采用再生水泥稳定碎石可确保上下基层所要求的强度即可。有研究表明,即使再生集料掺加比例为100%,该水泥稳定碎石仍然可以用于基层材料。再生集料掺加比例越大,为了确保规定的强度,则需要的水泥添加量越大。此外,如果浸水时间较长,则有可能引起再生水泥稳定碎石基层强度的下降。

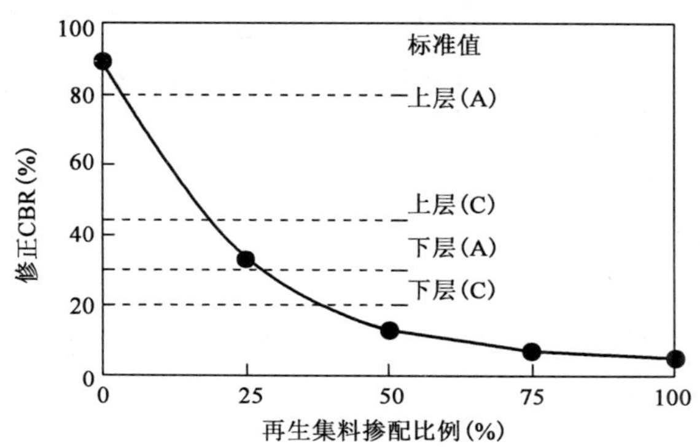

图 4.13　再生集料掺配比例和修正 CBR

4.2.3　填海地基上沥青铺装的结构设计

1)高地下水位下的沥青铺装

填海地基一般地下水位都较高,所以如果在其上铺筑铺装,不仅是道床,甚至连基层都有可能位于地下水位之下。另外,从面层裂缝渗透的雨水和从周边区域流来的水等导致铺装处于浸水状态时,其危险性很高。在这样的条件下建成的铺装投入使用后,铺装材料自身易发生破坏,而且铺装的荷载承载性能降低的可能性也较大。对于前者的预防措施,可以添加沥青抗剥落剂,冲洗集料,改善沥青性能,对基层、道床材料实施稳定化处理;对于后者,需要对铺装采取整体防止浸水措施。

(1)高地下水位下的沥青铺装的荷载承载性能

关于地下水位较高时的铺装的荷载承载性能,有研究者采用各种基层材料铺筑试验道面,然后进行荷载试验如表 4.14 所示。针对试验道面设定无地下水、水浸至道床中间面、水浸至道床上面、水浸至下基层上面、水浸至上基层上面 5 级地下水位,在按序提升地下水位的同时实施荷载试验。此时,各级地下水位因为铺装构成不同,所以即便是在同一水位条件下,其绝对水位深度也会因铺装类型不同而不同。

试验铺装的构成　　表4.14

分　类	上基层	下基层
A	沥青稳定碎石	粒料(未筛碎石)
B	沥青稳定碎石	沥青稳定碎石
C	粒料(级配碎石)	粒料(未筛碎石)
D	沥青稳定碎石	粒料(再生未筛碎石)

对荷载试验结果进行逆向分析,计算道床和粒料基层的模量,结果见图4.14。从整体上看,随着浸水程度的日趋恶化,道床的模量计算值随之变小,特别是非浸水时点至地下水位上升到道床面时点之间,模量显著下降,下降值接近20%~50%;同样,粒料基层的模量在A、D类型的下基层浸水前后,C类型的上、下基层浸水前后,降低20%~40%。

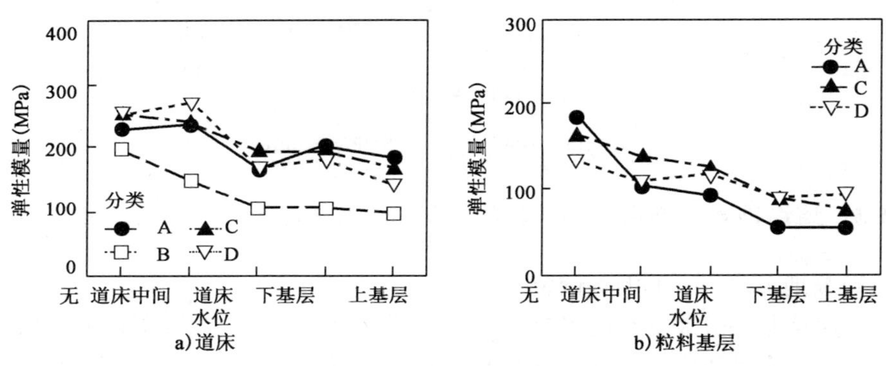

图4.14　浸水导致道床、基层弹性模量的变化

根据一系列的研究结果,可以总结得到以下几点:

①无论是道床,还是铺装,随着地下水位的上升,其荷载承载性能随之降低,而且拥有粒料基层的铺装更为显著。关于这一点,如果采用完全浸水后的模量与浸水前模量之比进行量化,则道床、基层时分别为80%、70%。也就是说,假定高地下水位可能会浸至道床时,利用常规方法计算得到的设计CBR需要根据浸水条件最大降低80%。

②浸水至基层时,除了在上基层使用沥青稳定碎石外,还需要对下基层的一部分实施稳定处理。

(2)降低地下水位的处理措施

前述方法是将道床和铺装在浸水条件下的荷载承载性能进行量化,然后将其反映到铺装的结构设计中。与此相反,人们也思考采用通过一定手段来防止地下水浸入到铺装内的方法。下面具体介绍跑道铺装设置排水层的案例。

该案例首先从预测跑道铺装建成后的将来地下水位的情况着手。结果如图 4.15所示，跑道开始使用 5 年后，在许多区域地下水位都浸入道床内部，所以需要应对高地下水位采取措施，即在道床下部设置排水层，防止地下水浸入铺装和整个道床；同时需要考虑在有限的工期内确保良好的施工性。

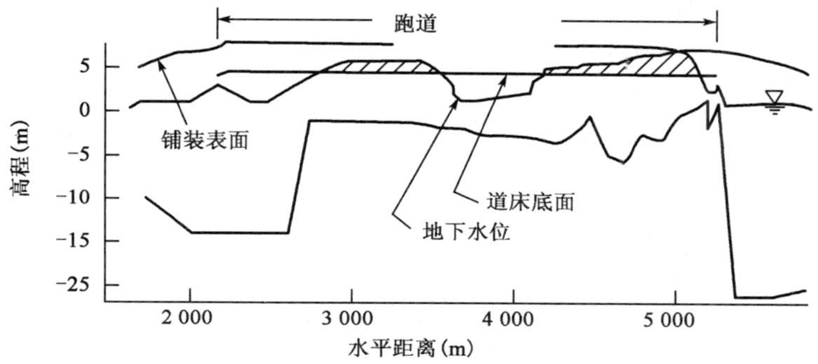

图 4.15　地下水位的预测结果(使用后 5 年)

采用该方法时，应保证排水层自身和铺装的结构稳定性，同时需要确保具备持续的排水功能。为此，工程人员进行了大型室内试验和试验施工的研究。其中，室内试验时，采用 550mm 厚的砂层、250mm 厚的过滤层、200mm 厚的单粒径碎石层 3 层作为整体结构层，进行渗水试验。试验结果如图 4.16 所示。土层整体的渗水系数从试验开始后慢慢下降，大概 100h 后，基本保持在 1.0×10^{-5}m/s 左右。由此可知，虽然因砂的混入导致的过滤层堵塞在初期较为严重，但经过一定的时间后将有所收束，从长期来看能够确保排水层的功能。

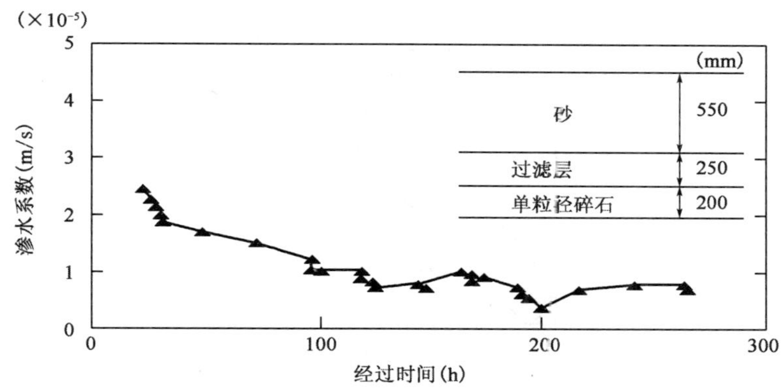

图 4.16　土层整体渗水系数的经时变化

其设计条件为道床 CBR9%、设计荷载分类 LA-1、覆盖量 40 000 次(设计服役期限 10 年),与此相应的铺装结构如图 4.17 所示。道床厚度为 2 000mm,其下部设置厚 850mm 的排水层(已经确认排水层具有充分的荷载承载性能)。考虑到排水层的堵塞安全性和施工性,采用以下形式:由粒径为 20 ~40mm 单粒径碎石构成厚 500mm 的透水层,外由粒径为 0 ~40mm 混凝土再生集料的过滤层包裹。另外,用过滤层整体包裹住铺装,在侧面也可防止地下水的浸入,而且在排水层的两侧面下端配有内径 250mm 的有孔塑料管。通过这样的设计,铺装周边的地下水通过渗水性良好的过滤层集中至排水层,再通过有孔管排出机场范围以外。该试验铺装,通过反复行驶设计飞机荷载,其荷载承载性能已得到确认。

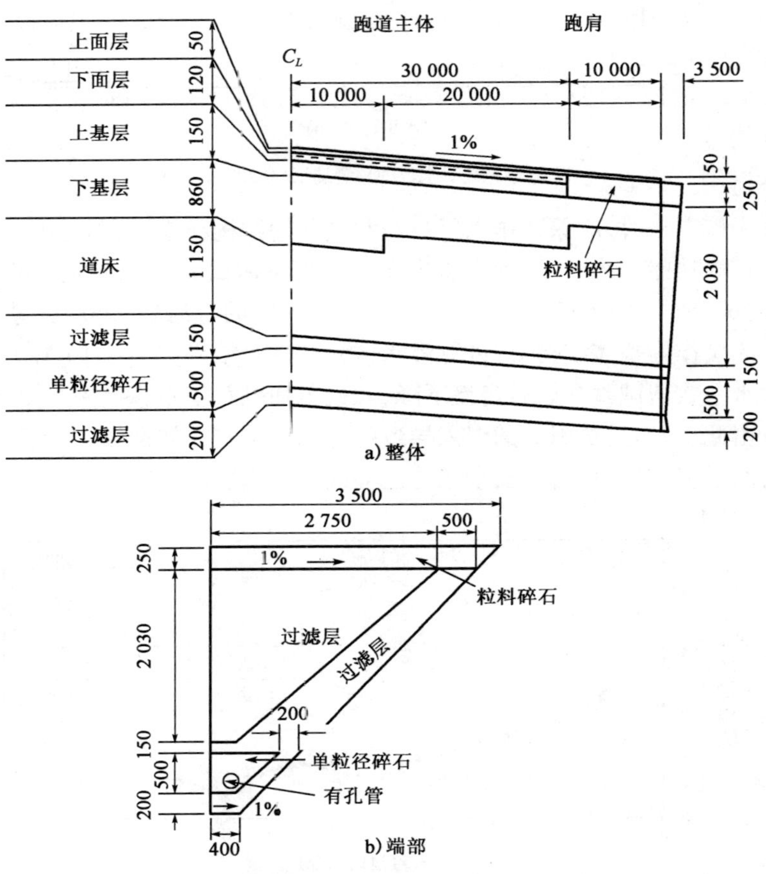

图 4.17　采取浸水防止措施的机场跑道铺装结构(尺寸单位:mm)

2）软弱地基上的沥青铺装

适合于软弱地基上的沥青铺装，主要是“夹层铺装”。此类铺装主要采用水泥稳定碎石、贫混凝土等这类刚性较高的材料做下基层，与铺装上部的沥青混凝土层等包裹粒料层。在下基层设置刚性较高的结构层，可以提高铺装整体的承载力，与普通的沥青铺装相比，铺装厚度可以减小。设计夹层铺装时，需要根据室内试验等充分考虑下基层的荷载分散性后设定该层的等效值，以便使铺装结构满足《机场铺装设计要领》中规定的标准铺装厚度，同时需要确认稳定处治材料下基层的安全性。

在图 4.18 所示的设计实例中，下基层设置为厚 300mm 的山砂水泥稳定土，上基层设置为沥青碎石和水泥稳定碎石（合计厚度为 500mm）。在上下垫层之间设置厚 440mm 的未筛碎石层，面层厚度为 150mm。对于山砂稳定处治材料的稳定性，运用多层弹性理论计算出的荷载作用下的应力和应变，与室内试验中破坏时的情况进行比较，结果表明承受的应力比弯拉强度要小得多，所以认为其在安全性方面没有问题（表 4.15）。另外，关于基层的等效值，可在荷载试验结果的基础上设定为 1.5。

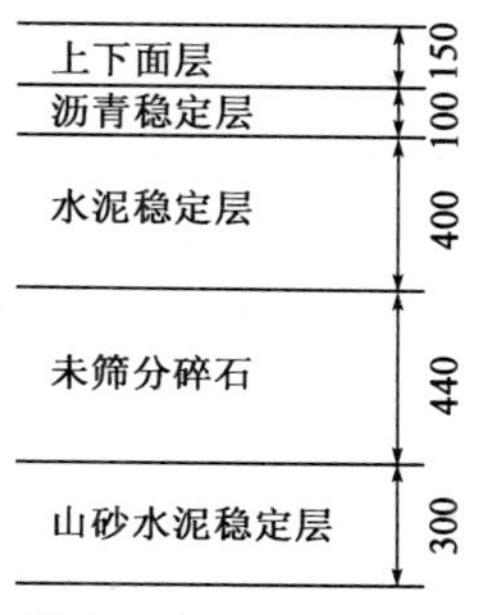

图 4.18　夹层铺装结构
（尺寸单位：mm）

稳定处治材料的安全性（单位：MPa）　　表 4.15

层	材　料	应　力	弯拉强度（龄期 28d）
上基层	水泥稳定碎石	0.88	1.92
下基层	山砂水泥稳定土	0.15	0.85

4.2.4　国外机场沥青铺装的结构设计方法

航空运输并非是限于单一国家的封闭系统，所以从以上所述的日本机场沥青铺装结构设计方法的对比角度，概括介绍国外的结构设计方法，有十分重要的意义。下面列举加拿大、法国、美国三个国家的设计方法，它们在以道床的 CBR 和飞机的类型、交通量为基础，求得粒料基层的厚度，以及在求得使用稳定材料处治基层时的当量系数等思路上是基本相同的。

1）加拿大

加拿大的机场铺装设计法，将飞机的标准起落架荷载定义为 1～12 级，以此对应实际中的飞机，并称之为飞机加载等级（Aircraft Load Rating，ALR）。具体的 ALR 见表 4.16。

加拿大机场铺装设计法中飞机的 ALR　　表 4.16

飞机	轮胎压强(MPa)	荷载(最大/最小)(kN)	设计 ALR
B747	1.11/0.84	3 600/2 000	11.1/8.4
B767	0.98/0.78	1 400/800	9.8/7.8
DC9	0.87/0.68	490/300	8.7/6.8
DC10	1.10/0.78	1 970/1 200	11.0/7.8
A300	1.05/0.86	1 480/1 000	10.5/8.6
L1011	1.11/0.92	2 080/1 400	11.1/9.2

粒料基层的当量铺装厚度以道床承载强度和标准起落架荷载的函数形式进行规定,如图 4.19 所示。沥青混凝土层和上基层的厚度由轮胎接地压决定。

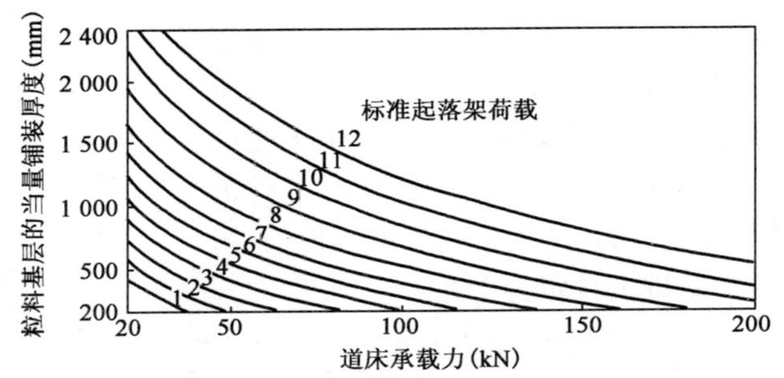

图 4.19　加拿大机场沥青道面设计法中的铺装厚度设计曲线

另外,大部分的机场其铺装在冬季期间都会冻结,所以根据图 4.19 求得的粒料基层当量铺装厚度如果比冻结深度小时,铺装厚度值则必须取冻结深度。

2)法国

法国将设计期限设定为 10 年,将每天的飞机数量定为 10 个航班,以最大质量飞机的主起落架为设计荷载,根据道床的 CBR 计算得到铺装厚度(图 4.20)。预测的交通量与此有差异时,可以利用 $P' = P/(1.2 - \lg n)$(式中,n 为预测的每天飞机数量,P、P' 为每天飞机数量分别为 n、10 架时的设计荷载)修正荷载后使用图 4.20。此外,可准确预测设计期限内的交通量时,还可将实际的飞机类型、航班数换算成设计飞机航班数的方法。

3)美国

美国最初并没有交通量和设计期限这样的概念,采用的是根据飞机荷载来决定铺装厚度的方法。当时具体的厚度计算方法以 ICAO 方法为基础,其后才转变为以设计期限内的交通量为基础。

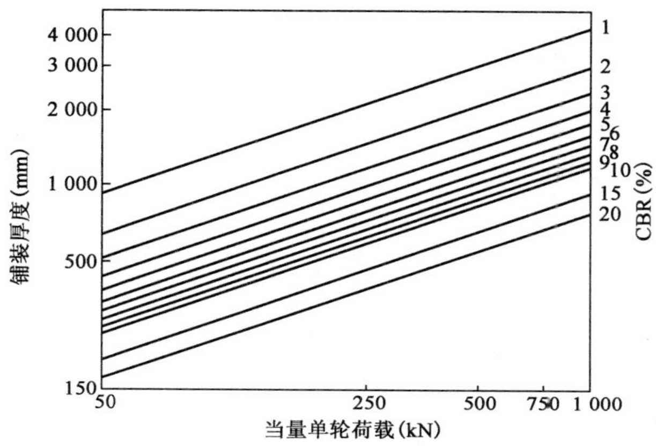

图 4.20　法国机场沥青铺装设计法中的铺装厚度设计曲线

如果依据美国联邦航空局(Federal Aviation Administration, FAA)于 1967 年公布的方法,则铺装厚度是根据飞机主起落架形式和道床条件来决定的。此时,主起落架形式分为单机轮、双机轮、双复机轮 3 种类型。首先将道床的土在其粒型、液限、塑性指数的基础上,按表 4.17 分为 E－1～E－13 类;然后考虑排水条件和冻结危险性因素,按表 4.18 分为 Fa、F1～F10 共 11 类(水泥混凝土道面时,为 Ra～Re 共 5 类);最后,沥青铺装的总厚度和基层厚度依据此类荷载条件和道床条件决定。图 4.21 表示的是针对双复机轮的铺装厚度。此时,沥青混凝土层的厚度对于跑道端部、滑行道、停机坪时为 100mm,其他区域为 75mm。

美国机场铺装设计法中道床的土质分类(1967 年版)　　表 4.17

土质		质量百分比(%)				液限(%)	塑性指数
		2.0mm～[注]	粗砂	细沙	泥砂、黏土		
粒料	E－1	0～45	40～	～60	～15	～25	～6
	E－2	0～45	15～	～85	～25	～25	～6
	E－3	0～45	—	—	～35	～25	～6
	E－4	0～45	—	—	～45	～35	～10
细粒土	E－5	0～55	—	—	45～	～40	～15
	E－6	0～55	—	—	45～	～40	～10
	E－7	0～55	—	—	45～	～50	10～30
	E－8	0～55	—	—	45～	～60	15～40
	E－9	0～55	—	—	45～	40～	～30
	E－10	0～55	—	—	45～	～70	20～50
	E－11	0～55	—	—	45～	～80	30～
	E－12	0～55	—	—	45～	80～	—
	E－13	淤泥、泥炭					

注:粒径。

美国机场铺装设计法中道床的分类(1967 年版) 表 4.18

土质	道床分类(沥青道面/水泥混凝土道面)		
	排水良好	排水不良	
	非冻土、冻胀	非冻胀	冻结
E-1	Fa/Ra	Fa/Ra	F1/Ra
E-2	Fa/Ra	F1/Ra	F2/Rb
E-3	Fa/Ra	F2/Rb	F3/Rb
E-4	F1/Ra	F2/Rb	F4/Ra
E-5		F3/Rb	F5/Rb
E-6		F4/Rc	F6/Rc
E-7		F5/Rc	F7/Rc
E-8		F6/Rc	F8/Rd
E-9		F7/Rd	F9/Rd
E-10		F8/Rd	F10/Rd
E-11		F9/Re	F10/Re
E-12		F10/Re	F10/Re
E-13	不适用于道床		

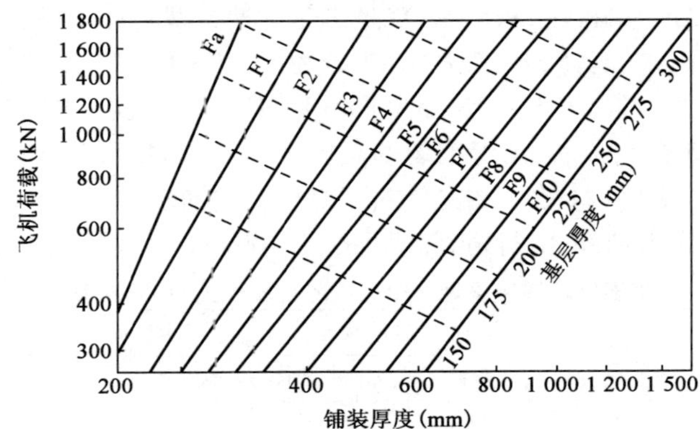

图 4.21 美国双复机轮荷载用机场沥青铺装设计曲线(1967 年版)

此后发布的 1974 年版引进了 CBR 试验,与以往使用的道床分类(Fa、F1 ~ F10)之间的关系如图 4.22 所示。

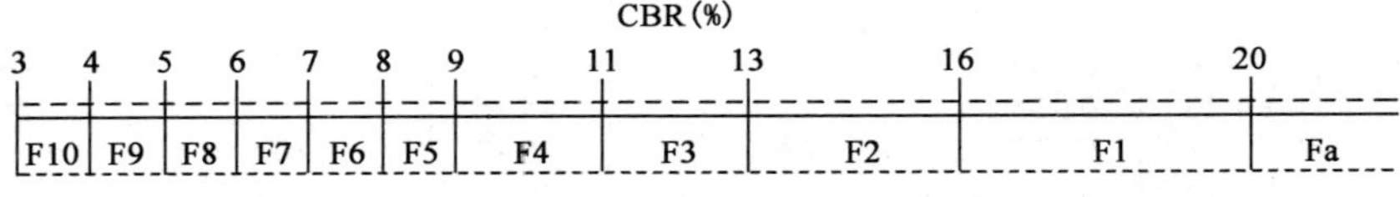

图 4.22 美国机场铺装设计法中道床 CBR 和 FAA 土质分类(1974 年版)

另外,1974 年版还规定了各种飞机的铺装厚度设计曲线(图 4.23 表示的是 B747 对应的设计曲线)。

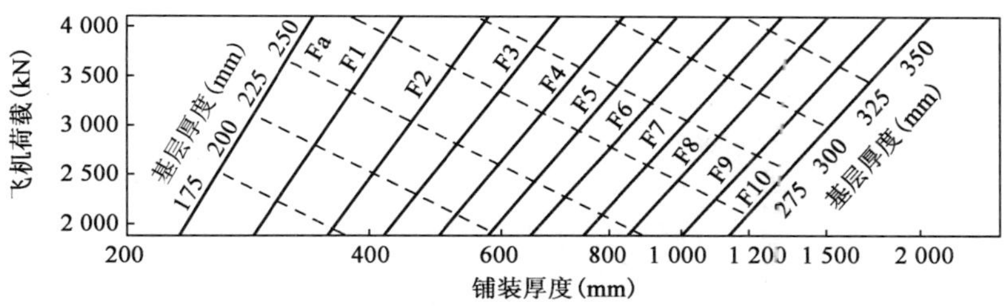

图 4.23 美国 B747 用机场沥青铺装厚度设计曲线(1974 年版)

1978 年公布的方法将设计期限设定为 20 年,对该期限内的交通荷载实施量化后,根据道床的 CBR 决定铺装厚度。关于交通荷载,该方法以决定最大铺装厚度的飞机作为设计飞机,将其他飞机的交通量换算成设计飞机的交通量,以年出发航班数的形式表示。铺装厚度的设计曲线按各设计飞机决定(图 4.24 表示的是 B747 对应的曲线)。沥青面层厚度依照以前的规定为 25mm,铺装的最小厚度为 CBR20% 时的厚度。关于基层,除了上基层的最小厚度如图 4.25 所示的规定外,还规定如果以 45t 以上的喷气式飞机为设计对象时,则需要采用稳定材料处理基层。

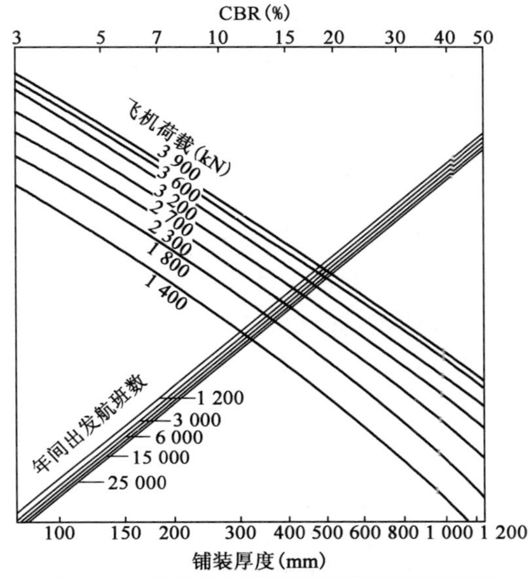

图 4.24 美国 B747 用机场沥青道面的铺装厚度设计图(1978 年版)

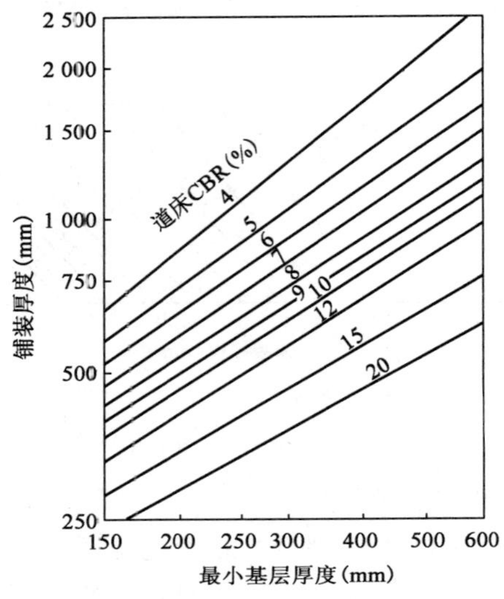

图4.25 美国设计法中的最小基层厚度(1978年版)

FAA于1958年规定机场铺装结构应该能够安全承载拥有DC8－50型主起落架配置的飞机。有此规定以来,即便是其后应用新型飞机时,也是通过增加主起落架机轮数和主起落架机轮间距来进行机场铺装结构设计的。但是,为了追求飞机的使用效率,需要变更主起落架配置,加之飞机自身逐渐大型化,所以机场铺装也需要适应此类新情况。虽然依照以往一直使用的经验型铺装结构设计法也可以解决问题,但如果依据新的方法,即沥青道面依照多层弹性理论设计,水泥混凝土道面依照三维有限元素法设计,则效果更佳。这一点在其2009年版中做了说明。

FAA将具体设计方法以程序包的形式推出了刚性和柔性迭代弹性层设计(FAA Rigid and Flexible Iterative Elastic Layer Design,FAARFIELD)程序。沥青道面时,将面层、基层底面水平变形和道床上面垂直变形当作铺装使用期限的指标,可计算得到上面层、下面层、上基层、下基层的设计厚度。水泥混凝土道面时,将混凝土板边缘的底部水平应力当作铺装使用期限的指标,可计算得到混凝土板的设计厚度。

该方法首先将设计使用期限设定为20年,按各飞机推测该期限内的交通量。其次,根据各飞机的通行/覆盖率的关系计算得到覆盖量。此时的覆盖量是以各飞机荷载施加到铺装时的应力或者变形为基础计算得到的指标,并非是以往使用的换算成代表飞机的指标。

具体讲，沥青道面时采用道床上面垂直变形，水泥混凝土道面时采用混凝土板下面水平应力。然后，利用式(4.18)计算得到累积疲劳损伤率(Cumulative Damage Factor, CDF)。利用此方法计算得到的累积疲劳强度为1时，即“CDF = 1”等式成立时的铺装即为最后的设计铺装。该累积疲劳程度和铺装剩余寿命的关系见表4.19。

基于累积疲劳程度的铺装剩余寿命　　表4.19

累积疲劳程度	铺装剩余寿命
1	铺装的疲劳寿命无剩余
<1	铺装的疲劳寿命有所剩余，累积疲劳程度表示的是寿命中已消耗的部分
>1	超出疲劳寿命

$$\text{CDF} = \frac{\text{年间出发航班数} \times \text{设计期限}}{\text{通行/覆盖率} \times \text{到损坏时的覆盖量}} \tag{4.18}$$

4.3　水泥混凝土道面标准结构设计

机场、停机坪等设施大量使用水泥混凝土道面。水泥混凝土道面具备较高的荷载承载性能，具有养护、维修费用低的优点。水泥混凝土道面通过面层的混凝土板将交通荷载传递到范围较广的土基。在使用预应力混凝土板这样较薄的混凝土板时，因为荷载负载时基层的沉降量会增大，所以土基的重要度较高；但一般其重要度并没有达到沥青道面时的那种程度。正因为如此，水泥混凝土道面的结构设计中，最重视的是混凝土板的设计。

铺装要求必须能够承受设计使用期限内环境作用和交通荷载的反复作用，所以其结构设计时需要计算出铺装各层的疲劳程度，以确认结构安全性，即所谓的疲劳设计法。水泥混凝土道面与沥青道面相比，其破坏形式并不复杂，加之混凝土板疲劳程度的计算方法也比较简单，所以许多时候都采用结构应力分析的设计法。

日本机场混凝土道面的标准结构设计方法从广义上讲属于疲劳设计法，基本上以美国波特兰水泥协会(Portland Cement Association, PCA)开发的方法，即所谓的PCA法为基础，因此我们首先介绍PCA法的概要，然后再阐述日本使用的设计法。介绍后者时，就素混凝土道面、连续钢筋混凝土道面、预应力混凝土道面进行阐述后，再介绍考虑地基不均匀沉降时的素混凝土道面的结构设计方法。最后，从与日本设计法对比的角度，介绍加拿大、法国、美国等国外的机场铺

装结构设计方法。(PCA 法和国外的设计法仅叙述素混凝土道面)

4.3.1 PCA 的设计法

依据 PCA 法规定,日本机场素混凝土道面的结构设计方法如果针对因交通荷载所产生的应力,采用表 4.20 所示的适当的安全率计算混凝土板厚度,则可以认为道面在考虑如温度等交通荷载以外产生的应力作用时也具有充分的安全性。此时的荷载应力是指荷载施加到混凝土板中部时的最大应力,利用威士加德(Westergaard)的板中荷载公式计算得到。接缝在原则上需要设置荷载传递装置,使之具备充分的荷载传递性能。飞机基本上不会以铺装的自由边为滑行位置,因此采用板中部应力进行设计。

PCA 法中的安全率 表 4.20

设　施	安　全　率
停机坪、滑行道、跑道端部等(临界区)	1.7~2.0
跑道中部、高速出口滑行道(非临界区)	1.4~1.7

4.3.2 素混凝土道面

1)概述

素混凝土道面可以定义为:没有加入钢筋的混凝土板通过荷载传递装置相互连接而成的混凝土道面。从严格意义上讲,混凝土板都加入了钢丝网,但这并不是用于结构计算的钢筋,其作用是为了在混凝土板发生开裂时让混凝土板仍然保持闭合状态。

水泥混凝土道面的结构设计一般分为混凝土板的结构设计和基层的结构设计。

混凝土板在纵、横方向上都被接缝按数米划分成块,因交通荷载在混凝土板上产生的最大应力值因其位置不同而发生变化。接缝处在没有设置荷载传递装置的条件下,荷载作用于边缘部时的应力(边缘部应力)比荷载作用于板中部时的应力(中部应力)要大得多。交通荷载作用于角隅时,在远离荷载的位置将产生最大应力(角隅应力)。此时,即便在接缝处设置荷载传递装置,虽然边缘部应力即接缝部应力和角隅应力会减少,但并不会达到中部应力值。另外,与中部和边缘部在混凝土板底部发生拉伸应力相对,角隅则是在表面产生拉伸应力。混凝土板与沥青混凝土面层不同,会因环境作用而产生应力。

混凝土板的结构设计方法采用疲劳设计法,一般是在设计使用期限内的交通荷载与环境作用在混凝土板上产生的应力及其频率的基础上,计算混凝土板的疲劳程度,确保在规定值以下。日本公路路面的结构设计方法采用了该方法,但对于机场道面,考虑到飞机的滑行位置的不确定性,所以采用"仅计算交通荷载产生的最大应力,并根据交通量选用适当的安全率"这样一种比较简单的疲劳设计法。

关于基层的结构设计,将基层当作承载混凝土板的基础,确定结构时应确保基层在设计使用期限内能够保持规定的荷载承载性能。

2)混凝土板厚度的计算

混凝土板通常在现场浇筑,会直接受到因日晒和降雨所导致的温度和湿度变化的影响,所以原则上需要事先按适当的间距设置接缝。关于交通荷载的行驶位置,对于公路,基本上固定于行驶方向的接缝(纵缝)近旁;而对于机场铺装,因为主起落架机轮间距较宽,加之因飞机类型不同而有较大差异,所以行驶位置分散于横断方向。考虑到道面接缝处设有荷载传递装置,设计时采用板中部应力。

因环境作用在混凝土板上产生的应力,可大致分为长期性环境变化导致的在混凝土板长度方向发生的相同应力(轴向应力)和短期性环境变化导致的在混凝土板厚度方向发生的变化应力(弯曲应力)。对于前者,在计算混凝土板厚度时无需直接考虑,如后面所述,通过在混凝土板上设计接缝进行处理。而对于后者,很难采取针对轴向应力那样的方法,在计算混凝土板厚度时需要重点考虑。该应力可进一步分为以下三类,虽然任何一类都可以通过计算得到,但因为针对混凝土板变形的约束条件目前尚未有明确的结论,所以设计时并不直接计算,只将其反映到后面所述的安全率的数值中。

(1)翘曲约束应力:混凝土板顶面与底面存在温度差,混凝土板发生翘曲变形时,因混凝土板自重的阻碍而产生的应力。

(2)内部应力:因混凝土板深度方向的温度梯度为非直线特征而产生的应力。

(3)端部约束应力:混凝土板厚度方向的平均温度变化,使得混凝土板发生伸缩,此时因基层产生的摩擦和相邻混凝土板对此的阻碍而产生的应力。

飞机荷载在混凝土板上产生的应力,可通过 Westergaard 开发的应力计算式得到的板中部应力。因为该式是以集中荷载为对象,所以在实际中可采用由 Pickett 和 Ray 开发的以均匀分布荷载为对象的弯矩的计算式(4.19)。该式通过给出飞机荷载、混凝土板厚度、混凝土的模量、泊松比、反应模量,计算出弯矩,最终计算得到混凝土板的应力。

$$M(\theta_1,\theta_2,a)=\frac{ql^2}{8}\mathrm{Re}\left[\begin{array}{l}(1+\nu)(\theta_2-\theta_1)\frac{p}{l}\sqrt{\mathrm{i}H_1^1}(\frac{\sqrt{\mathrm{i}p}}{l})+\\(1-\nu)(\sin2\theta_2-\sin2\theta_1)\left\{\frac{\sqrt{\mathrm{i}p}}{2l}H_1^1(\frac{\sqrt{\mathrm{i}p}}{l})+H_0^1(\frac{\sqrt{\mathrm{i}p}}{l})-0.5\right\}\end{array}\right] \tag{4.19}$$

式中：$M(\theta_1,\theta_2,a)$——板中部负载时的弯曲力矩；

q——均匀分布荷载；

p、θ_1、θ_2——均匀分布荷载的半径、中心角（图 4.26）；

H_0^1、H_1^1——第 1 类 0 次，第 1 类 1 次的汉克函数；

Re——实数部分；

i——虚数部分；

l——刚比半径，$l=\sqrt{\dfrac{Eh^3}{12(1-\nu^2)K}}$；

h——混凝土板厚度；

E——混凝土的模量；

ν——混凝土的泊松比；

K——基层反应模量。

图 4.27 表示的是在荷载为 B747-400 的主起落架，混凝土板的模量、泊松比分别为 5.0MPa、0.15 的条件下，混凝土板厚度和应力的关系（基层反应模量为 50 ~ 150MPa/m）。

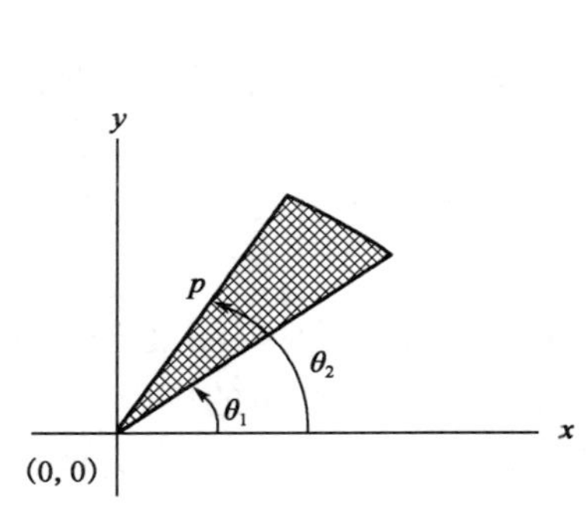

图 4.26　均匀分布荷载的形状

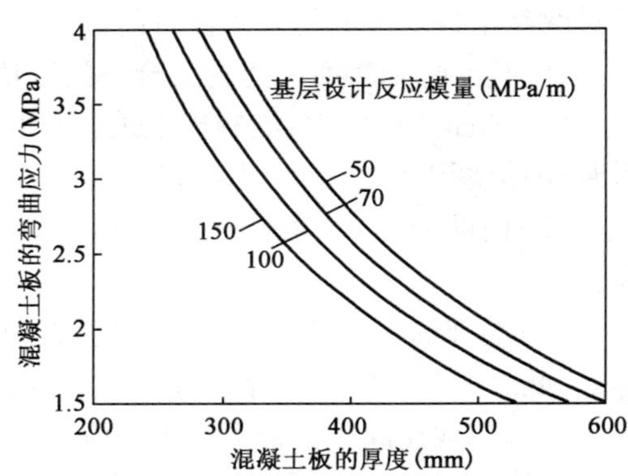

图 4.27　混凝土板的厚度和弯拉应力（B747 - 400）

实际设计机场混凝土道面时，首先假定各种混凝土板厚度后，利用式(4.18)

计算混凝土板的应力。该应力值与混凝土的弯曲强度除以安全率所获得值与假定值一致时的厚度即是所需要的混凝土板厚度。

此时，飞机荷载采用表 3.1 所示的设计荷载分类中的代表飞机的 1 个主起落架。另外，混凝土的模量、泊松比分别为 5.0MPa、0.15，基层反应模量采用 70MPa/m 作为标准使用。安全率见表 4.21，依据 PCA 法的形式，根据设计覆盖量的分类，采用 1.7 ~2.2。

采用以上所述方法，对使用具备标准混凝土和具备承载力的基层 A 铺装区域上的混凝土板厚度进行计算，结果见表 4.22。须进行刻槽施工时，与沥青道面时一样，增加 10mm 混凝土板厚度。

铺装区域 A 以外的区域时，可以按照沥青道面时的相同思路减少铺装厚度，也可以按照表 4.23 通过减少 A 区域的混凝土板厚度（标准板厚）进行处理。另外，跑道的横断方向也通过减少混凝土板厚度进行处理（图 4.28）。此时，考虑到经济性和施工性等，中央带的宽度必须在 20m 以上。

设计覆盖率和安全率　表 4.21

设计覆盖率的分类	安全率
M	1.7
N	2.0
O	2.2

不同铺装区域的折减厚度　表 4.23

铺装区域	混凝土板厚度百分率（%）
A	100
B	90
C	80
D	70

混凝土板的厚度（单位：mm）　表 4.22

设计荷载的分类	设计覆盖率的分类		
	M	N	O
LA－1	370	420	450
LA－12	320	360	390
LA－2	300	340	360
LA－3	270	300	320
LA－4	200	220	230
LT－1	210	230	250
LT－12	180	200	210
LT－2	150	150	150

3）混凝土板的材料与施工

（1）混凝土板的材料

用于机场混凝土道面的混凝土不仅需要满足强度要求，还需要具备耐久性、较好的耐磨性、品质均一性。混凝土的设计标准弯拉强度为龄期 28d 时 5.0MPa

及以上，预应力混凝土道面时还必须另外具备 40MPa 的设计标准抗压强度。此外，为了确保施工性能，新拌混凝土应以坍落度为 2.5cm 或者韦伯稠度为 30s 为标准，但小规模施工或人工摊铺时，混凝土的坍落度可以为 6.5cm。

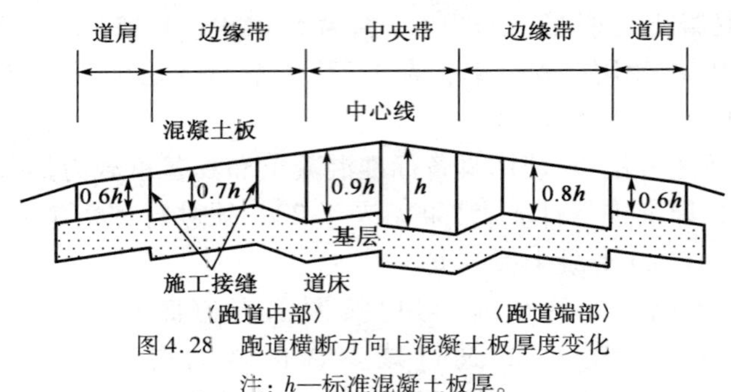

图 4.28 跑道横断方向上混凝土板厚度变化

注：h—标准混凝土板厚。

混凝土的材料中，水泥方面除有波特兰水泥、高炉水泥、火山灰水泥、煤粉灰水泥、生态水泥外，还有快硬水泥、高铝水泥等特殊水泥。粗集料使用砾石、碎石，其最大尺寸在 40mm 以下。细集料使用天然砂、人工砂等。此外，由于各种原因而需要使用的混合材和混合剂原则上使用日本工业标准（JIS）规定的产品，但经过充分调查和试验，证明具备应有的性能时也可以使用另外的产品。混凝土板使用的钢丝网和接缝处使用的传力杆、拉杆等，原则上使用具备 JIS 规定品质的钢材。

在机场铺装的实际施工中，许多时候还使用预拌混凝土。此时，机场铺装的混凝土为 JIS 标准外产品，必须对其进行质量检测。

（2）混凝土的高强化

如上所述，机场混凝土道面使用的混凝土，其 28d 弯拉强度为 5.0MPa 及以上。道面与周边结构物连接时，或铺装厚度有限制等时，需要考虑采用更高强度的混凝土。近年来，随着新材料方面的研究和开发，高强度的混凝土得到应用，如加入适量的钢纤维制成钢纤维混凝土（Steel Fiber Reinforced Concrete, SFRC）、通过调整混凝土的配合比制成高强度混凝土。

钢纤维混凝土板是将钢纤维均匀地分散到混凝土中，以提高或改善混凝土的抗拉强度、弯拉强度；并可提高混凝土抵抗开裂的性能，即便混凝土板发生开裂后，亦可抑制裂纹扩大。通过增加钢纤维的掺量可以适当提高混凝土强度，但有时钢纤维结成球状的团块，所以事前需要根据钢纤维的类型和施工方法对此进行充分的研讨。

高强度混凝土一般黏性较高，用于铺装时，有可能在施工方面，特别是表面抹平方面存在问题。但是，如果高强度混凝土能够用于铺装，则可使设计标准弯拉强度增大，相应可以减小混凝土板的厚度，并可防止因板厚度减少而导致实际承载力的降低。而且，如果无需使用特殊材料，并且无需使用特别的施工方法的条件下即可应用高强度混凝土，则可满足节省资源和降低成本这两方面的要求。为了实现以上目的，相关人员在高强度混凝土实用化方面的进行了大量研究工作，下面结合具体事例进行介绍。

该事例采用高强度和普通配合比的两种混凝土进行了试验施工。高强度混凝土的配合比见表 4.24，其水灰比降到 30%，设计标准弯拉强度为 6.5MPa（通常混凝土为 5.0MPa）。关于混凝土板的厚度，在设计飞机荷载为 LA－1、设计覆盖量为 20 000 次（设计使用期限为 10 年）、设计基层反应模量为 70MPa/m 的条件下，高强度混凝土和普通混凝土分别为 340mm、420mm。

混凝土的配合比试验　　表 4.24

类型	W/C (%)	V_G (m^3/m^3)	s/a (%)	目标坍落度 (cm)	目标含气量 (%)	单位量(kg/m^3)				高性能AE减水剂(%)	缓凝剂 (%)	AE减水剂 (%)	引气剂 A
						W	C	S	G				
高强度	30	0.70	35.5	8	4.5	135	450	627	1 176	1.0	0.3	—	5
普通	40	0.71	37.3	5	4.0	138	345	690	1 193	—	—	0.4	4

注：①W 表示水，C 表示水泥，S 表示细集料，G 表示粗集料，W/C 表示水灰比，V_G 表示单位粗集料体积，s/a 表示砂率；

②缓凝剂、减水剂的掺比指针对水泥量的比例；引气剂的掺比 1A 表示针对水泥 1kg 添加引气剂 1% 水溶液 2ml。

实际施工中，使用高强度水泥混凝土时分成下层 230mm、上层 110mm 两层铺筑；使用普通水泥时分成下层 280mm、上层 140mm 两层施工。普通混凝土使用插入式振捣器施工，但高强度混凝土的上层部分无需振捣。

试验施工状况如图 4.29 所示。采用高强度混凝土施工时，可以利用普通混凝土施工时的方法，即便是其表面，修整工序也相同。高强度混凝土的疲劳特性与普通混凝土并无二异，在自然环境下的反应也相同。正因为如此，可以认定采用高强度混凝土的机场混凝土道面的结构设计方法可以采用现行的方法。

(3)合理养生

机场混凝土道面施工后，一般初期养护时在铺装表面喷涂稀释后的养护剂，后期养护时采用养护垫洒水养护。这种养生方法存在以下问题。例如，在施工区域周边有飞机通行时，其飞机引擎的喷气流可能会将养护垫吹散，以致妨碍飞机起降。另外，如果采用普通的波特兰水泥，则必须在铺筑后 14d 内实施洒水等。解决此类问题，可在浇灌后初期在混凝土表面喷涂浓度较高的成膜型养护剂,也有从初期到后期一直采用该养护方法的施工案例。

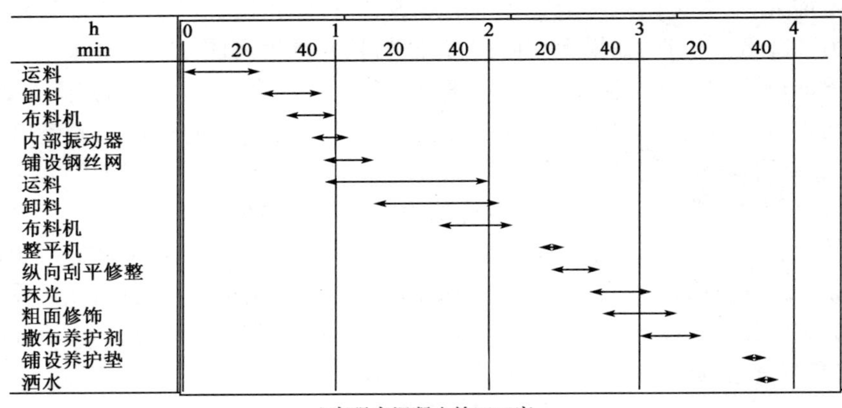

a) 高强度混凝土施工工序

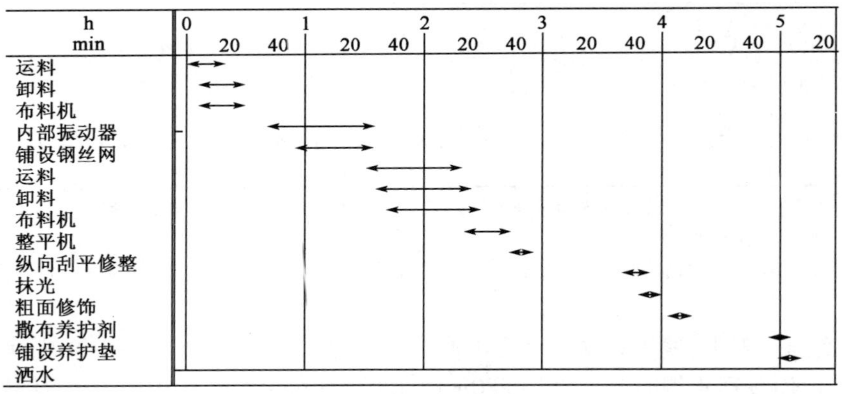

b) 普通混凝土施工工序

图 4.29　混凝土板的施工工序

为进行对比研究,在室外相邻区域按实际大小制作两块混凝土板,采用同样的配合比、相同的厚度,养护方法分别采用洒水养护(铺筑后 1 周内)和养护剂养护,然后分别检测各自的干燥收缩特性。因为两者相邻,气温、日照、风力等外部环境相同。如图 4.30 所示,试样表面的干燥收缩变形随龄期增长而变化的状况。从图 4.30 中可以看出,无论何种养护方法,施工后经过 2 周左右,混凝土变形的增长率都变小。关于养护方法导致的差异,如果观察初期养护期间,标准养护时因为在混凝土浇灌后 1 周内实施了洒水养护,较养护剂养护时的变形值要大;但从长期来看,养护剂养护的变形值也是洒水养护的 1.2 倍。此外,在弯拉强度方向,养护剂养护与洒水养护相比,在龄期 1 周、4 周、13 周时分别为 80%、

90%、95%。由此可见,养护剂养护的工艺今后要达到实用化水平,还有待进一步研究。

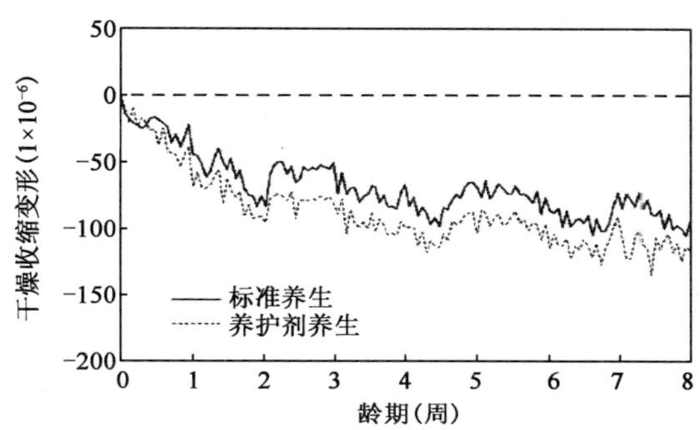

图4.30 养生方法引起的干燥收缩变形的差异

4)素混凝土道面的接缝

混凝土道面的混凝土板要求必须能够承受交通荷载的反复作用以及恶劣的外部环境作用。

在严酷的自然环境下,混凝土板会发生工后收缩,温度变化导致的膨胀和收缩、翘曲变形等,这些都是造成混凝土板开裂的原因,所以需要按规定的间距设置收缩缝、胀缝。另外,还需要根据施工机械的宽度和单日施工进度等设置施工缝。对于机场混凝土道面,以往施工缝的最大间距为7.5m;当板厚在300mm以下时收缩缝间距为4.5~6.0m,当板厚在300mm以上时间距为5.0~7.5m。但是,近年来出现了施工宽度在7.5m以上的施工机械,因此为减少混凝土道面接缝的数量,降低建设、修补费用以及提高行驶安全性能,接缝的最大间距可提高到8.5m。

这是在足尺试验观察道面在自然环境作用下的反应等试验结果的基础上得出的结论。如果接缝间距增加到8.5m,混凝土板上产生的轴向(水平方向)约束应力和板厚方向的约束应力不会发生较大的变化。但是,当接缝间距达到8.5m以上时,中午时段板厚方向的温度梯度为正值,对混凝土的作用与较短接缝间距时有所不同,产生的应力将会增加。正因为如此,需要将接缝的最大间距限定为8.5m。

(1)依据目的分类

接缝根据设置的目的,可分为施工缝、缩缝、胀缝三种类型。

①施工缝

施工缝可分为施工机械行进方向上的接缝和此垂直方向上的接缝。

施工机械行进方向上的接缝即纵向施工缝，是根据施工纵向情况而设置的接缝，其间距视铺装整体的宽度及其使用的铺装设备而定。通常，考虑到机场铺装中使用的混凝土布料机和混凝土整平机等的可施工宽度，将间距设定为3.0～8.5m。结构方面一般采用光圆钢筋，但是宽度在23m以下的滑行道等中设置的所有接缝，以及距离混凝土道面分区边缘部（混凝土板自由边）12m以内的施工缝，应使用带肋钢筋拉杆替代传力杆。这是为了防止混凝土板向分区外侧扩展，并将混凝土板连成一体而采取的措施。拉杆的尺寸与传力杆相同（图4.31）。

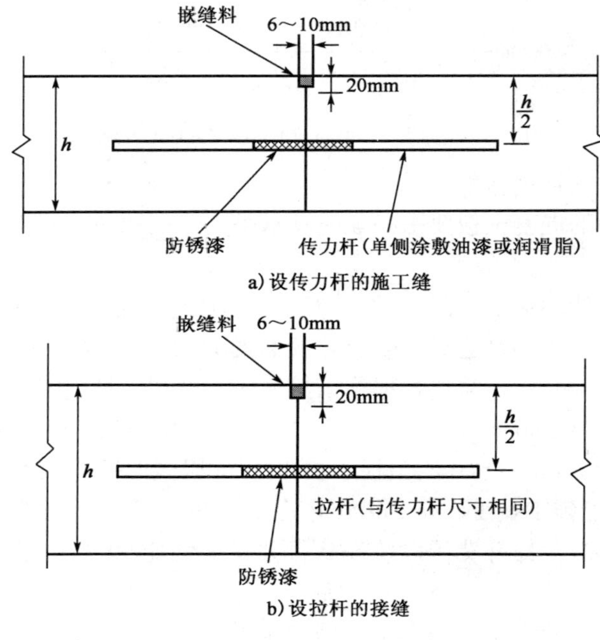

图4.31　施工缝

施工机械宽度方向上的接缝即横向施工缝，考虑在当日作业结束时和混凝土浇筑作业中断30min以上时进行设置。此时，接缝位置原则上应与相邻混凝土板的横向收缩缝位置一致。接缝的结构与纵向施工缝一样，同为带传力杆的对接接缝。

②收缩缝

收缩缝也可分为与施工机械行进方向垂直方向（横向）上的接缝和前进方向（纵向）上的接缝。

横向收缩缝是为了降低伴随混凝土体积变化而产生的应力，以及为了防止混凝土板发生不规则的横向收缩裂纹而设置的接缝。其间距原则上视机场周边地区的环境条件而定，但一般混凝土板厚度在300mm以下时设定为4.5～6.0m，厚度在300mm以上时设定为5.0～8.5m。另外，在干燥或温度变化显著的地区，因为混凝土的体积变化较大，所以需要缩短接缝间距。

在横向收缩缝处将会诱发产生锯齿状不规则裂纹，当接缝紧密结合时，该部分的集料互相咬合，接缝仍可传递荷载；如果混凝土发生收缩后接缝分开时，其传载传递性能将降低。另外，因交通荷载的反复作用导致集料失去咬合时，其荷载传递性能也会降低。考虑到这些因素，原则上需要在横向收缩缝上设置传力杆，以实现充分地传递荷载（带传力杆的企口接缝）。当设计荷载较小，设计覆盖量也较小时，可以不设传力杆。此外，与施工缝一样，距离自由边12m以内的接缝，需要用拉杆代替传力杆。收缩缝的结构如图4.32所示。

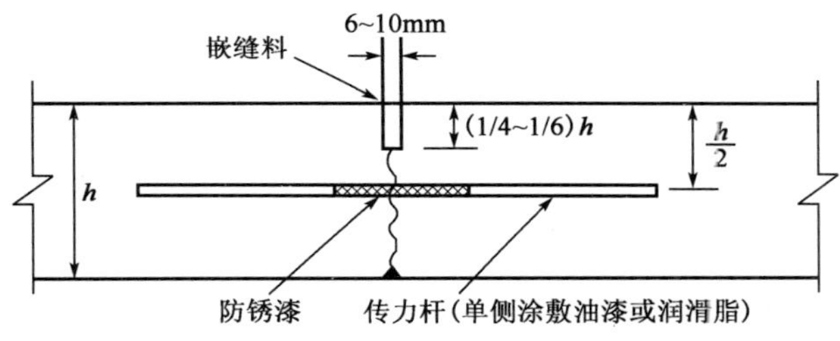

图4.32　收缩缝

关于纵向收缩缝，当混凝土板厚度在300mm以下而且纵向施工缝的间距超过5m时，以及混凝土板厚度在300mm以上而且纵向施工缝的间距超过8.5m时，在施工线的中间设置收缩缝。其结构与横向收缩缝的结构相同。

③胀缝

在寒冷期进行作业，或者使用膨胀性较大的混凝土时，需要设置胀缝，其间距为100～200m。另外，铺装与其他结构物相连接处，跑道、滑行道、停机坪的交叉处及其附近必须设置胀缝。但是，根据以往的经验，下列几种情形可以不设置胀缝。

a. 混凝土的膨胀性不大。

b. 混凝土板在气温极高时浇筑。

c. 横向收缩缝以8.5m以下的适当间距设置。

胀缝的标准结构分为传力杆型、端部加厚型、枕梁型。但是，铺装与其他结构物相连接处不得不使用端部加厚型胀缝。端部加厚型胀缝因为不再传递荷载，所以混凝土板需加厚30%。另外，枕梁型胀缝虽然也不会传递荷载，但通过设置枕梁可以增强基层的承载力并防止出现错台。胀缝的标准结构如图4.33所示。此时，胀缝的宽度一般考虑设定在20～30mm的范围，标准为25mm，可根据胀缝的间距、混凝土板的施工季节等设定。

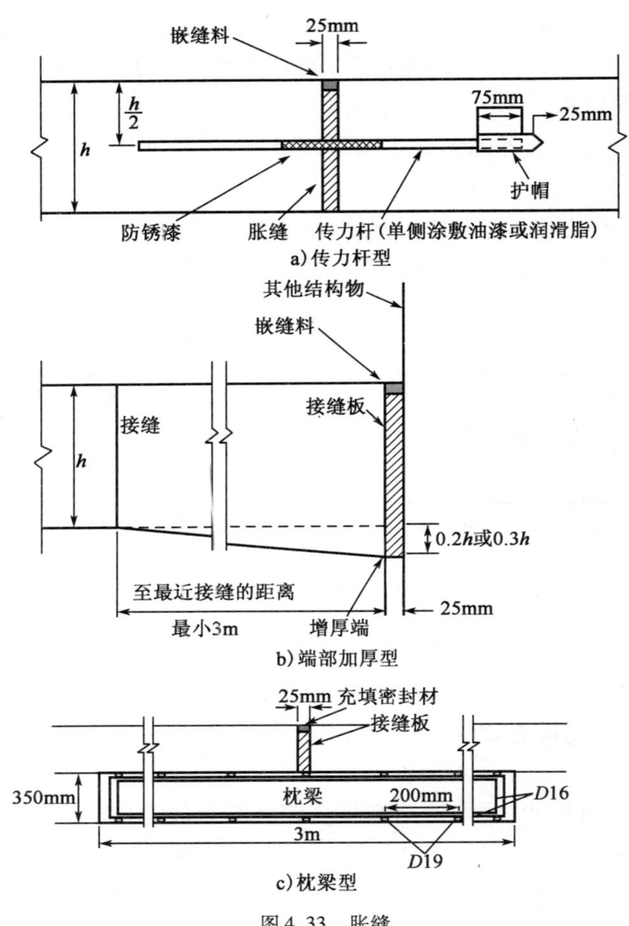

图4.33　胀缝

(2)依据结构分类

接缝根据结构，即接缝单侧的混凝土板承受的荷载通过接缝向另一侧的混凝土板传递的特征，可分为以下三类。

①弯矩和剪应力两者都传递的结构

最具代表的是传力杆接缝，通过在混凝土板，厚度中间位置设置传力杆，可以传递弯矩和剪应力。通过在传力杆的单侧涂敷润滑脂或油漆,可实现混凝土板的相对移动(接缝开闭)。

传力杆的标准尺寸和标准设置间距见表 4.25。需要说明的是,表 4.25 中的值是在胀缝宽度为 25mm、接缝的收缩宽度为 3mm、传力杆的容许拉伸应力为 157MPa、传力杆的容许剪应力为 118MPa、混凝土的容许承载应力为 12MPa 的条件下计算得到的数值。如果实际情况与上述条件有显著差异时,需要另外设计计算。

传力杆的标准尺寸和标准设置间距　　表 4.25

荷载的分类	传力杆的尺寸和间距
LA－1	Φ42－800,400
LA－12	Φ38－650,400
LA－2	Φ38－650,400
LA－3	Φ36－650,400
LT－1	Φ32－550,400
LT－12	Φ30－500,400
LT－2	Φ24－400,400

注:Φ42－800,400 表示直径为 42mm、长度为 800mm、设置间距为 400mm。

拉杆的标准尺寸和标准设置间距见表 4.26。表 4.26 中的值是在钢筋的允许拉伸应力为 157MPa、混凝土的黏结强度为 1.8MPa、混凝土板与基层间的摩擦系数为 1.5 的条件下计算得到的数值。如果实际情况与上述条件有显著差异时,需要另外进行设计计算。另外,需要让拉杆传递荷载时,可使用与传力杆相同尺寸和间距的螺纹钢筋。

拉杆的标准尺寸和标准设置间距　　表 4.26

混凝土板宽度(m)	混凝土板厚度(mm)			
	<200	210～300	310～400	410～500
3.75～4.5	Φ16－800,800	Φ19－900,900	Φ22－1 100,900	Φ25－1 200,900
5	Φ16－800,750	Φ19－900,850	Φ22－1 100,900	Φ25－1 200,900
7.5～8.5	—	—	Φ22－1 100,650	Φ25－1 200,700

注:Φ25－1 200,900 表示直径为 25mm、长度为 1 200mm、设置间距为 900mm。

②仅传递剪应力的结构

后面所述的连续配筋混凝土道面用的改进钩锁型接缝就是此类接缝的典型代表。该类接缝因为其结构具备铰链的功能,所以通过接缝仅传递剪应力。另外，以前使用的拉杆直径较小的咬合接缝虽然也属于此类接缝，但此时的拉杆主要负责保持接缝的面接触，以便充分发挥集料的咬合作用等，所以力矩的传递性能一般都较低。与此相似，以前使用的钩锁型接缝，也是通过在断面中央位置设计的梯形突起物的咬合来实现荷载的传递。

③力矩和剪应力两者都不传递的结构

力矩和剪应力两者都不传递的结构属于接缝处没有设置荷载传递装置的结构，此时，接缝部所承受的荷载将变成自由边部荷载，应力和翘曲都将增大，所以采用加厚混凝土板，或在混凝板下方设置枕梁来进行处理。

对于机场混凝土道面，最初是采用仅传递剪应力形式的企口型（无拉杆）和钩锁型，但是此种接缝如果接缝宽度加大后，则无法传递荷载，所以后来在接缝中引进了钢筋（传力杆和拉杆），或者对钩锁型的形状做了改进。这是为了适应飞机的大型化和交通量的增长而必须提高接缝的荷载传递性能的紧迫需求；另外，还引进了通过增强基层以更好传递荷载的枕梁型胀缝，但这主要是为了防止接缝部出现错台而使用。表4.27表示了《机场铺装设计要领》中记载的日本接缝的变迁情况。

接缝的变迁 表4.27

<table>
<tr><th rowspan="2">使用年份</th><th colspan="2">纵向接缝</th><th colspan="2">横向接缝</th><th rowspan="2">胀缝</th></tr>
<tr><th>施工缝</th><th>收缩缝</th><th>施工缝</th><th>收缩缝</th></tr>
<tr><td>1971</td><td>钩锁型</td><td>企口型</td><td>带传力杆对接型
（带拉杆钩锁型）</td><td>企口型</td><td rowspan="2">传力杆型
端部加厚型</td></tr>
<tr><td>1977</td><td>钩锁型
带传力杆对接型</td><td rowspan="2">带传力杆
企口型</td><td>带传力杆对接型
（带拉杆钩锁型）</td><td rowspan="2">带传力杆
企口型</td></tr>
<tr><td>1990</td><td>带传力杆对接型
改进钩锁型</td><td>带传力杆对接型
改进钩锁型</td><td>传力杆型
端部加厚型
枕梁型</td></tr>
</table>

（3）接缝材料

水泥混凝土道面的接缝处使用专门的接缝材和接缝板，目的是为了吸收混凝土板的变形，防止雨水和砂土侵入接缝。

接缝材必须具备以下性能，即适应混凝土板的膨胀和收缩、紧贴混凝土、水密性优良、不溶于水、高温时不会流淌、低温时不会过于脆弱等。接缝材主要有加热型注入接缝材、常温型注入接缝材、成型接缝材。机场铺装的接缝材除了以上要求外，还需要具备针对泄漏到混凝土道面上的飞机燃料的耐油性、针对飞机引擎喷气流的耐火性、可应对夜晚到早晨间短期施工的施工性等性能，所以往往采用非沥青类的常温型注入接缝材。

接缝板用于胀缝，要求具备适应混凝土板的膨胀和收缩、膨胀时不会从接缝溢出、收缩时不会与混凝土板间形成间隙等性能。接缝板根据材质，可分为沥青类和非沥青类，但与接缝材一样，从耐油性、耐火性的角度考虑，往往采用非沥青类的泡沫体类接缝板。

接缝材和接缝板的材料标准分别见表 4.28、表 4.29；除此之外，还需要根据当地的自然环境条件，对这些材料针对试验温度、收缩和膨胀反复作用的耐久性等方面的标准做出规定。

接缝材的材料标准　表 4.28

项　目	标　准　值
硬化时间(h)	<24
表干时间(h)	<3
相对密度	1.2～1.3
弹性(%)	>75
拉伸强度(MPa)	0.2～0.5

接缝板的材料标准　表 4.29

项　目	泡 沫 体 类	沥青纤维类
压缩应力(MPa)	0.2～0.5	2.0～9.8
弹性恢复(%)	>95	>65
溢出(mm)	<4	<4

5)水泥混凝土道面的基层

基层的设计，原则上要求在实地道床上做试验段，利用承载板试验求得承载力系数，利用符合规定要求的设计反应模量确定。该设计反应模量可以在试验段上的多次承载板试验结果的基础上，使用第 3 章中记述的道床时的计算方法求得。另外，此时的反应模量是使用直径 750mm 的承载板，当弯沉值达到 1.25mm时的系数(记作 K_{75})。

基层的反应模量 K_{75} 在以往机场铺装的经验基础上，规定以 70MPa/m 为标准。日本《机场铺装结构设计方法》制定之初规定的是 50MPa/m，其后进行了修正。此外，从设计、施工、经济性等方面考虑，K_{75} 虽然可以采用规定以外的数值，但如果低于 50MPa/m，则会在施工方面发生问题；超过 150MPa/m 时，基层的长期稳定性和耐久性也尚未明确所以一般不宜使用。道床的设计反应模量大于或等于基层反应模量时，如果道床上部 150mm 范围内的材料可作为上基层，而且能确保承载力的均一性，则可不设置基层。

承载板试验的结果会因基层使用的材料和试验的实施时期等而存在着较大的差异，所以请务必注意。例如，沥青稳定类材料做基层时，受试验时的温度影响较大，如果温度较高，则有可能无法获得可靠的值，所以应该在沥青稳定层下的结构层表面实施试验，然后根据该反应模量利用后面所述的方法，推算沥青稳定层顶面的反应模量。另外，在寒冷地区，基层的承载力会因季节变化而发生较大的变动，特别是在融解期显著降低。此种情形下的承载力，虽然因基层的材料类型和厚度有所差异，但一般为夏季承载力的 60% ~80% 。

基层的反应模量之所以采用直径 750mm 这一尺寸相对较大的荷载板求取，是因为如第 3 章中所述，荷载板在这一尺寸左右时，对试验结果影响不是太大；但是，当试验不得不采用直径 300mm 的荷载板时，可以利用式(4.20)将 K_{30}(使用直径 300mm 荷载板时的值)换算成 K_{75}。其中，换算系数 α 受基层材料、下层材料等的影响，虽然未必是准确值，但对于从下到上，强度与刚度逐级增加的一般性基层，粒料类基层时可使用 3.0，稳定材料处治类基层时可使用 5.0。

$$K_{75} = \frac{K_{30}}{\alpha} \tag{4.20}$$

式中：α——由 K_{30} 换算成 K_{75} 时的换算系数。

因为客观原因，根据试验路无法决定基层结构时，可以使用图 4.34 所示的设计曲线来决定其构成和厚度。这是采用弹性理论(两层体系理论)，根据试验铺装和日本全国各地的实际测量结果计算得出的结论，实际测量结果大多偏于安全。但是，因为土质条件以及使用材料质量的差异等，图 4.34 所示的关系有时会发生较大的变动，所以大型施工中一定要采用试验进行验证、讨论。

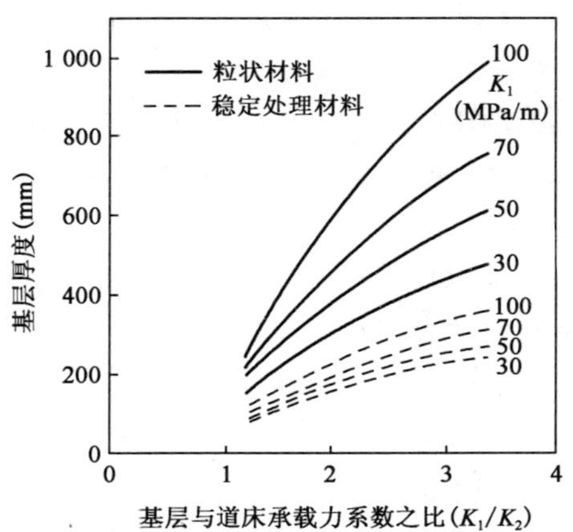

图 4.34 水泥混凝土道面的基层厚度设计曲线

另外，如像水泥稳定碎石、沥青碎石这种可以判定能够确保长期稳定性、耐久性、均一性的情形，可采用多层弹性理论求得承载力系数。

基层最小厚度值一般为 150mm，但是厚度在 300mm 以上时，最好分成上基层和下基层。基层仅由一层构成时可采用上基层材料铺筑。另外，基层上部设置沥青中间层时，其标准厚度为 40mm，该厚度部分可以从其他基层材料的层厚中予以折减。具体折减量，粒料时为 100mm，稳定处治材料时为 40mm。另外，每层的最小厚度因基层材料不同而不同，粒料和水泥稳定碎石时为 150mm，沥青碎石时为 60mm。

基层施工完毕到铺筑水泥混凝土面层有较长的等待时间，为了防雨，当上基层使用粒料时，可以在其表面涂敷乳化沥青等材料；使用水泥稳定碎石时，同时利于养护，也可在其表面涂敷乳化沥青。

4.3.3　连续配筋混凝土道面

1）连续配筋混凝土道面概述

在素混凝土道面中，接缝和开裂部位会发生错台和掉角等损伤，这不仅影响到铺装的耐久性，而且飞机和车辆经过接缝和开裂部位时其行驶性能也会降低，甚至有可能发展至必须进行长期修补的状况。连续配筋混凝土道面就是为了解决该问题而设计一种铺装，无需在混凝土板的施工垂直方向（横向）设置接缝，通过在施工方向（长度方向）连续配置异形钢筋，将因混凝土的收缩产生的应力分散到混凝土板内，在混凝土板的横方向上产生众多无碍于结构的微细裂纹。因此，在连续配筋混凝土板道面的结构设计中，适当规定钢筋的用量、配置位置等至关重要，以便带缝工作并保持微细裂纹的原样宽度，使之不至于发展成结构性缺陷。

2）连续配筋混凝土道面的构成

对于连续配筋混凝土道面，混凝土板的厚度、基层结构及厚度等与 4.3.2 中介绍的素混凝土道面相同。但是，日本的机场铺装构成设计法认为，当上基层采用刚性较高的水泥稳定类材料时，此时的结构与“将连续配筋混凝土板看作复合平板”的复合平板理论假设有所不同。根据该方法，连续配筋混凝土板和水泥稳定基层间的黏结程度不同，在两者所产生的弯曲应力也有所差异。也就是说，如果黏结良好，则上基层的荷载分担较大，混凝土板所承担的应力就较小。具体讲，就是利用后述的方法对黏着程度进行量化，在荷载试验结果的基础上将其设定为 20%，实施结构分析后确定结构组合。

针对上基层使用刚性较大的高强度水泥稳定材料，考虑到基层的施工性和经济性，要求其单轴压缩强度在 7.4MPa 以上，而且压缩模量在 3.9GPa 以上。试验结果已经表明，只有达到该要求，水泥稳定基层才可以充分发挥平板的效果。

下基层承载力系数 K_{75} 为 50MPa/m 时，连续配筋混凝土铺装的标准结构见表4.30（A 铺装区域时）。另外，沥青中间层具有抑制横向裂缝的效果，并可保护水泥稳定基层，而且便于设置模板，因此可设置 50mm 厚度的沥青中间层（表中的上基层厚度中包括该厚度）。

连续配筋混凝土铺装标准结构（单位：mm）　　表4.30

设计荷载的分类	设计覆盖量的分类					
	M		N		O	
	混凝土板	上基层	混凝土板	上基层	混凝土板	上基层
LA－1	300	300	340	340	350	350
LA－12	270	260	300	300	320	320
LA－2	250	240	280	260	290	290

3）连续配筋混凝土板和上基层的结构分析（依据复合平板理论）

在连续配筋混凝土道面的结构分析中，将混凝土板和刚性较高的水泥稳定碎石上基层看作上下重叠的两块平板，即复合平板，分析飞机荷载加载时的反应。此种结构在受到弯矩作用时的应力和变形分布，因两块平板的黏结状况不同而存在差异，如图4.35所示。如果设定上下平板的模量分别为 E_1、E_2，模量之比为 $n(n = E_2/E_1)$，平板厚度为 h_1、h_2，上下平板的黏结程度为 $R(\%)$，则采用复合平板理论时平板上发生的应力可按如下计算式进行计算。

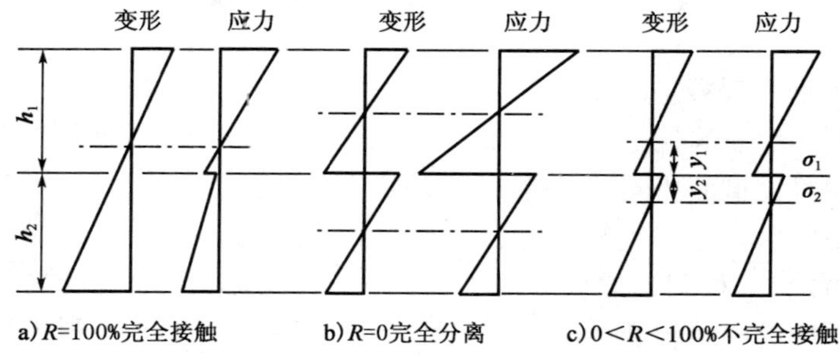

图4.35　复合平板的黏结程度导致的变形和应力分布

上下平板没有完全接触时，即当 $0 < R < 100\%$ 时，将上下平板弹性模量的差异转换为平板宽度的差异，转换后的截面即为换算截面。该截面的截面惯性矩（second moment of area）按式（4.21）进行计算。据此，上下平板完全接触时 $(R = 100\%)\ I_R = I_{100}$，完全分离时 $(R = 0)\ I_R = I_0$。

$$I_R = [R \cdot I_{100} + (100 - R) I_0]/100 \tag{4.21}$$

式中：I_R——黏结程度为 R 时的截面惯性矩；

I_{100}——黏结程度为100%，即上下平板完全接触时，针对中性轴的每单位宽度的截面惯性矩，见式(4.22)；

$$I_{100} = (h_1^4 + 4nh_1^3h_2 + 6nh_1^2h_2^2 + 4nh_1h_2^3 + n^2h_2^4)/[12 \cdot (h_1 + nh_2)] \tag{4.22}$$

I_0——黏结程度为0%，即上下平板完全分离时，针对中性轴的每单位宽度的截面惯性矩，见式(4.23)。

$$I_0 = (h_1^3 + nh_2^3)/12 \tag{4.23}$$

图4.35中上方平板的中性轴与分界面间的距离 y_1，以及下方平板的中性轴与分界面间的距离 y_2，分别采用式(4.24)、式(4.25)计算。

$$y_1 = \frac{h_1(h_1 + nh_2) - nh_2(h_1 + h_2)\sqrt{R/100}}{2(h_1 + nh_2)} \tag{4.24}$$

$$y_2 = \frac{h_2(h_1 + nh_2) - h_1(h_1 + h_2)\sqrt{R/100}}{2(h_1 + nh_2)} \tag{4.25}$$

将该2块平板等效为1块平板，其模量为 E_1，等效单板厚度 h^* 可用式(4.26)表示，使用该值可计算得到弯矩，进而得到平板的应力计算式，见式(4.27)、式(4.28)。

$$h^* = \sqrt[3]{12 \cdot I_R} \tag{4.26}$$

$$\sigma_1 = \frac{M}{I_R} y_1 \tag{4.27}$$

$$\sigma_2 = \frac{nM}{I_R} y_2 \tag{4.28}$$

4）混凝土板纵向钢筋的计算

连续配筋混凝土道面的混凝土板因混凝土的干燥收缩、温度与湿度变化等导致发生的收缩变形，受到纵向钢筋和基层的约束，结果产生拉伸应力，由此产生众多横断方向裂纹，即横向开裂。为了防止此类裂纹发展成结构性损伤，必须适当规定在混凝土板中配置的纵向钢筋的钢筋量、钢筋位置以及钢筋直径。

为了实现在混凝土板横向裂纹上进行充分的荷载传递，需要将裂纹平均宽度设定在0.5mm以下。因此，需要通年考虑混凝土板厚度方向上开裂形状的变化，规定适当的钢筋量、钢筋位置、钢筋直径，保证裂纹宽度在上述规定值以下。

混凝土板中的钢筋位置、混凝土板顶面和底面上的裂纹宽度，可以分别利用式(4.29)、式(4.30)、式(4.31)计算得到。计算参数因混凝土的材料、当地条件的不同而有差别，所以需要通过试验铺装进行仔细研讨后设定。在年平均相对湿度约70%、板厚350mm、工后3年的条件下，混凝土板的变形量要求见表4.31。

混凝土的收缩变形要求　　表4.31

位　　置	收缩变形(1×10^{-6})
混凝土板顶面	200
混凝土板底面	0

(1)钢筋位置

$$w=2\left(1+\frac{np}{\rho}\right)\frac{\eta_1}{\frac{2}{l_{max}}\eta_1+\frac{np}{\rho}\eta_2}(\varepsilon'_{sh,s}+\varepsilon_{\Delta T,s}) \tag{4.29}$$

(2)混凝土板顶面

$$w_u=\frac{1+\frac{np}{\rho_u}}{1+\frac{np}{\rho}}\cdot w+\left[\frac{1-\frac{\rho}{\rho_u}}{1+\frac{np}{\rho}}\cdot\frac{np}{\rho}\cdot\frac{\sigma_s}{E_s}-\frac{1+\frac{np}{\rho_u}}{1+\frac{np}{\rho}}(\varepsilon'_{sh,s}+\varepsilon'_{\Delta T,s})+\varepsilon'_{sh,u}+\varepsilon_{\Delta T,u}\right]l_{max} \tag{4.30}$$

(3)混凝土板底面

$$w_l=\frac{1+\frac{np}{\rho l}}{1+\frac{np}{\rho}}\cdot w+\left[\frac{1-\frac{\rho}{\rho_l}}{1+\frac{np}{\rho}}\cdot\frac{np}{\rho}\cdot\frac{\sigma_s}{E_s}-\frac{1+\frac{np}{\rho_1}}{1+\frac{np}{\rho}}(\varepsilon'_{sh,s}+\varepsilon_{\Delta T,s})+\varepsilon'_{sh,l}+\varepsilon_{\Delta T,l}\right]l_{max} \tag{4.31}$$

式中：l_{max}——最大裂纹间距，$l_{max}=2\dfrac{\eta_1/\eta_2}{\frac{np}{\rho_u}\left[\frac{E_c(\varepsilon'_{sh,s}+\varepsilon_{\Delta T,s})}{f_{bd,h}}-\frac{\rho_u}{\rho}\right]}$；

σ_s——裂纹截面的钢筋应力，$\sigma_s=\dfrac{f_{bd,h}\cdot A_c}{\left[1+\frac{(h/2-d)h/2}{l_c/A_c}\right]\cdot A_s}$

$$1/\rho=1+\frac{(h/2-d)^2}{I_c/A_c}$$

$$1/\rho_u=1+\frac{(h/2-d)h/2}{I_c/A_c}$$

$$1/\rho_l=1-\frac{(h/2-d)h/2}{I_c/A_c}$$

$$\eta_1=L_b+7.5\phi+26.6\phi^2/L_b$$

$\eta_2 = 1 + 6.25\phi/L_b$

$L_b^2 = \dfrac{\phi}{4(1 + np/\rho)}\dfrac{E_s}{K_s}$;

$f_{bd,h}$——龄期28d时与板厚对应的设计弯曲强度(MPa);

n——钢筋和混凝土的模量比($n = E_s/E_c$);

ϕ——钢筋的直径(mm);

K_s——黏结强度,GPa/m,一般为400GPa/m;

A_c——混凝土的横截面积(mm^2);

I_c——混凝土横截面的截面惯性矩(全截面有效)(mm^4);

p——钢筋与混凝土的截面积比;

d——从混凝土上缘到钢筋的距离(mm);

$\varepsilon'_{sh,s}$——钢筋位置处自混凝土浇筑后的收缩变形;

$\varepsilon'_{sh,u}$——板表面自混凝土浇筑后的收缩变形;

$\varepsilon'_{sh,l}$——板底面自混凝土浇筑后的收缩变形;

$\varepsilon'_{\triangle T,s}$——钢筋位置处自混凝土浇筑后的温度变形 $\alpha_c \cdot \triangle T,s$;

$\varepsilon'_{\triangle T,u}$——板表面自混凝土浇筑后的温度变形 $\alpha_c \cdot \triangle T,u$;

$\varepsilon'_{\triangle T,l}$——板底面自混凝土浇筑后的温度变形 $\alpha_c \cdot \triangle T,l$;

α_c——混凝土的热膨胀系数(1/℃);

$\triangle T,s$——钢筋位置处自混凝土浇筑后的温度下降量(℃);

$\triangle T,u$——板表面自混凝土浇筑后的温度下降量(℃);

$\triangle T,l$——板底面自混凝土浇筑后的温度下降量(℃)。

采用以上方法设计并建成的机场连续配筋混凝土道面,其最大裂缝宽度均保持在0.4mm以下,可见采用此种方法设计是合适的。为了切实保证混凝土浇筑时的便利性,并确保裂纹的荷载传递性能以及混凝土与钢筋的黏结性,具体配筋时采用以下标准值。

(1)钢筋量:混凝土截面积的0.65%。

(2)钢筋直径:最大直径为19mm。

(3)钢筋间距:最小间距为集料最大尺寸的2倍与100mm中的较大值,最大间距为250mm。

(4)钢筋位置:从混凝土板顶面起算板厚的1/3处,上部覆盖最小值为50mm。

纵向钢筋的连接采用搭接型,其配置位置可分为垂直型配置和斜形配置(图4.36表示的是垂直型配置)。搭接长度最小值为钢筋直径的25倍与

400mm 中的较大值。

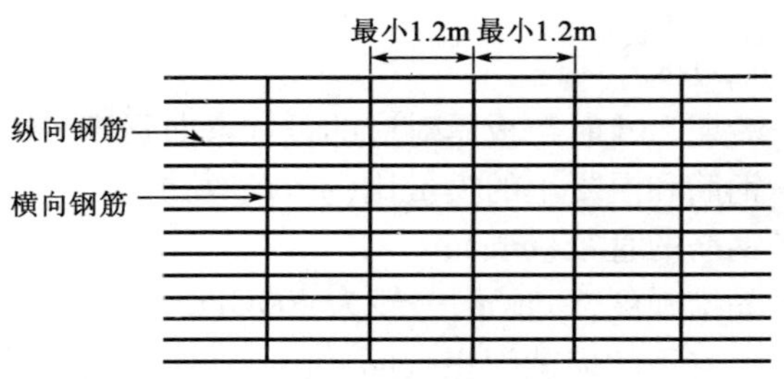

图 4.36　搭接接头的配置(垂直型配置)

横向钢筋其作用与纵向钢筋不同,并不参与控制裂纹的宽度,而是保持纵向钢筋的规定间距并起支撑作用。横向钢筋的标准钢筋量为混凝土板截面积的 0.09%,最大间距为 1.5m。

5)连续配筋混凝土道面的接缝

连续配筋混凝土道面的混凝土板无需设置横向收缩缝,但因为混凝土板较长,所以不得不设置横向施工缝。此时一般采用对接型接缝,但需要使纵向钢筋贯穿,并使用纵向钢筋量 33% 以上的拉杆予以加强。另外,拉杆与纵向钢筋为同一直径,以最大 1.2m 的等间距配置。

纵向接缝的间距、结构与素混凝土道面时的一样。但是,在混凝土板的两端 50m 左右的范围内,混凝土板与基层会产生相对位移,所以该范围内不适宜采用传力杆接缝,需要设置改进企口接缝(图 4.37)。在引进改进企口接缝前,日本也曾使用拥有棱角梯形楔子的企口接缝,但其角隅处多因应力集中而发生开裂,所以对其进行了技术改进。

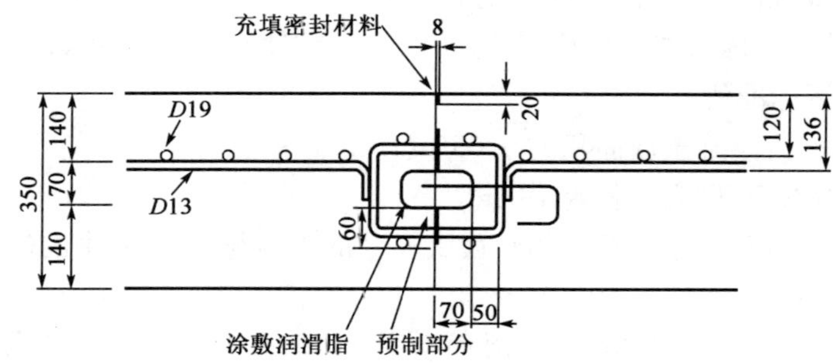

图 4.37　改进企口接缝(尺寸单位:mm)

对于胀缝,可以使用与素混凝土道面相同的接缝。另外,连续配筋混凝土板的纵向端部与沥青道面相连接的部位，为了降低混凝土板移动导致连接部分离的危险性，在端部需要设置地下梁。试验施工的结果表明，与没有设置地下梁的道面相比，设置后分离宽度可控制到 1/4 以下。

4.3.4　预应力混凝土道面

1）预应力混凝土道面概述

预应力混凝土道面是指为了抵消因飞机荷载在混凝土板上产生的拉伸应力，铺设预先施加压应力（预应力）的混凝土板的铺装。通常，预应力在混凝土板的纵横两个方向上施加。具体做法是：浇筑规定宽度的混凝土板后，在施工方向（纵向）施加预应力，浇灌成预应力混凝土板，纵向施工完所需数量后，以横贯这些数量的形式在施工垂直方向（横向）整体引进预应力。另外，如后面所述，施加预应力时会因各种原因发生损失，所以无论纵横方向，对预应力混凝土板的尺寸都有限制。

预应力的施加通常采用后张法。其具体做法是：在规定位置埋置套管后浇灌混凝土，等混凝土硬化后，在套管内穿入钢筋（预应力混凝土用钢筋，称为 PC 钢筋），实施张拉，向混凝土施加预应力。除此以外，还有先张法。其具体做法是：预先张拉 PC 钢筋后浇筑混凝土，等其硬化后剪断混凝土板两端部的 PC 钢筋，向混凝土施加预应力。后张法近几年几乎不再采用。

预应力混凝土道面与素混凝土道面等相比，更容易随地基发生沉降，所以建成后当地基发生不均匀沉降时，可以利用液压千斤顶升沉降部分后照常使用（顶升法）。

2）预应力混凝土道面的构成

预应力混凝土板从 PC 钢筋用量角度考虑当然是越薄越经济，但还需要考虑 PC 钢筋的配筋率、施工性、基层以下的变形等因素。预应力混凝土道面有时是为了应对铺装建成后的地基沉降而采用的铺装方式，所以为了能够有效地实施上述的顶升法，混凝土板厚度以 180mm 为标准。但是，从限制基层以下的变形这一角度考虑，也规定了预应力混凝土板厚度不得低于素混凝土板的 60%，这一点需要充分注意。正因为如此，在荷载条件较高时，需要增加板厚度。

预应力混凝土板与其他混凝土板相比可以变得很薄，所以因飞机荷载而产生的道床、基层的变形相对较大。这由此可能使得道床和基层发生永久变形、接缝处产生错台等。关于此类现象的变形量，有文献要求铺装表面的变形在中部施加设计荷载的条件下不得大于 1.25mm，但目前尚未有明确的规定。正因为如此，预应力混凝土道面的道床和基层需要采用荷载承载力较大的结构。具体讲，就是需要考虑设计承载力系数在 70MPa/m 以上的基层结构。

当雨水或流入水渗透到铺装内时，接缝等部位在飞机荷载的反复作用下，有时会发生冒水现象。当判断会有此类情况发生时，需要选用不易发生冒水现象的基层材料。另外，如果基层摩擦力较小，则可以有效减少预应力混凝土板的 PC 钢筋用量，所以施工时最好在基层表面撒布 5～10mm 厚度的细砂等，并铺设塑料膜后再浇筑混凝土。

3）预应力混凝土板的结构分析

在预应力混凝土道面中，预应力混凝土板针对飞机荷载的响应，符合如下的作用原理，即荷载加载时虽然在预应力混凝土板底面发生无碍结构的裂纹，但荷载解除后该裂纹立即闭合。因此，确定结构时需要确保预应力混凝土板的长期耐久性。预应力混凝土板的厚度如上所述采用 180mm，可以在此条件下再确定所需要的 PC 钢筋用量。具体讲，在不考虑混凝土拉伸强度的条件下，计算出荷载作用时混凝土的压缩应力和 PC 钢筋所增加的拉伸应力，使之分别处于允许值以下；另外，还需考虑预应力混凝土板顶面不会发生因荷载周围的负弯矩所导致的裂纹，可以按此类条件确定 PC 钢筋用量。

作用于预应力混凝土板的外力可分为预应力、飞机荷载、温度荷载三类。其中，预应力可以从施加预应力中减去因混凝土的弹性变形导致的损失，因蠕变、干燥收缩导致的损失，套管摩擦导致的损失，PC 钢筋的松弛导致的损失，利用式(4.32)计算出有效预应力 σ_{cpe}。

$$\sigma_{cpe} = \sigma_{cpi} - \Delta\sigma_{ce} - \Delta\sigma_{cp\phi} - \Delta\sigma_{cp} - \Delta\sigma_{cpr} \tag{4.32}$$

式中：σ_{cpi}——施加预应力，$\sigma_{cpi} = \dfrac{\sum p_t}{Bh}$；

σ_{ce}——弹性变形导致的损失，$\Delta\sigma_{ce} = \dfrac{1}{2} \cdot \dfrac{E_p A_p}{E_c A_e}\sigma_{ct} = \dfrac{1}{2} \cdot \dfrac{E_p A_p}{E_c A_e}(\sigma_{cpi} - \Delta\sigma_{cp})$；

$\sigma_{cp\phi}$——蠕变、干燥收缩导致的损失，$\Delta\sigma_{cp\phi} = \dfrac{n\phi\sigma_{cp} + E_p\varepsilon_s}{1 + n(1 + \phi/2)\sigma_{cpt}/\sigma_{pt}} \cdot \dfrac{A_p}{A_c}$；

σ_{cp}——套管摩擦导致的损失，$\Delta\sigma_{cp} = \Delta\sigma_{cpi}(1 - \dfrac{1}{1 + f'L/2})$；

σ_{cpr}——松弛导致的损失，$\Delta\sigma_{cpr} = \gamma(\sigma_{cpi} - \Delta\sigma_{cp})$；

P_t——PC 钢筋的初始拉力；

B——混凝土板的宽度；

h——混凝土板的厚度；

L——PC 钢筋的长；

f'——套管的摩擦系数；

E_c——混凝土的模量；

A_c——混凝土的截面积；

E_p——PC 钢筋的模量；

A_p——PC 钢筋的截面积；

n——混凝土和 PC 钢筋的模量比（$n=E_p/E_c$）；

ϕ——混凝土的蠕变系数；

σ_{cp}——PC 钢筋位置处混凝土的压缩应力（$\sigma_{cp}=\sigma_{cpt}$）；

σ_{cpt}——刚施加后的预应力（$\sigma_{cpt}=\sigma_{ct}-\Delta\sigma_{ce}$）；

σ_{pt}——刚施加预应力后 PC 钢筋的拉伸应力（$\sigma_{pt}=\sigma_{pt}\cdot\sigma_{cpt}/\sigma_{cpi}$）；

ε_s——混凝土的干燥收缩变形；

γ——PC 钢筋的松弛值。

预应力混凝土板厚度方向上如果有相同的温度变化时，则会因基层摩擦产生如式（4.33）所示的轴向温度应力 σ_f。该应力在温度下降时和温度上升时分别为拉伸应力、压缩应力。因此，作用于预应力混凝土板的轴向压缩应力即实际有效的预应力 σ_o 在温度下降时为 $\sigma_{cpe}-\sigma_f$，温度上升时无需考虑基层摩擦为 σ_{cpe}。

$$\sigma_f=fW\frac{L}{2} \tag{4.33}$$

式中：f——基层摩擦系数；

W——预应力混凝土板的单位体积重力。

因飞机荷载而产生的应力，与素混凝土道面结构设计时一样，可以通过板中荷载公式计算得到。此外，预应力混凝土板因厚度方向上的温度差所产生的变形（翘曲）因受其自重的约束，在预应力混凝土板上产生翘曲约束应力 σ_t。关于这一应力，因为预应力混凝土板比较薄，所以可以使用道路铺装设计的计算式（4.34）求得。

$$\sigma_1=0.7\frac{E_c\alpha\theta}{2(1-\nu)} \tag{4.34}$$

式中：α——混凝土的热膨胀系数；

θ——预应力混凝土板上下面的温度差；

ν——混凝土的泊松比。

累加以上所示的预应力、荷载应力、翘曲约束应力，求得应力合力 σ_c，然后将此应力合力与混凝土的拉伸强度相比较，即可计算预应力混凝土板底面处发生裂纹时的荷载。

关于发生裂纹后预应力混凝土板的结构稳定性，可以只就 PC 钢筋所增加的应力和预应力混凝土板的压缩应力进行研讨。具体讲，可以通过式(4.35)～式(4.37)计算出此类应力，确认此类应力是否在所设定的容许应力值以下。

$$\Delta\sigma_{\mathrm{p}}=\frac{x^2-2hx+2hd}{bx^2+2nA_{\mathrm{pb}}x-2nA_{\mathrm{pb}}d}nb\sigma_0 \tag{4.35}$$

$$\sigma_{\mathrm{c}}=\frac{x}{x-d}(\sigma_0-\Delta\sigma_{\mathrm{p}}/n) \tag{4.36}$$

$$A_1x^3+A_2x^2+A_3x+A_4=0 \tag{4.37}$$

式中：$A_1=-2\sigma_0 b(bh+nA_{\mathrm{pb}})$；

$A_2=-3b[\sigma_0(bh^2+2ndA_{\mathrm{pb}})-2M]$；

$A_3=6nA_{\mathrm{pb}}[\sigma_0 bh(h-2d)-2M]$；

$A_4=-2dA_3$；

$\Delta\sigma_{\mathrm{p}}$——PC 钢筋的应力增加值；

σ_{c}——预应力混凝土板压缩边处的混凝土应力；

σ_0——轴向压缩应力；

d——混凝土板上缘到钢材的距离；

x——混凝土板上缘到中性轴的距离；

b——混凝土板的单位宽度；

A_{pb}——每单位宽度的钢筋截面积；

M——因荷载而产生的每单位宽度的弯矩$(\sigma_1+\sigma_{\mathrm{t}})z$，其中 z 为每单位宽度的截面系数。

除上述以外，板内还存在因飞机荷载产生负弯矩，荷载作用处周围有发生裂纹的危险。关于这一点，可以利用式(4.38)计算出表面发生开裂时的荷载 P_{c}，如果该值与设计荷载相比，在规定值(取 1.25)以上即具备规定的安全率，则可以判定无发生裂纹的危险。另外，式(4.38)中的抵抗开裂力矩可以从混凝土的弯曲强度与预应力之和中减去翘曲约束应力，然后在剩余强度上乘以截面系数求得。

$$P_c=\left[\frac{4\pi}{l-4a/(3b')}+\frac{1.8(S+S_{\mathrm{T}})}{l-a/2}\right](M_{\mathrm{r}}+M'_{\mathrm{r}}) \tag{4.38}$$

式中：S——双复机轮的横向中心距离；

S_{T}——双复机轮的纵向中心距离；

a——轮胎接地半径；

l——刚度半径；

b'——3.91；

M_r——抵抗开裂力矩；

M'_r——破坏抵抗力矩，$M' = M_r$。

4）PC 钢筋

PC 钢筋有 PC 钢绞线和 PC 预应力钢筋，但通常使用 PC 钢绞线。在预应力混凝土板的厚度为 180mm、基层反应模量为 70MPa/m 的条件下，使用由 19 根绞成 17.8mm 的 PC 钢绞线时，其标准设置间距见表 4.32。此时，PC 钢筋的标准配置位置如图 4.38 所示。

PC 钢筋的间距（单位：mm）　　表 4.32

铺装区域	板长（m）		
	50	75	100
A	纵 375、横 375	纵 350、横 350	纵 325、横 325
B	纵 425、横 425	纵 400、横 400	纵 350、横 350
C	纵 475、横 475	纵 450、横 450	纵 400、横 400

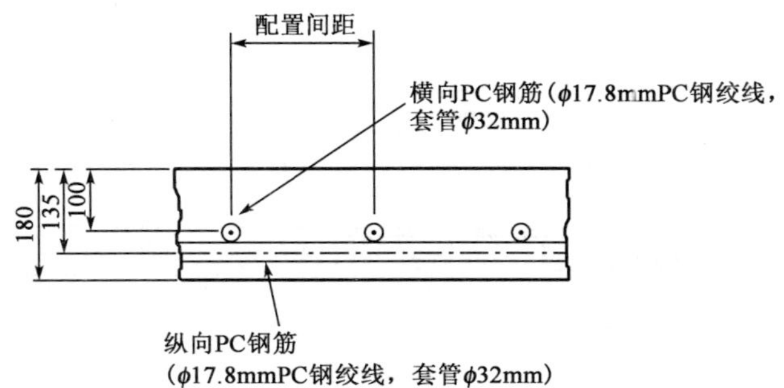

图 4.38　PC 钢筋的标准配置位置（尺寸单位：mm）

5）预应力混凝土道面的接缝

施工缝中的纵向施工缝通常为被引进预应力的对接结构，因为荷载作用时的弯矩通过此传递，所以针对荷载的响应可以看作与板中央时的响应相同。但是，接缝表面部分需要采取措施，防止雨水的浸入，通过灌注嵌缝料等防止其变为结构薄弱点。施工缝的间距虽然依赖于施工机械的宽度，但一般设定为 8.5mm左右。纵向施工缝的结构如图 4.39 所示。

施工预应力混凝土道面时，因为是单块板连续施工，所以通常可以不考虑设置横向施工缝。

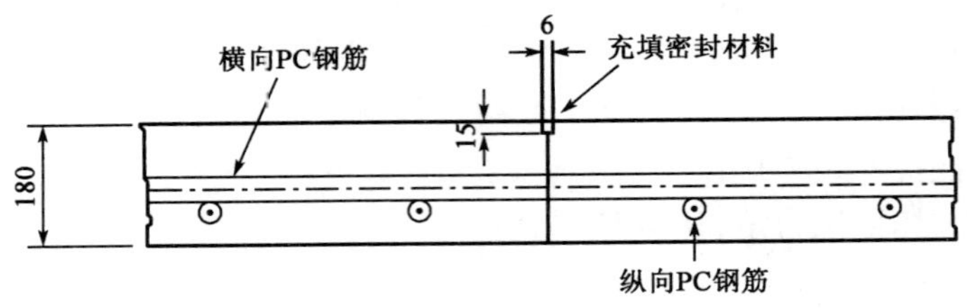

图 4.39　纵向施工缝的结构(尺寸单位:mm)

单块预应力混凝土板的两端以及多块施工后的预应力混凝土板组的两侧面需要设置伸缩缝,主要是吸收预应力混凝土板的膨胀、收缩所引起的长度方向的变形。伸缩缝的间距如果考虑各种原因导致的预应力损失,则最大设定为 100m 左右。

该伸缩缝很难像其他混凝土道面中的接缝那样设置荷载传递装置,所以加载时,伸缩缝处必然成为边缘承载状态。

正因为如此,需要采取有效措施防止该部位产生比板中部大得多的应力和变形。例如,在接缝下面设置混凝土枕梁、加厚预应力混凝土板端部后采用传力杆与相邻板相连等。厚度 180mm 预应力混凝土板时的伸缩缝结构如图 4.40 所示。

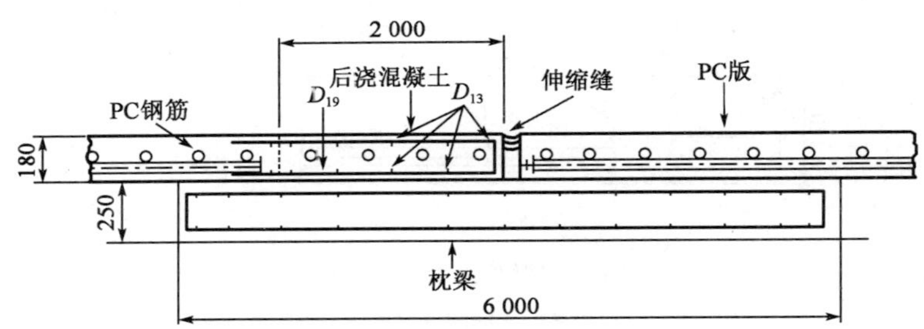

图 4.40　伸缩缝结构(枕梁型)(尺寸单位:mm)

另外,伸缩缝处的缓冲块部分(后浇混凝土)是在预应力混凝土板上施加预应力时设置液压千斤顶的必要作业空间,所以在预应力施加结束后再浇筑该部分的混凝土,然后仅在长度方向上施加该部分的预应力,制成预应力混凝土板。该缓冲块最好尽量延迟施工,以便减小主体部分的蠕变和收缩带来的影响。

6)采取沉降措施的预应力混凝土道面

在铺装建成后预计可能持续下沉的土基上,计划采取顶升法实施修补而铺筑预应力混凝土道面时,预应力混凝土板的厚度可以采用上面所述的180mm。关于顶升用液压千斤顶的设置间距,据以往的经验,最适合于作业的间距可以设定为5m左右。

计划以顶升法实施修补时,而且能够推定地基下沉的范围和沉降量时,可以考虑事先在铺装内设置好顶升用的装置。具体讲,在混凝土下埋设千斤顶安装设备的同时,在其周围配置加强钢筋,甚至可以在基层上设置反力钢板。图4.41为预先设置型顶升用设备和反力板示例。

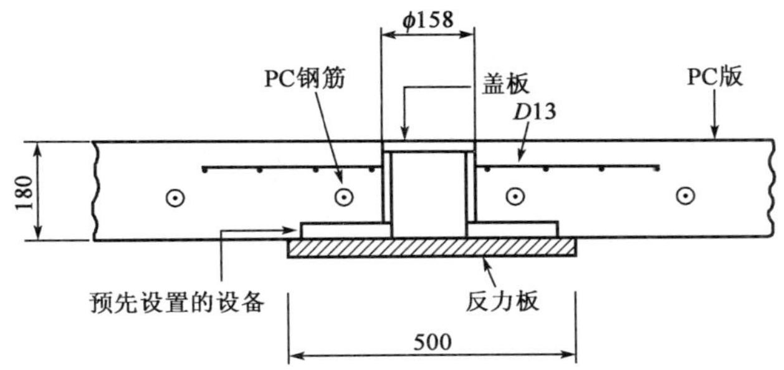

图4.41　预先设置型顶升用设备和反力板示例(尺寸单位:mm)

4.3.5　考虑不均匀沉降因素的水泥混凝土道面的结构设计

铺装下的土基如果发生不均匀沉降,铺装表面的坡度会偏离规定,或者导致铺装发生破坏。水泥混凝土道面与沥青道面相比,投入使用后还很难进行修补,所以需要事先要充分考虑此类地基发生沉降后进行结构设计。

基于这种考虑,以下介绍在填海地基上实施素混凝土道面的结构设计案例。填海地基的土质由冲积层(AC_1层、AS层、AC_2层)和洪积层(DC层、DS层、DG层)两层构成,其上部被机场周边建设现场所产生的砂土和瓦砾等(称为BS层)所覆盖(图4.42为典型的地基状况)。AC_1层主要由填埋的疏浚土和水道沉积物等构成,非常松软,而且其层厚因地段不同而存在较大的差异,将会与BS层一起发生相当程度的沉降或不均匀沉降。

顾名思义,不均匀沉降是不均匀的地基沉降。本案例中,根据研究对象的不同采用两种数值进行表示。一种是与铺装表面的高度和坡度有关的数值,这关系到与旅客候机大楼等结构物的连接、排水、飞机拖拽等。此时,将地基沉降的形状视作直线,采用两点间的坡度定义不均匀沉降量。另一种是与铺装的破损有关的数值,在混凝土板与基层之间出现空隙时,在飞机荷载作用下混凝土板会发生损坏。此时,将地基沉降的形状视作三次曲线,采用两点间的沉降量之差定义为不均匀沉降量。按照这样的思路,以旅客候机大楼区域为对象实施分析的结果如图 4.43(坡度变化量)和图 4.44(两点间的沉降差)所示。图 4.43 和图 4.44都表明,随着铺装投入时间的推移,不均匀沉降量的变化较大,不均匀沉降量的绝对数值也相当大。

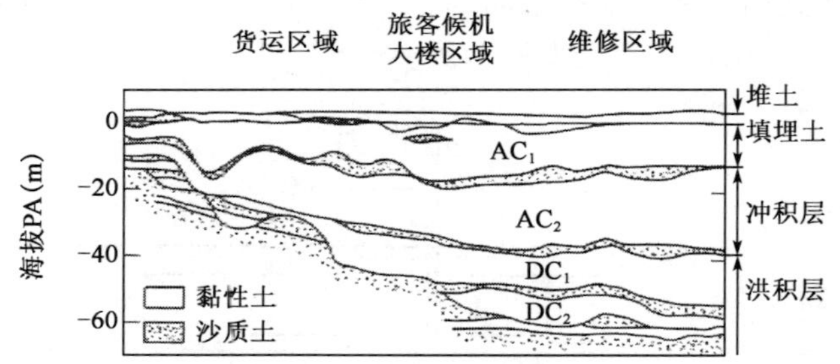

图 4.42 预计会发生不均匀沉降的机场建设预定地点的地基状况

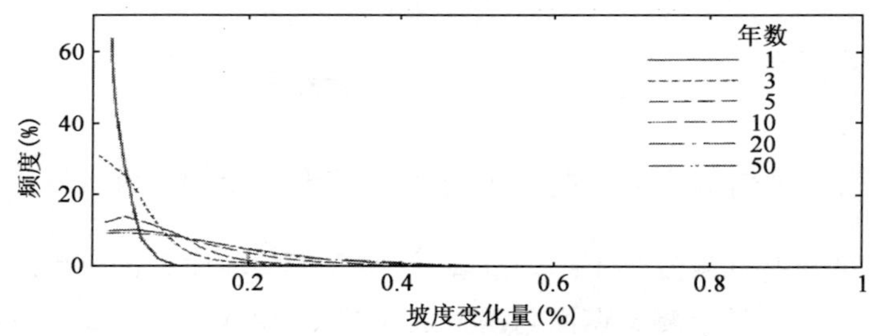

图 4.43 不均匀沉降量的频率(坡度变化量)

关于铺装表面的坡度,如第 2 章中所述规定最小值为 0.5%,最大值为 1.0%,因为地基的不均匀沉降导致铺装表面的坡度偏离该规定时,需要进行必要的修补。需要修补的范围占整体表面的比例即修补率,因铺装设计时的表面坡度与规定上限值或规定下限值之差不同而有所不同。该坡度差中较小的一侧称为冗余坡度 α_a,此冗余坡度值分别为 0.1%、0.2%、0.25% 时的修补率如图 4.45所示。从图 4.45 中可以看出,冗余坡度为 0.1%、0.2%、0.25% 时,在建设后经过 20 年时的修补率分别为 60%、25%、15%。

水泥混凝土道面建成后的地基发生不均匀沉降时,混凝土板发生的破损主要有以下三类。

(1)混凝土板的最终损坏:荷载应力和温度应力之和超过混凝土的弯曲强度时。

(2)混凝土板的疲劳破坏:计算出因荷载产生的应力,运用 Miner 法则,疲劳程度达到 1.0 时。

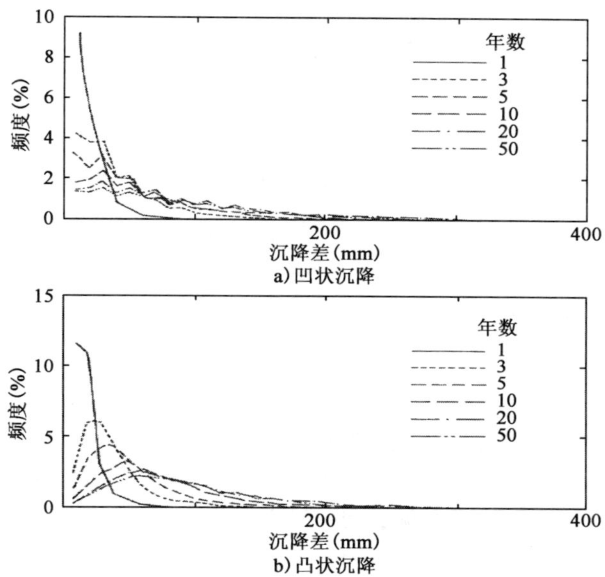

图 4.44　不均匀沉降量的频率(两点间的沉降差)

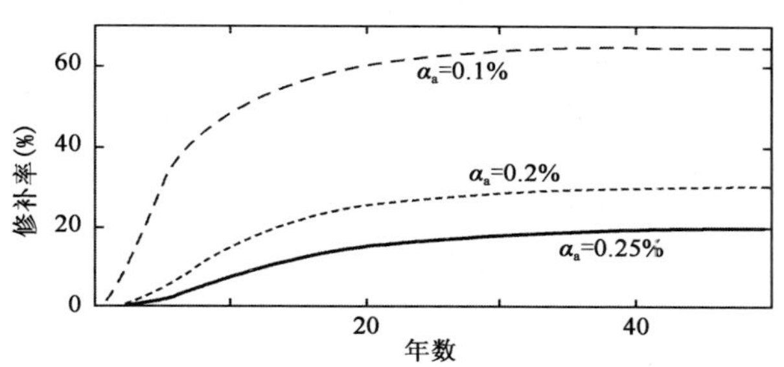

图 4.45　偏离表面坡度标准导致的修补率经年变化

(3)接缝部破损:假定混凝土铺装在接缝部折断弯曲,传力杆及其周围的混凝土所产生的应力超过各自的强度时。

当此类破损不断发展,运用 PRI 判定法判定为修补必要性达到 B(近期需要)和 C(马上需要)的境界值时,即需要进行修补。按此预测地基不均匀沉降导致的破损状况,并实施量化后的水泥混凝土道面的结构设计流程如图 4.46 所示。

该案例中,在基层反应模量为 70MPa/m、设计飞机为 B747—200B、设计覆盖量为 20 000 次(设计服役期限为 10 年)的条件下,不考虑地基的不均匀沉降时混凝土板厚度为 380mm(标准混凝土板厚度)。

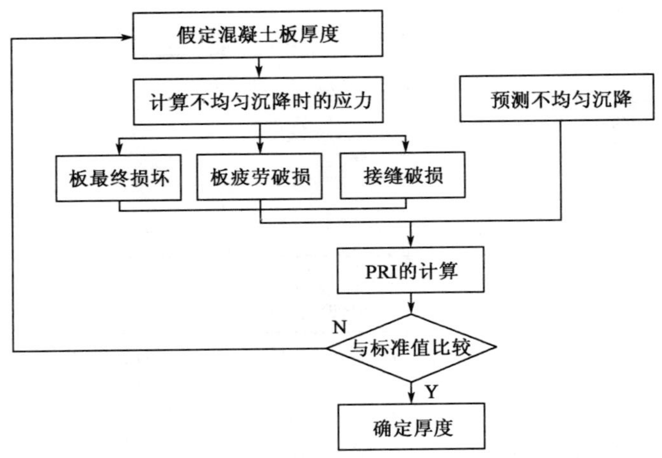

图 4.46 考虑到不均匀沉降时损坏的水泥混凝土道面的结构设计

使用该方法，将设计期限设定为 10 年，对在该期限内无需实施因地基不均匀沉降导致的修补施工的混凝土板厚度进行研究时，发现最大需要加厚到 50mm。就标准厚度的混凝土板、50mm 加厚板、70mm 加厚板，分别计算各自在铺装建成后 20 年所需要的修补施工量，结果见表 4.33。从表 4.33 可以看出，如果使用标准厚度的混凝土板，则从第 5 年起就需要实施修补，经过 20 年后整体面积的 26% 需要修补；如果使用 50mm 加厚板，则从经过 10 年起有 3% 的面积需要修补；如果使用 70mm 加厚板，则在建成 20 年内无需修补。

地基不均匀沉降造成的铺装破损所导致的修补范围 表 4.33

铺装建成后的经过年限	修补的范围(%)			铺装建成后的经过年限	修补的范围(%)		
	380*	430*	450*		380*	430*	450*
1	—	—	—	11	20	10	—
2	—	—	—	12	—	—	—
3	—	—	—	13	10	—	—
4	—	—	—	14	—	—	—
5	20	—	—	15	10	10	—
6	80	—	—	16	—	—	—
7	40	—	—	17	10	—	—
8	20	—	—	18	—	—	—
9	20	—	—	19	10	—	—
10	20	—	—	20	—	10	—

注：* 混凝土板厚度。

4.3.6　其他国家机场水泥混凝土道面的结构设计方法

1)加拿大

加拿大机场水泥混凝土道面的结构设计依据沥青道面时使用的 ALR 和反应模量规定混凝土板的厚度(图 4.47)。即将设计飞机的 1 个主起落架荷载,运用 Westergaard 的板中荷载公式计算得到的应力值为 2.8MPa 时的厚度作为混凝土板的厚度。另外,粒料层厚度与道床承载强度和基层承载强度具有函数关系,如图 4.48 所示。基层使用粒料以外的材料时,针对粒料的等效值见表 4.34。

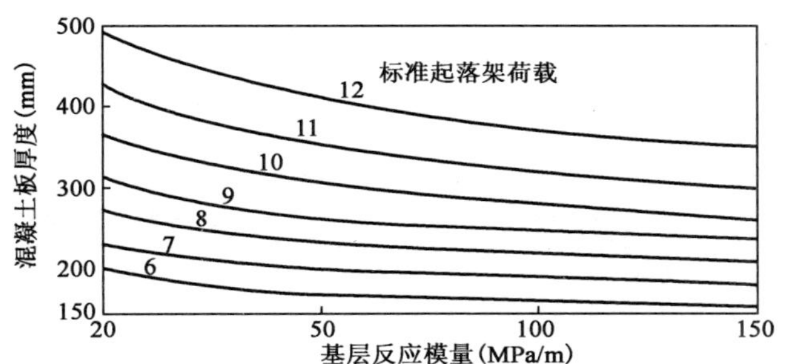

图 4.47　加拿大机场铺装设计法中混凝土板厚度设计曲线

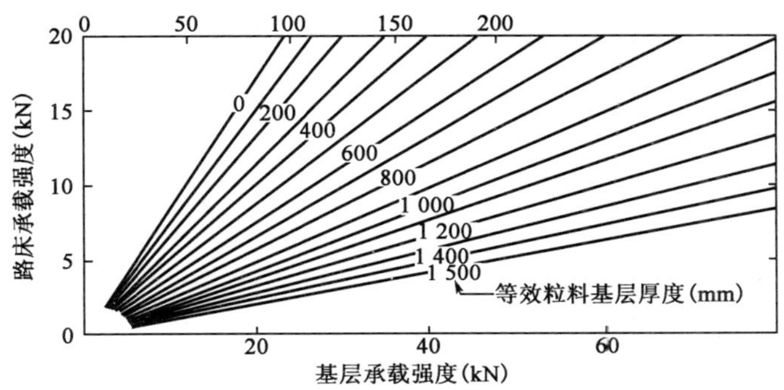

图 4.48　加拿大机场铺装设计法中的粒料基层厚度

虽然最小基层厚度规定为 150mm,但像 ALR 为 12 这样的大型飞机需要采用 200mm 的水泥稳定碎石。

加拿大设计法的最大特点是对环境,特别是冻结融解作用的考虑。具体见表 4.35,设计时必须考虑道床强度在冻结融解期内的衰减;当地下水位处于铺装表面以下 1m 以内时,表 4.35 中的减少率必须提高 10%;此外,冻胀措施必须考虑 10 年的平均冻结指数,确保最小铺装厚度(混凝土板和基层的合计厚度)。

加拿大机场铺装设计法中基层的等效值　　表4.34

基层材料	等效值
碎石	1.0
沥青碎石	1.5
水泥稳定碎石	2.0
沥青混凝土(高品质)	2.0
沥青混凝土(低品质)	1.5
混凝土(高品质)	3.0
混凝土(普通)	2.5
混凝土(低品质)	2.0

加拿大机场铺装设计法中道床强度在冻结融解期的减少率　　表4.35

基层类型	冻结融解期减少率(%)
GW(粒型较好的砾石)	0
GP(粒型较差的砾石)	10
GM(淤泥质砾石)	25
GC(黏土质砾石)	25
SW(粒型较好的砂)	10
SP(粒型较差的砂)	20
SM(淤泥质砂)	45
SC(黏土质砂)	25
ML(淤泥)	50
CL(黏土)	25
MH(淤泥)	50
CH(黏土)	45

2)法国

法国机场混凝土道面的结构设计方法原则上针对混凝土板中部的荷载应力,采用适当的安全率计算混凝土板厚度。此时的安全率根据接缝的荷载传递性能取 1.8 或 2.6(表 4.36)。混凝土板厚度依据该安全率,以规定的容许弯曲应力、设计飞机的起落架荷载、基层承载力的函数形式获得(图 4.49)。该设计曲线是在假定每天有 10 个航班的交通量条件下获得的结果,交通量有差异时,可以通过统计性增减图中的起落架荷载值后获得。也就是说,用起落架荷载除以从图 4.50 中获得的修正系数,对荷载实施修正。表 4.37 是对接缝的规定,还可以使用无传力杆结构的接缝。

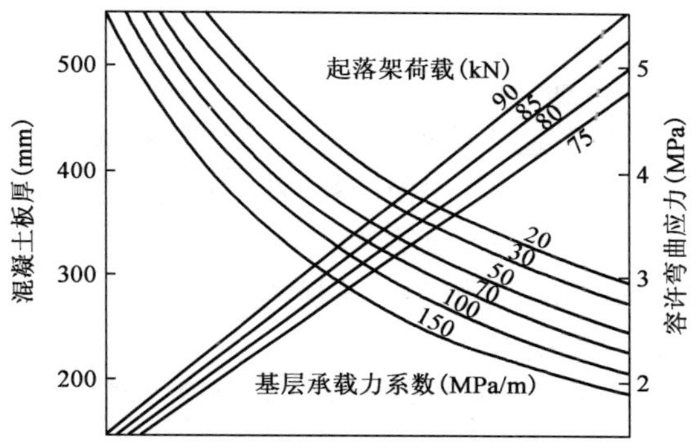

图 4.49　法国机场铺装设计法中的混凝土板厚度设计曲线

法国机场铺装设计法中混凝土的安全率　　表 4.36

接 缝 结 构	适合条件*数目	安 全 率
无	—	2.6
传力杆型	—	1.8
企口缝	<3	1.8
	>3	2.6

注:*表示以下四个方面:

①基层反应模量在 20MPa/m 以下,基层厚度在 200mm 以下,使用粒料;

②大型飞机运行;

③日间温度变化显著;

④没有使用拉杆。

法国机场铺装设计法中的接缝结构　　表 4.37

接缝的类型	接 缝 结 构	特　　征
施工缝	企口 带拉杆型 带传力杆型	企口接缝仅在混凝土板厚度 200mm 以下时可以使用; 拉杆仅用于纵向施工缝; 传力杆用于道床条件不良的重交通铺装
收缩缝	对接型	纵向缝在接缝间距(施工宽度)为 5m 以上时使用
胀缝	端部加厚型 带传力杆型	新旧混凝土道面的接合部

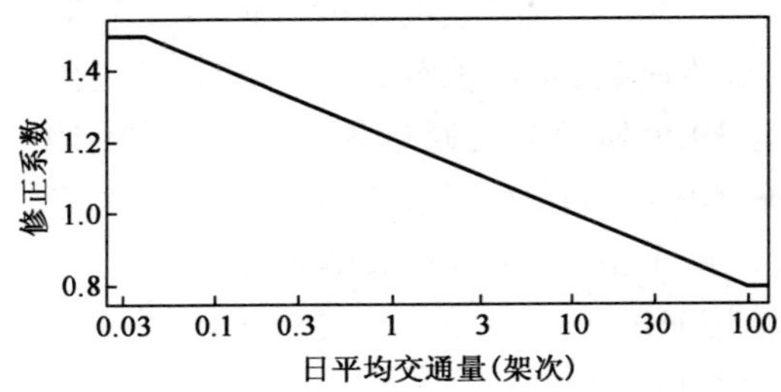

图 4.50 法国机场铺装设计法中的荷载修正系数

基层反应模量以等效基层厚度(粒料基层的换算厚度)和道床承载力系数的函数形式获得(图 4.51),当基层使用粒料以外的材料时,可采用表 4.38 所示的等效值进行换算。最小基层厚度为 150mm,原则上使用稳定处治材料。根据机场规模、基础设施的类型、土质条件,冻胀类型分为完全、充分、轻度三类,依据冻胀类型采取相应的处置措施。

法国机场铺装设计法中基层的等效值 表 4.38

基层材料	等效值
沥青混凝土	2.00
沥青碎石	1.50
乳化沥青处治材料	1.20
沥青以外的稳定处治材料 (水泥、钢铁渣、煤粉灰、石灰)	1.50
碎石	1.00
经过稳定处理的砂(水泥、钢渣)	0.75
砂	1.50

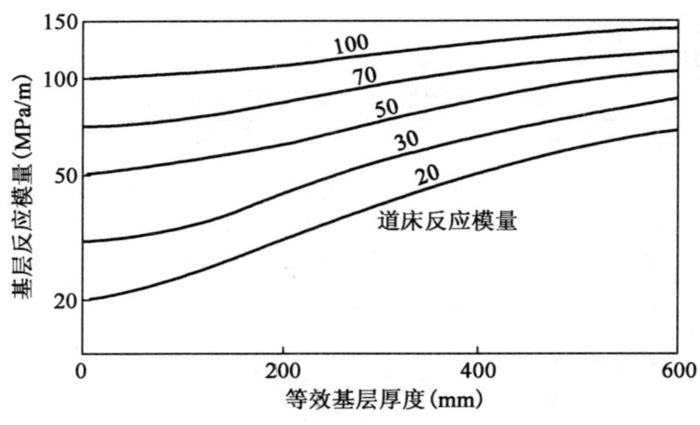

图 4.51 法国机场铺装设计法中的基层反应模量

3）美国

1967 年公布的 FAA 的铺装设计法，其混凝土板厚度、基层厚度设计曲线如图 4.52 和图 4.53 所示。混凝土板厚度通过飞机总荷载和主起落架形式查图获得，基层厚度以基层反应模量为 81MPa/m 时根据道床土质特性（Ra ~ Rd）查图获得。该道床土的分类法一直使用至 1978 年设计法修订时，该方法将土质划分为 E-1 ~ E-13 共 13 类后，根据排水特征、冻胀危险性分为 Ra ~ Re。另外，混凝土板的应力使用 Westergaard 的板中荷载公式求得，混凝土应力取 2.8MPa、轮胎接地压强取 1.05MPa、基层反应模量取 81MPa/m。

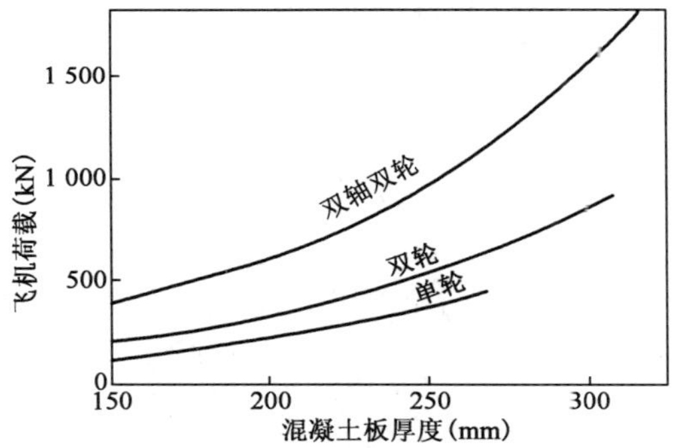

图 4.52　美国机场铺装设计法中的混凝土板厚度设计曲线（1967 版）

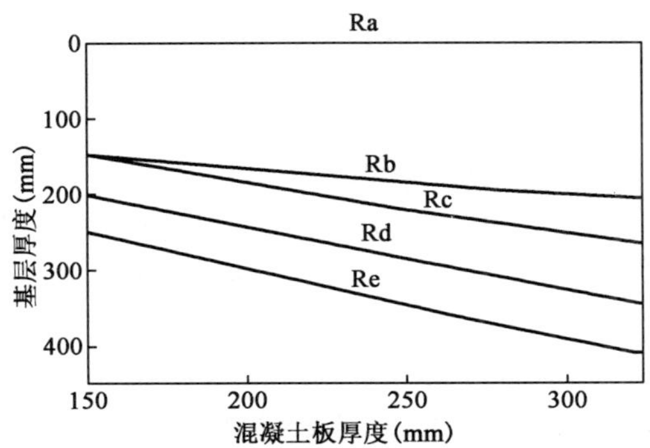

图 4.53　美国机场铺装设计法中的基层厚度设计曲线（1967 年版）

1974 年修订后的设计法，其混凝土板厚度以混凝土的允许应力、道床承载力、设计飞机荷载的函数形式计算获得（图 4.54）。混凝土的允许应力为弯曲强度除以安全率后所获得的数值。其中安全率见表 4.39，需要根据交通量选用不同的值。另外，该设计法中对基层的最小厚度也作了规定，除了道床土 Ra 类外，原则上必须确保 100mm 的厚度；但以 90kN 以上的飞机为设计对象时，需要采用稳定材料处置基层,此时可以考虑基层的承载作用。

美国机场铺装设计法中的混凝土安全率(1974年版)　　表4.39

安全率	每年出发航班数
1.75	<1 200
1.85	1 200 ~ 3 000
1.90	3 000 ~ 6 000
2.00	>6 000

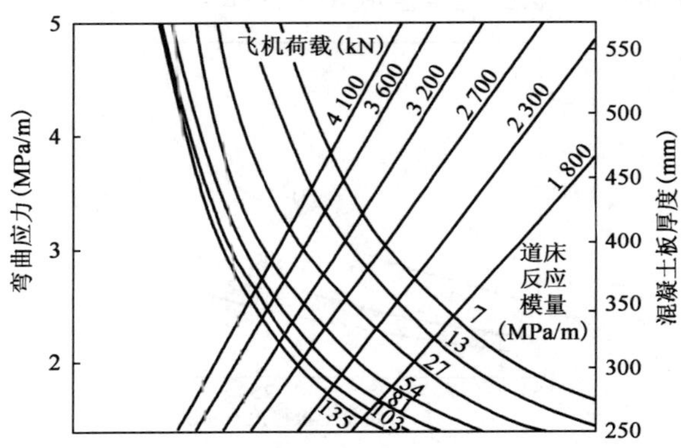

图4.54　美国机场铺装设计法中的混凝土板厚度设计曲线(1974年版)

1978年修订后的设计法中将混凝土板的应力变化为采用边缘部荷载应力的75%。混凝土板厚度以混凝土的弯曲强度、基层反应模量、飞机总荷载、每年出发航班数的函数形式获得(图4.55)。该修订版的另一个显著特点就是明确了基层的承载作用,基层反应模量按各种基层材料,以道床反应模量、基层厚度的函数形式表示。图4.56、图4.57分别表示的是稳定材料处治基层、级配碎石基层时的承载效果。每年出发航班数在25 000架次以上时,需要依据表4.40加厚混凝土板的厚度。另外,基层原则上使用稳定处治材料,混凝土板厚度和基层厚度宜为1∶1。

美国机场铺装设计法中混凝土板的加厚(1978年版)　　表4.40

每年出发航班数	混凝土板厚度的比例(%)
25 000	100
50 000	104
10 000	108
15 000	110
20 000	112

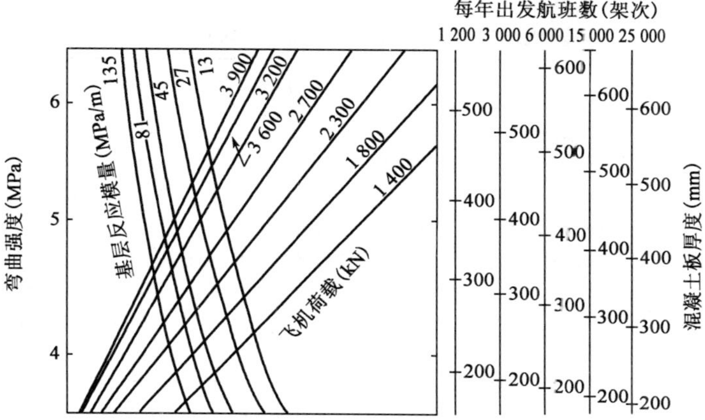

图4.55　美国机场铺装设计法中的混凝土板厚度设计曲线(1978年版)

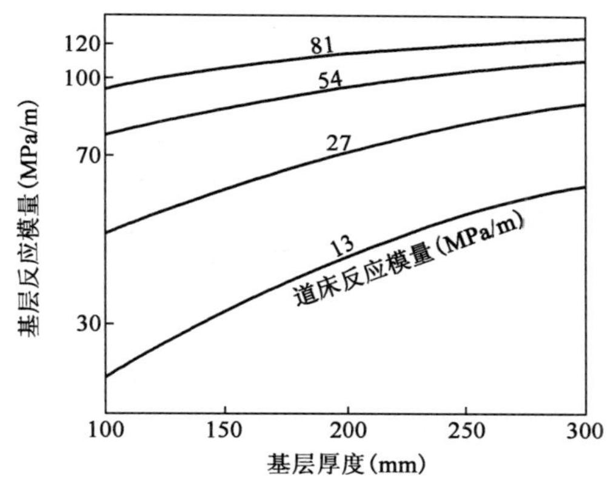

图4.56　美国机场铺装设计法中稳定材料处治基层的承载作用(1978年版)

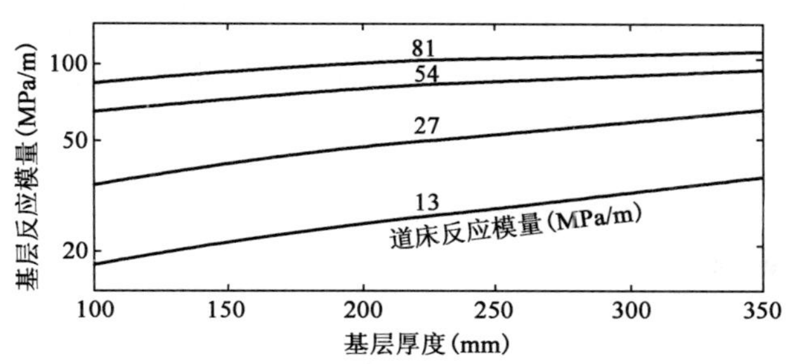

图4.57　美国机场铺装设计法中粒料基层的承载作用(1978年版)

接缝结构以及最大接缝间距分别见表 4.41 和表 4.42。

美国机场铺装设计法中的接缝结构(1978 年版)　　表 4.41

接缝类型	接缝结构	纵向接缝	横向接缝
施工缝	企口 传力杆型	下述以外	施工推迟时 施工结束时
	带拉杆企口 带拉杆对接型	滑行道全部 距离端部 8m 以内的部位	—
收缩缝	传力杆型	—	至少到端部起算的第 3 个 到胀缝两侧的第 2 个
	带拉杆锯齿型	滑行道全部 距离端部 8m 以内的部位	—
	锯齿型	上述以外	上述以外
胀缝	传力杆型	—	与其他铺装区域的交差部
	端部加厚型	传力杆型不适用时 与其他结构物的接合部	将来有扩建计划时

美国机场铺装设计法中的最大接缝间距(1978 年版)　　表 4.42

混凝土板厚度(mm)	接缝间距(m)	
	横向接缝	纵向接缝
<230	4.6	3.8
230 ~ 310	6.1	6.1
>310	7.6	7.6

2009 年版中记述的新设计法如 4.2.4 节中所述,是依据铺装累积疲劳程度的方法。此时的疲劳程度是基于混凝土板边缘部的底面水平应力的指标。该应力和之前一样,为折减 25% 后的数值。

参 考 文 献

[1] International Civil Aviation Organization (ICAO). Aerodrome Design Manual, Part 3, Pavements, 346p., 1983.

[2] (社)土木学会铺装工程学委员会. 铺装标准规定,335p. ,2007.

[3] 国土交通省航空局监修. 机场铺装设计要领和设计事例. (财)港湾机场建设技术服务中心,2008.

[4] 八谷好高,早野公敏,竹内康,今西健治,坪川将丈. 机场沥青路面的表面性能实态,土木学会铺装工程学论文集,Vol. 11, pp. 147-154,2006.

[5] (社)日本公路协会. 公路土木—排水工程指南,1987.

[6] 国土交通省航空局监修. 机场土木施工通用规格书. (财)港湾机场建设技术服务中心,2009.

[7] R Horonjeff. Planning and Design of Airports, McGraw-Hill Inc. ,460p. ,1975.

[8] R G Ahlvin. Flexible Pavement Design Griteria, Proc. of ASCE, Vol. 88, No. AT1, pp. 15-33. 1962.

[9] A T Pereira. Procedures for Development of CBR Design Curves, Waterways Experiment Station, S-77-1, p. 57. 1977.

[10] Department of the Army and the Air Force. Flexible Pavement Design for Airfields(Elastic Layered Method),1989.

[11] 须田熙. 机场沥青铺装的铺装厚度设计法的相关调查研究,港湾技研资料,No. 52,105pp. ,1968.

[12] American Association of State Highway and Transportation Officials(AASHTO). Guide for Mechanistic-Empirical Design of New and Rehabilitated Pavement Structures,2004.

[13] 须田熙,佐藤胜久. 机场铺装中各种路基"等效值"的相关提案,土木学会论文报告集,第 218 号,pp. 53-65,1973.

[14] 八谷好高,高桥修. 大粒径沥青混凝土的机场铺装表层的适用性,土木学会论文集,No. 732/V-59, pp. 241-246. 2003.

[15] 八谷好高,梅野修一,藤仓丰吉. 机场跑道的抗滑性能,土木学会,铺装工程学论文集,第 1 卷,pp. 159-166,1996.

[16] 八谷好高,坪川将丈. 跑道槽针对飞机荷载的稳定性,土木学会论文集 E, Vol. 62, No. 4, pp. 815-825,2006.

[17] 秋本惠一,金泽宽,稻田雅裕,薮中克一. 机场铺装发生材再利用于新建跑道铺装的相关研究,土木学会,铺装工程学论文集,第 1 卷,pp. 213-222,1996.

[18] 八谷好高,白石修章,池上正春,高桥修,坪川将丈,郝培文. 再生沥青混凝

土的机场铺装表层的适用性,土木学会论文集,No. 767/V-642,pp. 75-86,2004.

[19] 八谷好高,松崎和博,坪川将丈,吉永清人,下司弘之. 沥青混凝土板 机场铺装路基材料的有效利用,土木学会,铺装工程学论文集,第9卷,pp. 117-124,2004.

[20] A Casagrande, W L Shannon. Base Course Drainage for Airport Pavements, Proc. American Society of Civil Engineers, Soil Mechanics and Foundation Division, Vol. 77, pp. 1-23, 1951.

[21] J B Macmaster, G A Wrong, W A Phang. Pavement Drainage in Seasonal Frost Area, Ontario, Transportation Research Record, No. 849, pp. 18-24, 1982.

[22] 八谷好高,秋元惠一. 高地下水位下的机场沥青路面的结构设计,土木学会论文集,No. 613/V-42,pp. 19-30,1999.

[23] 秋田惠一,金泽宽,辻安治,平山义夫,今井泰男,稻田雅男. 东京新国际机场新C跑道的建设,土木学会论文集,No. 560/VI-43,pp. 43-55,1997.

[24] 佐藤胜久,八谷好高. 机场中夹层铺装的试验和分析,第16届土质工程学研究发表会讲演集,pp. 1297-1300,1981.

[25] Civil Aeronautics Administration(CAA). Airport Paving, P. 56, 1956.

[26] Federal Aviation Administration(FAA). Airport Paving, AC150/5320-6A, P. 75, 1967.

[27] FAA. Airport Pavement Design and Evaluation, AC150/5320-6B, p. 124, 1974.

[28] FAA. Airport Pavement Design and Evaluation, AC150/5320-6C, p. 159, 1978.

[29] FAA. Airport Pavement Design and Evaluation, AC150/5320-6E, p. 116, 2009.

[30] R G Packard. Design of Concrete Airport Pavement, Portland Cement Association, EB050, 03P, p. 61, 1973.

[31] H M Westergaaad. New Formulas for Stresses in Concrete Pavements, Transaction of ASCE, Vol. 113, pp. 452-444, 1948.

[32] G Picket, G K Ray. Influence Charts for Concrete Pavements, Transaction of ASCE, Vol. 116, pp49-73, 1951.

[33] 福手勤机场混凝土路面厚度设计中的电算程序应用,港湾技研资料,No. 262,p. 20,1977.

[34] 八谷好高,坪川将丈,佐佐木健一,龟田昭一. 使用高强度混凝土的机场铺装实用化的相关研究,土木学会论文集,No. 753/V-62,pp. 95-105,2004.

[35] 八谷好高，坪川将丈. 机场混凝土路面中覆膜养护液之适用性的相关研究，土木学会，铺装工程学论文集，第 6 卷，pp. 186-195，2001.

[36] 坪川将丈，八谷好高. 机场混凝土路面接缝间距的相关研究，土木学会，铺装工程学论文集，第 8 卷，pp. 195-205，2003.

[37] 福手勤，八谷高好. 混凝土路面接缝部位的荷载传递性能，土木学会论文报告集，No. 343，pp. 239-246，1984.

[38] 坪川将丈，八谷好高. 关于机场混凝土路面接缝材料的性能评估，土木学会论文集，No. 767/V-642，pp. 273-278，2004.

[39] ACI（American Concrete Institute）Committee 325：Recommended Practice for Design of Concrete Pavements，Journal of ACI，pp. 17-51，July 1958.

[40] 久保宏，美马孝，丰岛真树. 关于优良试验公路的调查结果，第 12 届日本公路会议论文集，pp. 14-148，1975.

[41] 须田熙，佐藤胜久. 关于多层类路基面上的 K 值的推算方法的研究，土质工程学会议论文集，Vol. 13，No. 1，pp. 107-150，1973.

[42] 新东京国际机场公团. 机场基础设施（铺装、照明）分析作业，1988.

[43] R Sato，Y Hachiya，A Kawakami. Development of New Design Method for Control of Cracking in Continuously Reinforced Concrete Pavement，4th Inter-National Conference on Concrete Pavement Design and Rehabilitation，pp. 431-443，1989.

[44] 八谷好高，佐藤胜久，田中孝士. 混凝土路面新接缝结构的开发，港湾技术研究所报告，Vol. 26，No. 1，pp. 115-140，1987.

[45] 森口拓. 机场中 PC 铺装的文献调查—机场铺装的相关调查研究（第 1 期），港湾技研资料，No. 40，p. 101，1967.

[46] 山家馨，赤塚雄三，川口昌宏. 预应力混凝土路面设计方法的相关调查研究—机场铺装的相关调查研究（第 4 期），港湾技研资料，No. 51，p. 48，1968.

[47] 佐藤胜久，八谷好高，上中正志，犬饲晴雄，川本幸广，塚田悟. 沉降后的预应力混凝土铺装板的顶升法开发，港湾技术研究报告，Vol. 28，No. 2，pp. 49-76，1989.

[48] ACI Committee 325. Recommendations for Designing Prestressed Concrete Pave-ments，ACI Structural Journal，pp. 451-471，July-August 1988.

[49] 福手勤，佐藤胜久，山崎英男. 第Ⅲ种设计法中钢铁渣的机场铺装之适用性的相关研究，港湾技术研究所报告，Vol. 18，No. 3，pp. 37-

63,1979.

[50] 早田修一,八谷好高.考虑到基层不均匀下沉的机场混凝土路面的结构设计,土木学会论文集,No.451/V-17,pp.313-322,1992.

[51] 土田孝,小野宪司.运用数值模拟的不均匀沉降预测以及在机场铺装设计中的运用,港湾技术研究所报告,第27卷,第4号,pp.123-200,1988.

第 5 章 机场铺装的检测与评价

使用中的机场无论因何种原因关闭时,都会导致飞机航行的混乱,甚至可能会降低航空运输的可靠性。正因为如此,当机场设施受到某种损伤时,不能封闭该部分实行修补,不得不采取边运营边实施修补的方法。

对于铺装,在飞机的荷载作用和环境作用下较易破损且劣化较快,所以需要在评估损坏的程度后采取适当的措施。为了有效地开展此项工作,对机场铺装的安全管理系统按图 5.1 所示进行了体系化。该系统首先对铺装进行调查,然后在调查结果的基础上判定实施过程检查、实施维护施工,或者实施修补等下一步工作。当认为需要进行修补等大规模的施工时,进行详细调查,就具体的实施方法进行研讨。

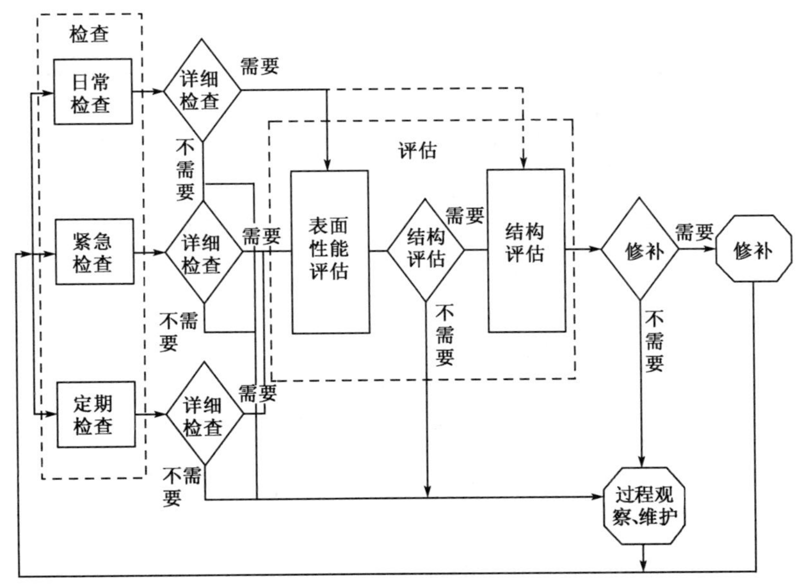

图 5.1　机场铺装的安全管理系统

本章首先说明机场铺装表面出现的破损，然后介绍包括上述调查在内的机场铺装检查系统，最后对机场铺装性能的相关评估系统进行阐述。具体讲，在行驶安全性能中介绍铺装表面性能和飞机运行安全性的评估方法，同时介绍荷载承载性能的非破坏性评估方法。

5.1 机场铺装的破损

铺装的性能会随着使用时间的推移而逐渐降低，特别是对于机场，飞机荷载作用较大，行驶速度较高，所以尽早发现铺装表面出现的损伤，并采取适当的措施，对于确保飞机运行的安全性至关重要。

通过真实把握铺装的破损状况，能够大致确定发生破损的原因并依此选定修补方法，所以检查的第一步专注于此非常重要。正因为破损状况的调查能够把握具体时点时的损坏情况，所以为了把握破损的发展状况，实施定期性检查是不可或缺的工作。另外，对铺装结构进行检查，不仅可以把握此类破损的发展状况，而且可以探明破损的原因，因此可以根据需要实施结构检查。

铺装的具体破损可按表 5.1 进行分类。

机场铺装破损的分类和原因 表 5.1

a) 沥青道面

分类	名称	主要原因
全面开裂	龟裂	铺装厚度不够，沥青混凝土、基层、道床不适，过大的荷载、交通量，地下水
局部开裂	细纹 线状裂纹	沥青混凝土的质量不良，碾压时的初期开裂，碾压时温度不适； 施工不良，填挖土分界的不均匀沉降，施工缝不良，温度应力
变形	车辙 纵向不平整 起皱 沉陷	过大的荷载，沥青混凝土的稳定性不够； 沥青混凝土的质量不良，道床、基层的承载力不均匀，地基的不均匀沉降； 底涂层、沥青黏层施工不良； 道床、基层碾压不够，地基的不均匀沉降
损坏	坑洞 剥离 老化	沥青混凝土质量不良，沥青混凝土碾压不够； 集料和沥青的黏结力不够，渗透到沥青混凝土的水； 沥青混凝土中的沥青劣化
磨耗	磨光 剥落	沥青混凝土、集料质量不良； 沥青混凝土质量不良、碾压不够

续上表

分　类	名　称	主 要 原 因
其他	泛水 起泡 气流灼烧 抗滑槽的角缺失、压坏 冻胀	底涂层、沥青黏层施工不良，沥青混凝土质量不良，沥青质量不良； 沥青混凝土质量不良，表层下空气膨胀； 引擎的高温喷气流； 沥青混凝土不适，过大的荷载、交通量； 冻胀抑制层厚度不够，地下水

b）水泥混凝土道面

分　类	名　称	主 要 原 因
全面开裂（直达底面）	角隅、横断、纵断开裂 龟裂	道床、基层承载力不够，接缝结构、性能不健全，混凝土板厚度不均，地基的不均匀沉降，混凝土的质量不良； 上述裂纹恶化
局部开裂（未达底面）	初期角隅、横断、纵断裂缝 结构物近旁裂缝	道床、基层的承载力不够，接缝结构、性能不健全，混凝土板厚度不够，地基的不均匀沉降，混凝土的质量不良； 结构物和基层的不均匀沉降，因结构物导致应力集中
变形	纵断方向的不平整	道床、基层的承载力不够，地基的不均匀沉降
接缝部的破损	接缝材的破损 接缝边缘部的破损	接缝板的老化，注入接缝材的溢出、老化、固化、脱落，垫片的老化、变形、脱落等； 接缝结构、性能不健全
错台	结构物附近的凹凸、错台	道床、基层碾压不够，地基的不均匀沉降，冒水，传力杆、拉杆的性能不健全
热胀拱起	拱起	接缝结构、性能不健全
磨耗	磨光 剥落	粗面修饰面的磨耗，使用软质集料； 混凝土施工不良，振捣不够
其他	孔洞 隆起	混入了木材、不良集料，混凝土的质量不良； 冻胀抑制层厚度不够

5.2　机场铺装的检查

机场铺装的检查系统可以分为日常检查、紧急检查、定期检查。其中，日常检查是为了确认机场铺装的性能，主要利用目视进行巡回调查。紧急检查是在发生地震、台风等时就机场铺装的受灾状况、性能降低等情况按照日常检查时的方法实施的检查。另外，定期检查是为了确保机场铺装的性能而定期实施的定量检查。

在这些检查结果的基础上，当判定需要进行更详细的检查时，必须实施详细检查。此外，详细检查虽然是在通常巡回检查和紧急检查中发现异常部位时针对该部位实施详查,但有时也根据定期检查结果实施详细检查。

5.2.1 日常检查

日常检查考虑到其效果和效率,通常分为两种类型实施。其检查的频率和实施时期见表5.2。日常检查(Ⅰ)在黄金周、夏季较为繁忙时期,以及年初、年末前后实施。日常检查(Ⅱ)在上述以外的月份实施。日常检查(Ⅰ)可以采用徒步目视检查,日常检查(Ⅱ)可以采用乘车目视检查,必要时兼用徒步目视检查。

日常检查的频率 表5.2

分类	频率(年)	实施时期	对象
日常检查(Ⅰ)	3次	飞机起降特别繁忙时期	全区域
日常检查(Ⅱ)	9次	没有实施日常检查(Ⅰ)的月份	跑道中央带、使用频率较高的滑行道、装货停机坪等

检查时应该关注以下事项:

(1)破损的发生时期。

(2)破损的发展情况。

(3)相同破损的发生状况。

(4)周边的破损部位。

在日常检查(Ⅰ)中,检查项目分为铺装的破损和表面状况两种类型,其各自具体的破损类型以及对应的破损状况见表5.3。另外,在日常检查(Ⅱ)中,对象的铺装破损分类见表5.4,为开裂和接缝的破损,除日常检查(Ⅰ)中判定需要进行过程观察的所有部位,只要乘机目视检查能够确认得到破损都是检查对象。另外,从乘车时的振动、摆动等乘车感觉中也可以确认铺装有无破损。

日常检查(Ⅰ)中对象的铺装破损 表5.3

破损的类型	破损的分类	破损的名称
铺装的破损	开裂	线状裂纹、龟裂、角隅裂纹
	变形	车辙等凹凸、沉陷
	错台	结构物附近的错台、混凝土板的错台
	磨耗、剥落	
	损坏	缺角、压坏
	槽损坏	接缝材破损、接缝边缘部缺损
	接缝破损	
	热胀挤压破损	
	表面的特征	
铺装的表面状况	轮胎橡胶附着的状况	
	铺装面油污后的状况	
	有无异物	

日常检查（Ⅱ）中对象的铺装破损　　表5.4

破损的分类	破损的名称
开裂	线状裂纹、龟裂、角隅裂纹
接缝	接缝材破损、接缝边缘部缺损

检查中发现破损时，按其范围、长度、宽度等将破损的程度分为3级，然后依据设施的重要度选择适当的措施并实施。设施的重要度见表5.5，跑道中央带、使用频率较高的滑行道、装货停机坪等飞机起降、滑行时特别重要的区域，特别需要注意铺装破损发展情况的区域，其重要度都设定得较高。另外，破损的处理方法见表5.6，分为过程观察、紧急处理、修补3级。

对象设施的重要度　　表5.5

重要度	对象设施
1	全部区域
2	跑道中央带、使用频率较高的滑行道、装货停机坪等

处理措施的分类和方法　　表5.6

分类	方法
Ⅰ	根据需要进行过程观察
Ⅱ	实施详细检查，根据需要采取紧急措施
Ⅲ	采取紧急措施后，根据需要进行修缮等

关于铺装破损的评估和处理，不仅要考虑破损的程度，而且还需要考虑其发展性、经过以及飞机的运行状况等，进行综合性评估。表5.7列举了对沥青道面、水泥混凝土道面开裂破损的处理。对于开裂程度的量化指标沥青道面和水泥混凝土道面有所不同，前者采用长度或范围，后者采用宽度。

破损的处理（开裂时）　　表5.7

铺装的类别	铺装的类型	破损的名称	破损的指标	破损的程度	处理分类	
					重要度1	重要度2
沥青道面	—	细裂纹 线状裂纹 施工缝张开 反射裂缝	长度	<1m 1～5m >5m	Ⅰ Ⅱ Ⅲ	Ⅱ Ⅱ Ⅲ
		龟裂	范围	<0.2m 0.2～0.5m >0.5m	Ⅰ Ⅱ Ⅲ	Ⅱ Ⅱ Ⅲ

续上表

铺装的类别	铺装的类型	破损的名称	破损的指标	破损的程度	处理分类	
					重要度1	重要度2
水泥混凝土道面	NC	纵向、横向角隅裂纹	宽度	<0.005C	Ⅰ	Ⅰ
				>0.005C	Ⅲ	Ⅲ
	CRC	纵向、横向角隅裂纹	宽度	0.5～0.6mm	Ⅰ	Ⅰ
				>0.6mm	Ⅲ	Ⅲ
	PC	纵向、横向角隅裂纹	宽度	<0.004C	Ⅰ	Ⅰ
				>0.004C	Ⅲ	Ⅲ

注：①NC、CRC、PC：分别是素、连续配筋、预应力混凝土道面；
②C 表示钢筋的保护层(mm)。

5.2.2 应急检查

一旦发生地震、台风等，机场铺装有可能受到损坏时，需要实施紧急检查，以便掌握机场铺装的受灾状况和性能保持情况。通常，4 级以上的地震需要实施检查，但即便是 4 级以下，考虑到机场的特性等，有时也需要实施紧急检查。

应急检查需要恰当并迅速地实施，确认有无受灾，同时当确认受灾时还需要掌握其状况和原因。正因为如此，最好以实施规则的形式，事先对紧急检查的实施条件、检查部位、对象设施（区域）、优先顺序、检查项目等进行规定。

应急检查的实施方法可以依照日常检查的方法，但因为该检查是在机场设施中断运营的条件下实施的，所以应该尽可能缩短检查时间。正因为如此，原则上是乘车进行检查，但对特定部位和设施需要进行徒步目视检查。

检查中发现异常时的评估和处理可以依照日常检查时的相关规定。

5.2.3 定期检查

为了确保机场铺装的性能，需要通过定期检查和调查具体状况，尽早发现会导致铺装性能降低的变形和破损。为此，使用各种仪器定量、定性地掌握铺装的具体状况至关重要。

定期检查具体有铺装表面性能（破损状况）检查、铺装高度测量、滑动摩擦系数测量。定期检查的频率见表 5.8。

定期检查的频率 表 5.8

检查项目	跑道	滑行道	停机坪
铺装表面性能	每隔 3 年	每隔 3 年	每隔 3 年
铺装面高度	每隔 3 年	每隔 3 年	—
滑动摩擦系数	每年	—	—

检查铺装的表面性能时，无论是沥青道面，还是水泥混凝土道面，都采用的是基于铺装修补指数(Pavement Rehabilitation Index，PRI)的方法。铺装修补指数是就 3 种类型破损的状况进行测量后计算得到的指标。上述的 3 种类型破损，沥青道面时为开裂、车辙、平整度，水泥混凝土道面时为开裂、接缝部的破损、错台。定期检查时，将铺装划分为一定的面积单元，按每个单元实施检查(表 5.9)。

跑道、滑行道、停机坪的调查单元　　表 5.9

机场的类别	沥青道面*(m^2)	水泥混凝土道面*(m^2)
大型喷气式飞机适航的机场	21×30	21×20
中小型喷气式飞机适航的机场	14×45	14×30
仅螺旋桨飞机、小型飞机适航的机场	7×90	7×60

注：* 宽度×长度 。

铺装面的高度测量分为跑道和滑行道的中心线测量、纵断测量、横断测量。各自的测量点间距见表 5.10。另外，已经有纵、横断图时，如果设计给出了沉降量等变化的经年变化图，则将有助于机场设施的管理。

测 量 点 间 距　　表 5.10

设施	中心线测量	纵断测量	横断测量
跑道	沿跑道中心线每隔 100m	沿跑道中心线每隔 100m 和坡度变化点	纵断方向每隔 100m 处沿跑道直角方向每隔 5m，以及坡度变化点
滑行道	沿滑行道中心线每隔 100m	沿滑行道中心线每隔 100m 和进口滑行道交点	纵断方向每隔 200m 处沿滑行道直角方向每隔 5m，以及坡度变化点

跑道的滑动摩擦系数利用拥有自动散水功能的连续滑动摩擦系数测量车辆进行测量。此时，使用表面摩擦试验机(Surface Friction Tester，SFT)的方法最标准，在距离跑道中心 5.5m 的位置持续行驶的同时测量滑动摩擦系数。

5.2.4　详细检查

日常检查和紧急检查中发现铺装有破损时，下一步工作需要对该部分进行详细检查，即实施详细检查。同样，定期检查中判定需要进行修补时，也需要实施详细检查。

详细检查分铺装表面状况检查和铺装结构检查，前者可以掌握破损，后者则可以推定破损的原因，概略掌握破损的发展状况。虽然一并实施铺装表面状况检查和铺装结构检查，但到底仅需实施前者还是后者也实施，这需要根据破损的程度而定。详细检查的检查内容见表 5.11。

详细检查的检查内容　　表 5.11

检查对象	沥青道面	水泥混凝土道面
铺装表面状况	铺装的破损状况检查 跑道的抗滑性能检查	铺装的破损状况检查 跑道的抗滑性能检查
铺装结构	非破坏性检查 ·FWD 拆除检查 ·CBR 试验 ·承载板试验 ·现场密度试验 ·沥青混凝土的室内试验	非破坏性检查 ·FWD 拆除检查 ·承载板试验 ·混凝土的弯曲试验 ·混凝土的压缩试验 ·现场密度检查

1)铺装表面性能检查

铺装的破损状况(一般称为表面性能)如前面所述,根据 3 种类型破损的状况计算得到 PRI,在此基础上实施量化,评估修补的必要性。修补的必要性分 3 级进行判断,即 A(无需修补)、B(希望近期修补)、C(需要尽快修补)。

2)跑道抗滑性能检查

跑道表面的抗滑性能以滑动摩擦系数的形式,使用 SFT 定期进行测量。滑动摩擦系数(如第 2 章中的表 2.17)不符合规定值时,需要研讨采取清除跑道铺装表面附着的轮胎橡胶等措施。

3)铺装结构检查

在铺装结构的评估中,需要准确掌握铺装的荷载承载性能,判定铺装是否具备必要的性能。铺装结构的性能建设时最高,其后随着使用时间的推移性能随之降低。所以,当接近性能极限时,以及需要附加新的性能时,需要实施检查;在检查结果的基础上,决定实施加铺厚度或重新翻修等修补施工的时间和规模。

铺装结构的检查有拆除检查和非破坏性检查。拆除检查是指挖掘、拆除铺装结构,检查铺装各层以及道床的材质、密度、强度等。非破坏性检查则是通过测量计算施加荷载时铺装表面的弯沉值和曲率等进行检查,一般采用基于运用落锤式弯沉仪(Falling Weight Deflectometer,FWD)测量得到的弯沉值的方法。实际检查时,一般可以综合研讨破损状况、预计的修补施工方法、规模等,然后根据表 5.12 所示的拆除检查和非破坏性检查的特点,适当选择其一或组合两者实施检查。例如,可以采取以全区域为对象实施非破坏性检查,掌握概况后从该检查的结果中抽选出铺装结构特征令人担心的部位,对其实施拆除检查,重点确认结构特征。

非破坏性检查和拆除检查的比较　　表 5.12

项　目	拆 除 检 查	非破坏性检查
检查时间	较长	较短
检查范围	点	面
费用	高	便宜
检查时的铺装损伤	有	无
铺装内部的状况	直接评估	间接评估

(1)拆除调查

沥青道面的拆除检查是指使用所获得的道床 CBR 和评估对象部位的设计条件计算出新建铺装时的标准铺装厚度 T,然后通过比较该 T 值与现有铺装的换算标准铺装厚度 t',对铺装实施评估。

如果 $T > t'$,则需要实施某种程度的修补。换算标准铺装厚度 t' 虽然可以运用式(5.1)求得,但需要对上下面层和上基层材料的等效值,根据各自的状况如表 5.13 做出规定。如果各层的材料不符合表 5.13 所表示的状况时,则此类材料不得不被视作下基层或道床。此时,视作下基层所必要的材料特性与结构设计时使用的特性相同。另外,现有铺装如果上下面和上基层没有达到标准厚度,则评估结果为现有铺装的结构特征不够充分。

现有铺装各层的等效值　　表 5.13

材 料 名	状　况	等 效 值
上下面层 沥青混合料	无裂纹,马歇尔稳定度在 4.90kN 以上	2.0
	无裂纹,马歇尔稳定度在 3.45kN 以上	1.5
	有许多裂纹,不符合沥青碎石的材质要求	1.0
沥青稳定处治材料	马歇尔稳定度在 4.90kN 以上	2.0
	马歇尔稳定度在 3.45kN 以上	1.5
	符合级配碎石的材质要求	1.0
水泥稳定处治材料	单轴压缩强度在 2.90MPa 以上	1.5
	符合级配碎石的材质要求	1.0
级配碎石	修正 CBR > 80%	1.0

$$t' = t_1 + (a_{21}t_{21} + a_{22}t_{22} + \cdots) + t_3 \tag{5.1}$$

式中：t_1——上下面层的合计厚度；

t_{21}、t_{22}…——上基层各层的厚度；

a_{21}、a_{22}…——上基层各层的等效值；

t_3——下基层的厚度。

与此相对,水泥混凝土道面的拆除检查是使用所获得的基层设计反应模量和现有混凝土板的弯曲强度计算出现有混凝土板的安全率，然后依照表5.14对铺装实施评估(此时的设计覆盖量为设计服役期限为10年时的值)。

现有水泥混凝土道面的评估 表5.14

混凝土板的安全率	评估
>2.2	能够承受设计覆盖量20 000~40 000次的交通
2.0~2.2	能够承受设计覆盖量10 000~20 000次的交通
1.7~2.0	能够承受设计覆盖量3 000~10 000次的交通
<1.7	只能承受设计覆盖量3 000次以下的交通

(2)非破坏性检查

机场铺装结构的非破坏性检查如上述所示使用FWD进行检查。

以沥青道面为对象时，计算出FWD的最大弯沉值D_0(荷载板中心弯沉值)换算为铺装表面温度为20℃时的数值的75%值，并与标准值比较；如果比标准值大，则需要实施某种程度的修补。

以水泥混凝土道面为对象时，在运用FWD测得的弯沉值(曲线)基础上，对混凝土板的模量、基层反应模量、接缝的荷载传递率、有无基层空隙进行评估。

5.3 机场铺装的表面性能评估

机场铺装的表面性能检查原则上希望对表5.1列出的所有破损项目进行检查。但是，正如5.2中所述，在详细检查中，考虑到利用检查结果对铺装性能进行判定，所以集中于3个项目实施检查，计算出PRI，判定修补的必要性。

5.3.1 铺装修补必要性的判定方法

铺装的表面性能如前面所述，以铺装修补指数(PRI)的形式进行量化，然后判定修补的必要性。PRI的计算式，沥青道面见式(5.2)、水泥混凝土道面见式(5.3)。

(1)沥青道面

$$\mathrm{PRI} = 10 - 0.45\mathrm{CR} - 0.0511\mathrm{RD} - 0.655\mathrm{SV} \tag{5.2}$$

式中：CR——开裂率(%)；

RD——车辙(mm)；

SV——平整度(纵断方向凹凸的标准偏差)(mm)。

（2）水泥混凝土道面

$$PRI = 10 - 0.29CR - 0.296JC - 0.535SV \tag{5.3}$$

式中：CR——开裂率（cm/m^2）；

JC——接缝部的破损率（%）；

SV——错台（最大）（mm）。

运用PRI公式对修补必要性进行判定的方法是实施技术人员主观评估和表面性能客观评估，通过将两者结合实现系统化的评估方法。具体讲，就是让24名技术人员（从事机场铺装管理人员14名，从事铺装施工人员10名）对事先选定的含有各种破损特征的机场内铺装区域分别进行评估，同时实施表面现状的定量测量。铺装的表面性能，选择表5.1中的主要破损。各技术人员按破损项目分3级评估其特征，同时综合评估相应铺装区域的损伤程度，由此判定修补的必要性。此时，从跑道、滑行道、停机坪3个角度分别判定其修补必要性，按照式（5.2）、式（5.3）分别计算PRI。

修补的必要性以PRI为基础分A、B、C等3级进行表示（表5.15）。这是通过对上述现场调查结果进行分析，并按跑道、滑行道、停机坪进行引进后所获得的指标。

运用PRI的修补必要性评估　　表5.15

a）沥青道面

设　施	评　估		
	A	B	C
跑道	>8.0	3.8~8.0	<3.8
滑行道	>6.9	3.0~6.9	<3.0
停机坪	>5.9	0.0~5.9	<0.0

b）水泥混凝土道面

设　施	评　估		
	A	B	C
跑道	>7.0	3.7~7.0	<3.7
滑行道	>6.4	2.3~6.4	<2.3
停机坪	>5.7	0.0~5.7	<0.0

注：A表示无需修补；

B表示希望近期修补；

C表示需要尽快修补。

铺装表面性能的评估如上所述，原则上是在计算PRI时使用的3种破损的状况基础上实施，但因某种原因无法全部测量3种破损项目时，或仅1种破损较明显时,可在表 5.16 的基础上实施评估。

运用 1 种破损项目的修补必要性评估 表 5.16

a) 沥青道面

项 目	设 施	评 估		
		A	B	C
开裂率(%)	跑道	<0.1	0.1~6.5	>6.5
	滑行道	<0.9	0.9~12.7	>12.7
	停机坪	<1.9	1.9~17.0	>17.0
车辙量(mm)	跑道	<10	10~38	>38
	滑行道	<17	17~57	>57
	停机坪	<22	22~70	>70
平整度(mm)	跑道	<0.26	0.26~3.64	>3.64
	滑行道	<0.91	0.91~6.57	>6.57
	停机坪	<1.50	1.50~8.63	>8.63

b) 水泥混凝土道面

项 目	设 施	评 估		
		A	B	C
开裂率(cm/m^2)	跑道	<0.2	0.2~5.6	>5.6
	滑行道	<0.6	0.6~7.6	>7.6
	停机坪	<1.1	1.1~11.1	>11.1
接缝的破损率(%)	跑道	<0.1	0.1~1.3	>1.3
	滑行道	<0.1	0.1~3.2	>3.2
	停机坪	<0.1	0.1~5.7	>5.7
错台(mm)	跑道	<5	5~10	>10
	滑行道	<5	5~12	>12
	停机坪	<5	5~14	>14

5.3.2 破损的量化方法

对计算 PRI 所需要的各种项目的破损程度进行量化时,沥青道面和水泥混凝土道面分别采用以下方法。此种方法基本上按照上述 PRI 公式开发时使用的方法。另外,单元面积的大小如表 5.9 所示,这也是 PRI 公式开发时使用的数据。

1) 沥青道面

(1) 开裂

开裂的检查利用连续摄像记录装置拍摄铺装表面的方式进行。此时,对拍摄到的图片或者影像进行分析,运用式(5.4),以单元内裂纹面积比例的形式计算出开裂率。另外,利用补坑方式进行过修补的部分,因为通常修补时都是采用铣刨重新翻修的方法，所以视作能够保持设计时的性能，不包括在裂纹面积内。

$$开裂率(\%)=\frac{裂纹面积(m^2)}{单元的面积(m^2)}\times 100 \tag{5.4}$$

式中，裂纹面积为线状裂纹、龟裂、施工缝张开、反射裂缝的合计面积。其中，线状裂纹、施工缝张开、反射裂缝是用裂纹长度乘以 0.3m 后获得的面积。

(2)车辙

车辙的检查是就单元面积中车辙量最大的 1 个断面进行检查。此时，车辙量应如图 5.2 所示进行定义，基准点从跑道等横断方向的交通量分布角度考虑，设定在几乎无车辙的部位。

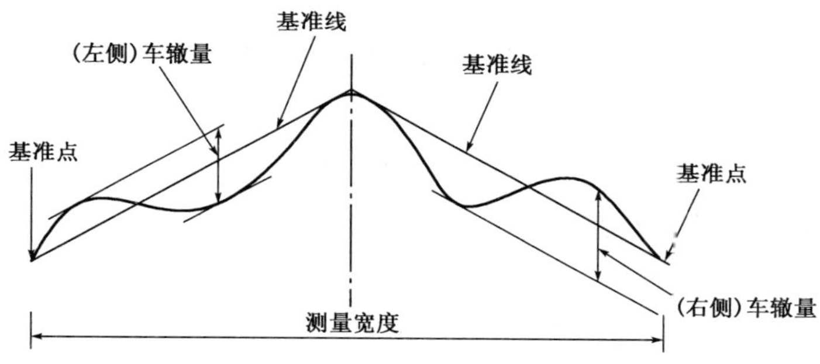

图 5.2　车辙量的定义

(3)平整度

平整度检查采用高速纵断道面平整度测定仪或 3m 道面平整度测定仪，在特定的横断方向位置上测量单元全长。跑道时，根据跑道的宽度变换测量位置(表 5.17)；但滑行道、停机坪时，则在横断方向上距离中心线或滑行线路 5m 的位置。测量结果按 1.5m 间距读取数值，求得标准偏差，以此表示道面的平整度。

跑道平整度检查时的横断方向测量位置　　表 5.17

跑道的宽度(m)	横断方向的测量位置
60	距离中心线 10m
30 ~ 45	距离中心线 7m
25	距离中心线 5m

2)水泥混凝土道面

(1)开裂

开裂的检查方法与沥青道面时的检查方法相同，但此处运用式(5.5)以开裂率的形式进行量化。

$$\text{开裂度}(\mathrm{cm/m^2}) = \frac{\text{裂纹的长度}(\mathrm{cm})}{\text{单元的面积}(\mathrm{m^2})} \tag{5.5}$$

式中,裂纹的长度为线状裂纹、龟裂、角隅裂纹的合计值,网状裂纹也测量裂纹的长度。

(2)接缝部的破损

接缝部破损的检查方法与开裂时的检查方法相同,但此处测量接缝部破损长度后,运用式(5.6)计算接缝部的破损率应该包括剥落(缺角)。另外,所有接缝的长度,包含在单元内的接缝取其长度的2倍(两侧的板),位于单元分界处的接缝取其长度本身。

$$\text{接缝部的破损率}(\%) = \frac{\text{接缝部的破损长度}(\mathrm{m})}{\text{全部接缝的长度}(\mathrm{m})} \times 100 \tag{5.6}$$

(3)错台

错台是指接缝和开裂处的错台,按每单元面积选择10个左右错台较大的部位进行测量,将其中的最大值当作错台。此时,错台可以按照图5.3所示要领进行测量。

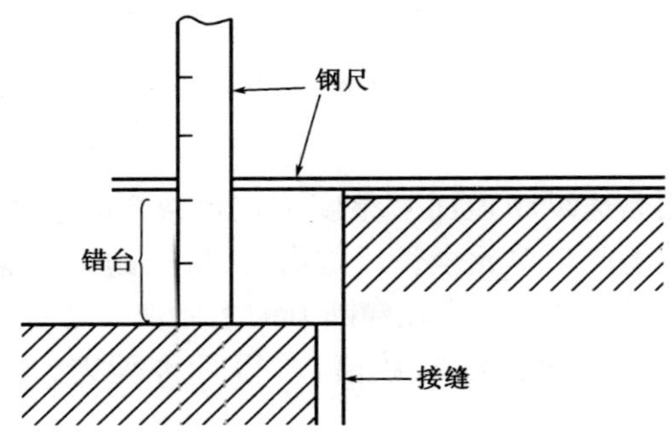

图5.3　错台的测量方法

5.3.3　机场铺装表面性能

1)日本机场铺装的表面性能

关于铺装表面性能,有事例汇总了1985—1987年的情况,如图5.4所示。从平均值可以看出,沥青铺装的情况下,跑道、滑行道、停机坪的维修必要性都是A级,表面性能良好。水泥混凝土道面也被用于滑行道和停机坪,但无论采用哪种方法铺装,均可判断其维修必要性为A级。

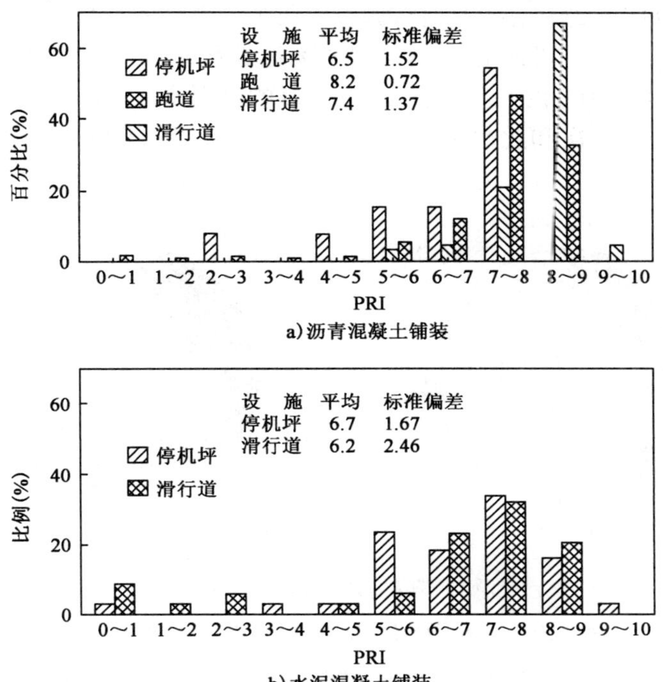

a)沥青混凝土铺装

b)水泥混凝土铺装

图5.4 机场铺装表面的性能(1985—1987年)

该事例于1998—2002年针对沥青铺装也作了同样的调查,关于PRI的分布状况,得出图5.5所示的结果。从PRI的平均值看,跑道、滑行道相差10%,但PRI小的情况,即损坏逐步严重的情况多发生在滑行道。从裂缝、车辙、平整度3种破损的任何一种看,和跑道相比,滑行道的状况要差一些。该结果在上述的PRI值中也可得到反映。

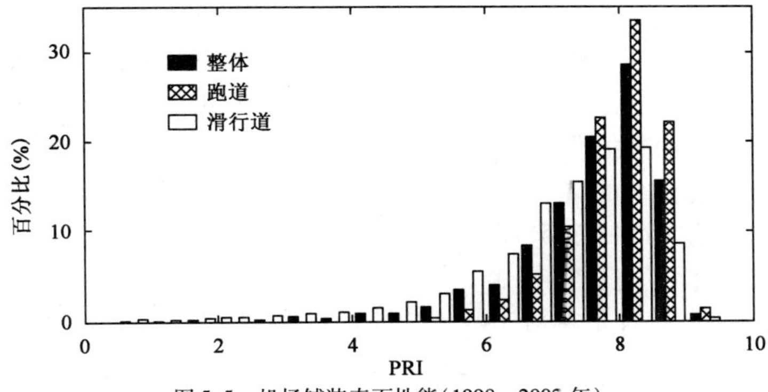

图5.5 机场铺装表面性能(1998—2002年)

将依据 PRI 的维修必要性进行调查的两个调查结果进行比较，其结果如图 5.6 所示。从上次的调查结果可以看出，无论是跑道，还是滑行道，被判定为 A 级的范围减少了 10% 以上，而被判定为 B 级的范围增加了。但是，关于被判定为 C 级的范围，上次和此次的调查结果没有不同，滑行道的 C 级范围只相当于 2%。

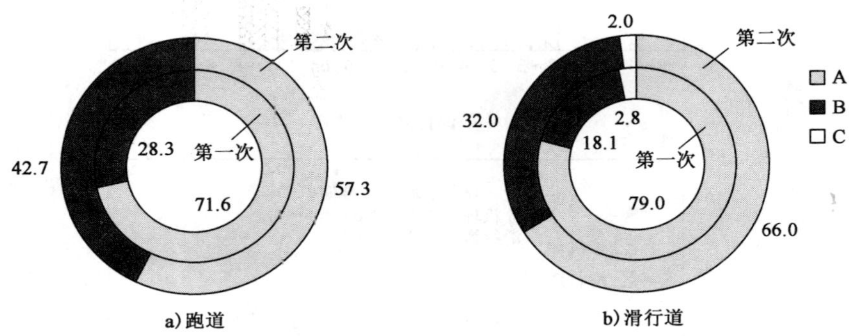

图 5.6　两次调查中维修必要性的比较

从上次调查到此次调查的 20 年间，铺装表面性能有恶化的倾向。

针对 PRI 构成因素的裂缝、车辙、平整度的破损情况进行汇总，如图 5.7 所示（1998—2002 年的数据）。跑道、滑行道裂缝率的平均值分别为 0.5%、1.4%，但裂缝率在 0.5% 以下的部分，跑道占 70%，而滑行道只占 50%。可见，滑行道发生裂缝的部分较多。关于车辙量，虽然跑道、滑行道的平均值分别为 14mm、18mm，但滑行道的数值比较分散，车辙量大的部分较多。平整度方面，虽然跑道、滑行道的平均值分别为 1.6mm、2.0mm，但和其他破损情况一样，滑行道的也是比较分散且数值较大。

2）日本和美国的评估方法比较

与美国机场铺装破损相关的评估方法是路面状况指数（Pavement Condition Index，PCI）法。该方法是在 1998 年 ASTM D5340 制定的。所谓 PCI，是指在对铺装表面呈现出的破损严重程度及其可发现的破损范围进行调查后，综合这些情况的信息计算而得的结果。这些破损种类针对沥青铺装有 16 种，而针对水泥混凝土铺装则有 15 种（表 5.18）。关于破损程度，可通过严重性（severity）和密度（density）进行定量。原则上，前者分为严重（high）、中度（medium）、轻度（light）3 个等级，后者是相对于破损面积的区划面积比，即通过破损密度来表示。另外，此种情况下单元面积的大小为 $450m^2$。

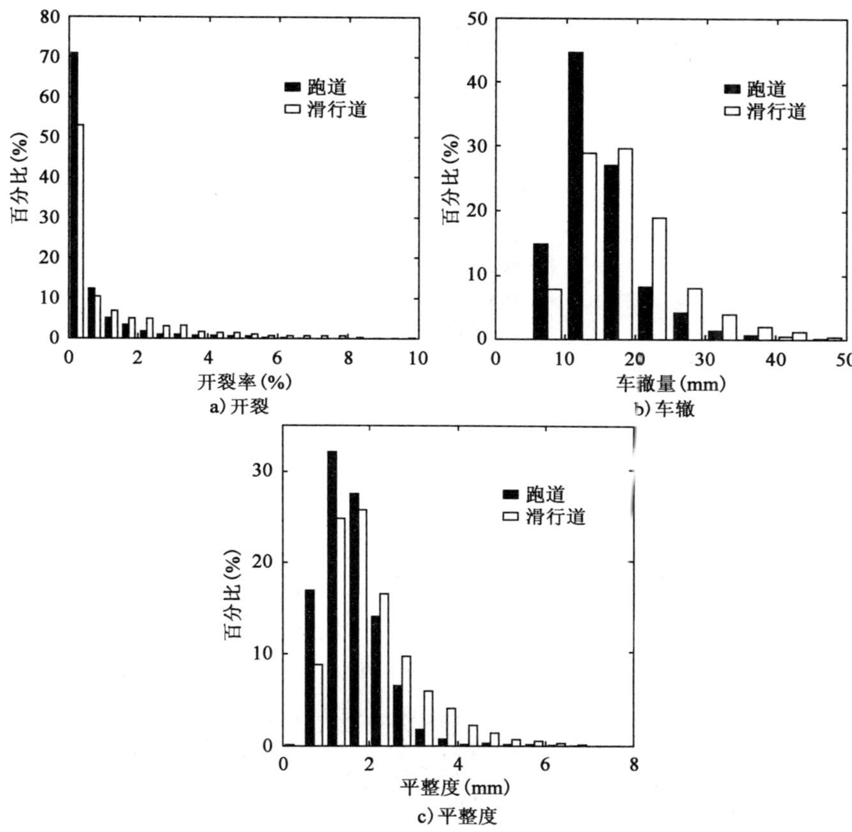

图 5.7　铺装表面的破损状况

具体来说，就是利用破损程度数量化的图表即可计算 PCI 的数值(0 ~ 100 范围的数值)，并且根据该数值的特点，如图 5.8 所示将铺装的表面性能分为 7 个等级。

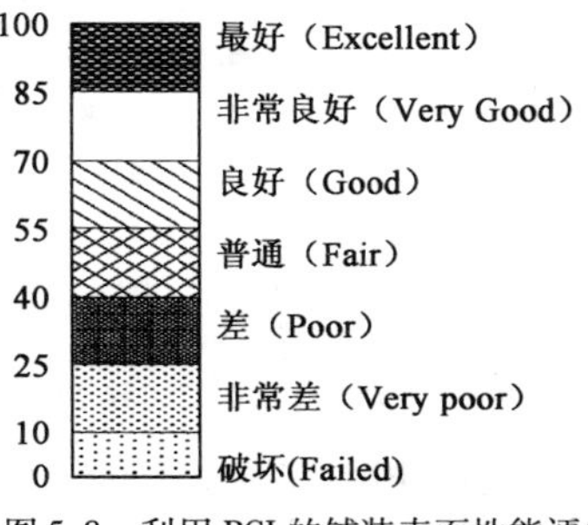

图 5.8　利用 PCI 的铺装表面性能评估

PCI 计算中使用的破损种类 表 5.18

沥青铺装	水泥混凝土铺装
线状裂缝	线状裂缝
龟裂	耐久性裂缝
平面裂缝	收缩裂缝
断开裂缝	裂缝引起的混凝土板的分割
反射裂缝	修补(不足 0.46m^2)
修补	修补(0.46m^2 以上)
车辙	接缝部位破损(局部)
局部下沉	接缝填料的损伤
膨胀	接缝、裂缝部位的错台
波纹	角隅的破坏
射流	边角隅破损(局部)
漏油	弹出
渗出	炸毁
集料的磨光	抽水
水准测量	表皮剥落
与混凝土道面交界处的破损	

为了比较 PRI 和 PCI 的铺装评估方法,我们依据在 PRI 开发过程中进行实地调查获得的详细破损状况,推算了 PRI 和 PCI 的评估数据。但是,关于车辙,由于无法获得用于推算 PCI 的信息,因此两者都是在没有车辙的情况下进行计算的。PRI 和 PCI 的比较如图 5.9 所示。虽因数据数量不足不能断定,但可以说两者的相关性良好。但是依据 PCI 被评估为 60 的铺装,依据 PRI 则被评估为 2 ~4。相对来看,PRI 是比较严格的评估。

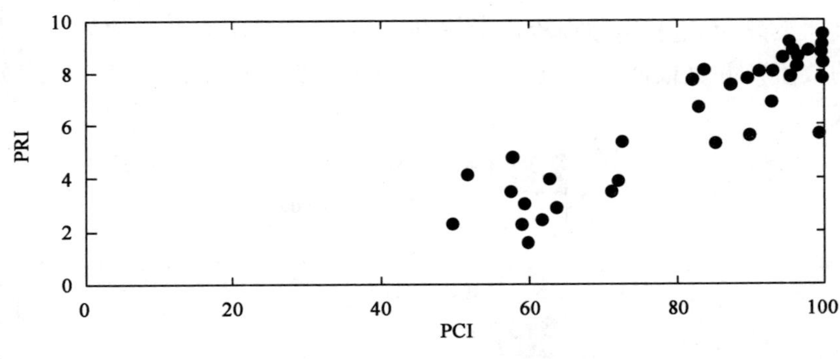

图 5.9 PRI 和 PCI 的比较

最终铺装评估如上所述,依据 PRI 将修补的必要性分为 3 个等级,而依据 PCI 则将破损状况分为 7 个等级。利用 PRI 和 PCI 进行铺装评估的不同如

图 5.10 所示。从图 5.9 可以看出，与 PCI 相比，PRI 方法更严格。

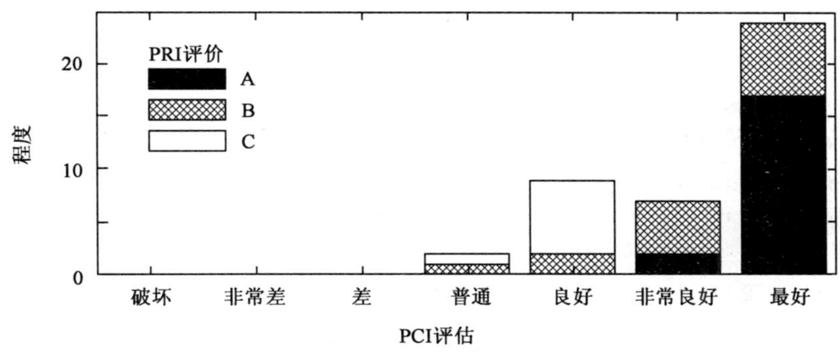

图 5.10　利用 PRI 和 PCI 进行铺装评估的比较

5.4　与飞机运行安全性相关的铺装评估

飞机运行的安全性即为针对机场铺装性能所要求的行驶安全性能。如第 4 章所述，参照检查行驶安全性能的项目有打滑、车辙、错台，但由于飞机在跑道上行驶需要达到 300km/h 的速度，因此直接影响飞行员的飞机控制性和乘客的乘坐舒适性的纵向凹凸，即平整度也应该被追加列入审核项目中。关于车辙和错台，因 5.3 节已对铺装表面性能（破损）的评估进行了叙述，因此此节重点对打滑（抗滑性能）和纵向平整度进行阐述。

5.4.1　飞机运行安全性的评估项目

由于安全性具有非常重要的意义，因此针对飞行员进行了机场铺装有关的主观评估调查。调查对象为日本国内主要航空公司的 84 名飞行员。问卷调查中，首先列举了舒适性（飞行员的控制性和乘客的舒适性）和行驶安全性，针对表面性能提出的以下 9 个项目对上述特性产生的影响程度进行了评价。另外，针对日本机场铺装的一般状况，即跑道、滑行道、停机坪也分别进行了评价。

（1）错台；

（2）车辙；

（3）裂缝；

（4）碎片散落（开裂引起的）；

（5）纵坡；

(6)横坡参数;

(7)积水;

(8)冰雪;

(9)航空灯。

所有飞行员针对目前机场铺装对飞机行驶安全性的评价,按照跑道、滑行道、停机坪的设施分类进行了汇总,如图5.11所示。评估为“普通”的占半数以上,其次为“好”、“较好”。总之,60%~70%的飞行员对机场铺装持肯定态度。

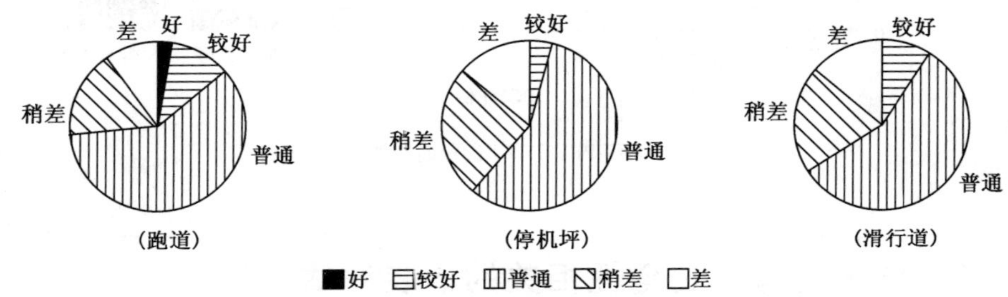

图5.11 与飞机行驶安全性相关的项目评价

图5.12汇总了与飞机在跑道上行驶有关的舒适性情况。整体看,错台和机场灯光引起的凹凸影响度较大。同样,针对飞机在跑道上行驶的安全性,分项目统计了和表面性能影响程度相关的情况,其统计结果如图5.13所示。此种情况下得出的结果与舒适性不同,而是发现伴随冰雪和开裂导致碎片散落是具有较大影响的项目。

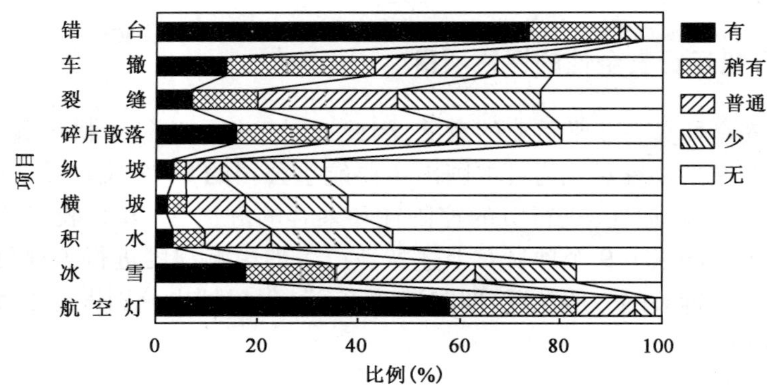

图5.12 表面性能对跑道乘坐舒适性的影响

为提高飞行员对机场铺装的综合评估,研究人员采用可根据铺装表面性能各项目的独立系数和铺装综合评估的满足率对应改善项目的优先顺序进行量化的 CS 图法,针对有必要改善的铺装表面性能进行了研究。其结果显示,为提高舒适性,改善了航空灯和错台,而对于行驶安全性,尤其需要对跑道的冰雪和错台进行改善;在飞行员对机场铺装的主观评估中,纵断方向平整度和抗滑性能是影响评价的主要因素。

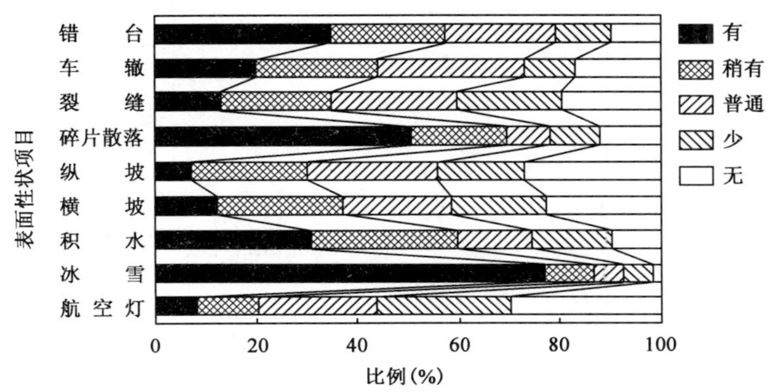

图 5.13　表面性能对跑道行驶安全性的影响

5.4.2　抗滑性能

1)抗滑性能的重要性

随着飞机大型化及飞机起降速度的提高,飞机的控制性问题越来越被关注,特别是由于降雨时的水漂现象容易导致重大事故而格外受到重视。而跑道湿滑和冰雪覆盖时,跑道表面打滑也已成为飞机起降时事故发生的重大原因之一。其对策是延长跑道、减小飞机质量,但工程上主要是改善跑道表面的抗滑性能。

如考虑飞机在跑道上行驶的情况,即使轮胎和铺装本身非常匹配,但是由于气象和运行状况的不同,轮胎和铺装的接触面特征也会大不相同,其结果是导致抗滑性能也会有很大的不同。具体来说,铺装表面处于潮湿状态时和干燥状态时相比,抗滑性能下降,且伴随飞机行驶速度的增加,抗滑性能将进一步下降。但即使在这种情况下,也可通过排除接触面的水的措施,使其恢复到接近干燥时的数值。如果不能充分排除跑道上的水而处于积水状态,则飞机在跑道上高速行驶时轮胎和铺装面基础部分的前部会处于脱离状态,如行驶速度进一步增加,则剩余部分也处于脱离状态,即产生所谓的“水漂”现象。

2)跑道铺装表面抗滑性能的有关规定

包括跑道在内的铺装,会因降雨、降雪等导致表面抗滑性能发生变化,因此 ICAO 规定对这种情况必须做到随时明确掌握。图 5.14 中显示了跑道表面滑动摩擦系数的测定结果。虽然干燥面和潮湿面、冰雪面的差别非常明显,但冰雪状态导致的区别更加突出。冰雪状态下抗滑性能的详细特征如图 5.15 所示,与干燥面和潮湿面不同,抗滑性能未因速度的不同而发生太大变化。

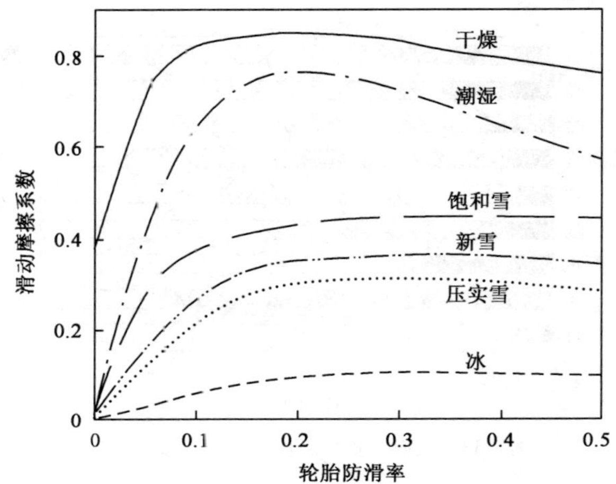

图 5.14　道面在各种干湿状态下的滑动摩擦系数

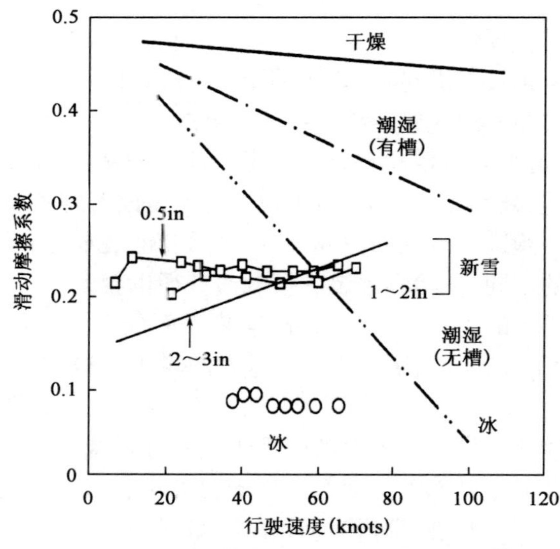

图 5.15　飞机滑动摩擦系数与行驶速度的关系[1]

---

[1] 1in = 25.4mm,1knots = 1.85km/h。

(1)潮湿跑道表面的抗滑性能

如第 2 章所述,ICAO 规定跑道处于潮湿状态时,应按照跑道表面潮湿(damp)、淋湿(wet)、有积水(water patches)、浸水(flooded)中的某一种进行分类报告,在测定滑动摩擦系数和判定易滑(slippery)时,也必须明确表示其所处具体状态。这种情况下可通过 NOTAM 对信息进行表示,一直持续到易滑状态得到改善为止。如潮湿时的跑道表面被判定为易滑,即滑动摩擦系数低于表 2.16 所示的最小值的特征;但实际操作中,在该最小值之上设计了开始实施修补的计划值(修补计划值),即当跑道整体或部分测定值低于该计划值时,则须制订抗滑性能的修复计划。一旦修补计划值低于最小值,立即进行修复是非常重要的。

滑动摩擦系数的测定装置为表 2.16 所示的车辆型的设备。ICAO 建议应使用这些测定装置定期进行滑动摩擦系数的测定,测定时期(间距)需考虑飞机的种类、运行频率、气象条件等。

ICAO 规定,如跑道的整体或部分(以 100m 为单位)被判定为易滑,则如上所述必须对其进行修复。而且因坡度变化和凹凸不平致使道面不能很好排水而导致有积水时,也要测定滑动摩擦系数,并根据需要进行修复。这种情况下,通常要在降雨时实施测定。

依据第 2 章,本书建议使用表 2.7 所示的数值(水膜厚度为 1mm),即道面潮湿时跑道的滑动摩擦系数目标值。μ 测试仪(Mu-meter)是一种传统的测定装置,因该装置存在再现性等问题,所以目前正在逐渐流行使用可靠性更高的表面摩擦测试仪(Surface Friction Tester,SFT)。SFT 是一种将可测定滑动摩擦系数的测定轮(第 5 轮)安装在前轮驱动式轿车靠近后轴附近的地方,测定行驶方向(纵向)的抗滑性的测试装置。通常,测定轮可承载 1.4kN 的垂直荷载,这种情况下,测定轮可测定以约 10% 的滑动率旋转的制动转矩,进而计算纵向滑动摩擦系数。另外,为了使铺装表面潮湿,在测试装置上装有自给式洒水装置,可使水膜保持一定的厚度。

实际上,机场的滑动摩擦系数测定是在距离跑道中心线 5.5m 的位置,沿跑道全长连续行驶实施测定的(平均 1 侧线往返 3 次)。这种情况下,铺装表面的水深以 1mm 计,行驶速度为 95km/h 是一般的标准方法,所得结果按照间距 100m 读取计算平均值。

(2)冰雪跑道表面的抗滑性能

ICAO 规定如第 2 章所示,测定跑道整体的滑动摩擦系数,将整个跑道分为 3 部分按照表 2.18 判定制动效果,以 SNOTAM 进行发布。表 2.18 所示数值是在被压实的冰雪情况下的数值,是依据 20 世纪 50 年代瑞典机场的跑道表面抗滑性能的报告方法测定的。在该方法中，当初是使用 Skiddometer 将抗滑性能数值化而得到的数据，但随着航班管理负责人的更换，该数值的含义也越来越含糊了；之后更改为对航空公司的飞行员进行问卷调查，以滑动摩擦系数测定结果的数值为基础，针对飞机的操作性进行定性评价的方法。如表 2.18 所示，ICAO 等也进行了研究，最终将其定为标准。

在冰雪跑道表面的滑动摩擦系数的测定方法中，如第 2 章所述，也有利用车辆型和减速计的方法。前者与潮湿道面的测定方法相同（不喷水），后者则是一种利用被称为詹姆斯制动减速计（Tapley Meter，James Brake Decelerometer）的车辆型小型测定装置的方法。两种方法均可应用于被压实的冰雪状态下的滑动摩擦系数测定，但后者难以测定轻微积雪和裂口特征下的滑动摩擦系数。另外，无需测定装置的测定方法通常是使用车辆按照规定的速度，依据在锁定轮胎的特征下制动时的停止距离或时间，判定制动效果。另外，也有依据气象状况进行测定的情况。

3）确保跑道铺装表面抗滑性能的措施

如上所述，为切实保证飞机的运行安全，需确保跑道表面的抗滑性能。为达到该目的而制定的规则如下所示，同时下文列出了日本机场实施的抗滑性能调查事例，并针对抗滑槽要求的性能进行了汇总。

（1）确保抗滑性能的规则

作为确保跑道铺装表面抗滑性能的对策，如第 2 章所述，与铺装表面的纹理、铺装表面形状、抗滑槽相关的规定如下。

在跑道表面部分使用的沥青混凝土和水泥混凝土的纹理中，对飞机行驶时的抗滑性能影响较大的是波长数为毫米级以下的情况，如果该部分的纹理充分，则可判明滑动摩擦系数比较接近干燥状态的数值。该纹理分为大于 0.1mm 的大纹理和小于 0.1mm 的小纹理，在新铺装时的跑道表面的纹理深度一般在 0.1mm以上，而 ICAO 只针对前者有定量规定。

关于铺装的表面形状，虽然规定了坡度、平整度、表面处理方法等，但没有规定表面凹凸细节，具体要求是：使用 3m 标尺测量时，跑道表面不能有 3mm 以上的凹陷。

关于抗滑槽，ICAO 有相关规定，一般根据需要也可以进行设定，但是在日本原则上是必须对该槽进行设定的。这种情况下，有必要在跑道中心线的直角方向设置宽度、深度均为 6mm、间距为 32mm 的长方形槽，其范围为跑道全长、跑道宽度的 2/3（如为寒冷地区，则为全部宽度）区域。

（2）日本机场跑道的抗滑性能

以日本的 5 个机场跑道为对象，将采用 SFT 方法测定的滑动摩擦系数

(u_{SFT})与离跑道边缘的距离绘制成如图 5.16 所示的图形。可以看出,在距离跑道边缘 500m 附近和其他部分相比,滑动摩擦系数要小 30% ~50%(数值为 0.2 ~ 0.4,铺装表面的温度为 25.0 ~30.2℃)。

详细情况请参考图 5.17。该图汇总了 1 个机场的全部测定数据。接地带的区域和中部位距离跑道末端的距离分别在 350 ~850m、1 050 ~2 150m 之间。从图 5.17 也可看出,接地带的区域比中部位的滑动摩擦系数小 0.2。该地点位于接地标示近旁,飞机的着陆位置集中在该接地标示附近。因此,跑道表面粘有飞机的轮胎橡胶是形成该结果的主要原因。

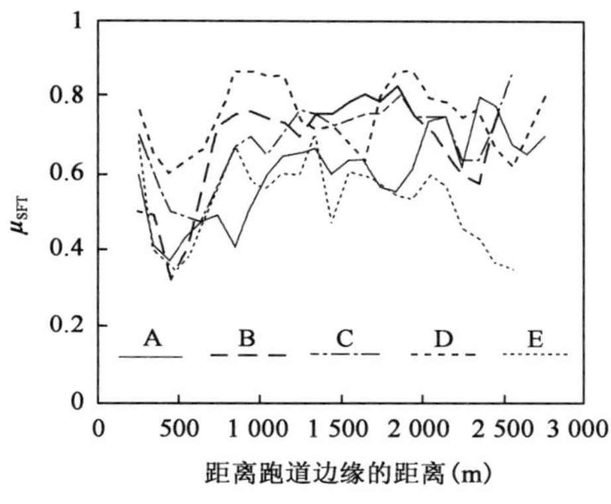

图 5.16　跑道滑动摩擦系数的实际状况

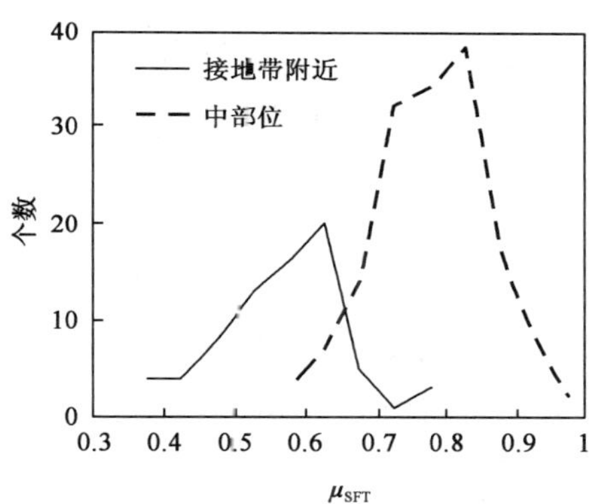

图 5.17　跑道内所处位置不同而引起的滑动摩擦系数的不同

最有效的修复抗滑性能的对策是除去轮胎橡胶。关于除去轮胎橡胶前后的滑动摩擦系数的变化,如上述机场 SFT 测定的结果(图 5.18)。除去轮胎橡胶前滑动摩擦系数为 0.7,除去后达到 0.8,从比例看,约修复了 15%。由此可知,除去轮胎橡胶带来的效果是很显著的。

另外,在刚刚实施完铺装施工尚不能进行抗滑槽施工时,当然也可期待通过设置抗滑槽来提高抗滑性能。例如,如图 5.19 所示,通过设置抗滑槽后滑动摩擦系数增加了 0.1。

(3)抗滑槽性能

虽然抗滑槽的效果比较明显,但也会因为粘有轮胎橡胶以外的物品而使其沟体受到飞机反复行驶的影响,从而引起变形,导致槽的性能下降。为处理该问题,规定利用沥青混凝土进行跑道铺装施工时,需要在施工后 2 个月以上再设置抗滑槽,但以大规模机场为代表的几个机场仍然存在沟体变形的情况。这说明现行规定对于保持槽的形状虽然具有一定效果,但尚不充分。特别是近年飞机大型化,且行驶次数在增加,抗滑槽的沟体变形也会越来越严重。

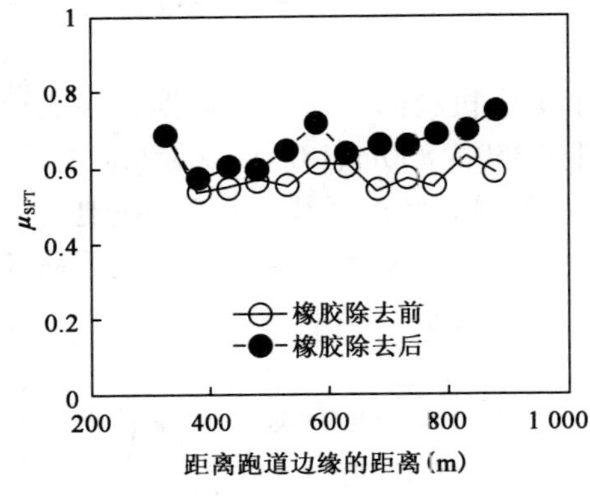

图 5.18 轮胎橡胶除去前后的滑动摩擦系数

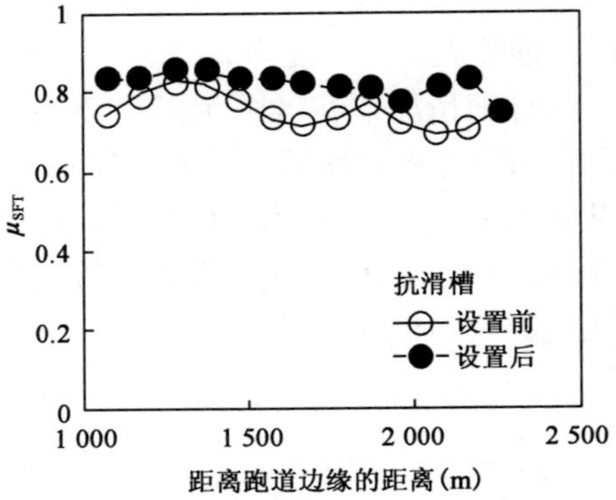

图 5.19 抗滑槽设置前后的滑动摩擦系数

以下通过东京地区的实例对降雨时跑道表面积水的特征进行数值解析研究。

①排水长度——30m(跑道单侧);

②抗滑槽设置范围——20m(跑道单侧、靠近中心);

③断坡度——1.0%;

④纹理深度——0.25mm;

⑤抗滑槽的形状——宽度为6mm、深度为6mm 的矩形槽,间距为32mm,槽体积变化率分别取0%(健全)、30%、58%、83%;

⑥降雨强度——机场排水设施、地下道、槽设计要领中规定:东京地区60min 降雨强度和50 年、10 年概率相当的降雨强度分别为90mm/h、60mm/h,其他情况为30mm/h。

根据在无槽和有槽的情况下,按照降雨强度为60mm/h 的条件计算的结果,可以确认的是:与无槽时距离跑道中心2m 位置的水深达到了1mm 的情况比较,设置槽体健全时中部分(距离跑道中心10m 的范围)是没有积水的;同时也可以发现,随着槽变形的扩大,槽体积减少,积水范围扩大到跑道中心附近,在同一地点的水深也在增加。也可以在降雨强度30mm/h、90mm/h 的情况下实施同样的计算,水深为1mm 的位置(到跑道中心的距离),如图5.20 所示。从该图可以看出,虽然有积水,但是在槽健全时,中部分的水深在1mm 以下,可以承受的降雨强度最大为75mm/h;如槽体积减少30%,则降雨强度下降为55mm/h;如槽体积减少60%,则降雨强度下降到20mm/h。

降雨时为了确保飞机行驶安全所需的跑道铺装性能,出现降雨强度为

60mm/h 的降雨时跑道中部分的水深应该保持在 1mm 以下。试验并对所必须的槽体积变化率的界限值进行了研讨。

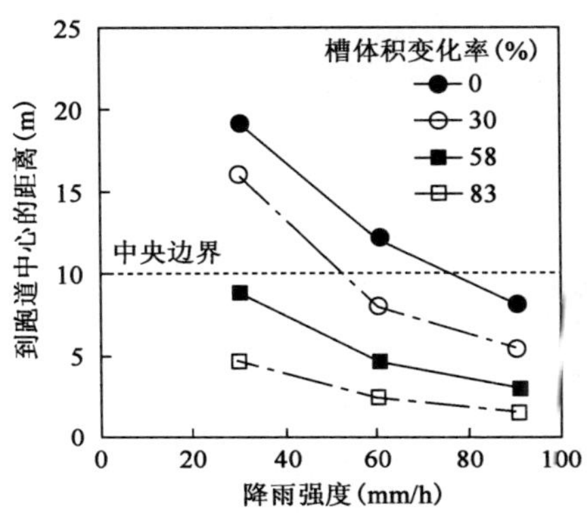

图 5.20　水深为 1mm 的位置(到跑道中心的距离)

跑道中部分是飞机行驶集中的范围。从上述结果可以看出,为满足该性能要求,槽体积最多减少 20%。此外,为了达到该目的所必须确保的槽形状如第 4 章所示,通过合理选择沥青混凝土的材料是可以保证的。

5.4.3　纵断方向行驶特性

1)飞机的舒适性和行驶安全性

飞机的舒适性和行驶安全性,指的是飞机行驶时乘务人员及乘客的乘坐舒适性和放心感,以及与飞行员飞机驾驶技术相关的事项,但这些并未都已反映到现行机场铺装的相关标准中。这一点如 5.4.1 所述,在依据现行规定进行管理、运用的机场铺装的飞行员的评价结果中也有体现。为明确跑道、滑行道等的纵断方向平整度对飞机的舒适性和行驶安全性的影响,除了要考虑规定中提到的波长外,还要考虑处于机场土木设施的设计标准中长波长和施工标准中短波长的中间位置等。

测定舒适性的方法大致分为两类。一类是运用表面测量仪,对铺装纵断形状相对的高低差进行测量的方法;另一类是通过在车辆上搭载测量装置等,直接测定相对于铺装纵断形状的车辆响应的方法。日本一般采用这两类中的前者。但是利用这种方法测定的结果受表面测量仪自身长度,即测定车轮间距的影响较大。逐渐取而代之的是利用水平测量和非接触式测定法直接测定铺装的纵断形状的方法。纵断形状量化的方法,有原来使用的功率谱密度和世界银行提倡的 IRI(International Roughness Index)。IRI 定义为使车辆的 1/4 模型(1/4 汽车模型）以一定的速度在铺装上行驶时，车辆产生的上下方向的运动变位量的累计值和行驶距离之比，是考察纵断方向平整度的标准量化方法。IRI 的标准范围如图 5.21 所示。标准根据铺装设施规定了其范围，但飞机和车辆的运动特性不同，因此使用 IRI 难以评估机场铺装的纵断方向平整度。

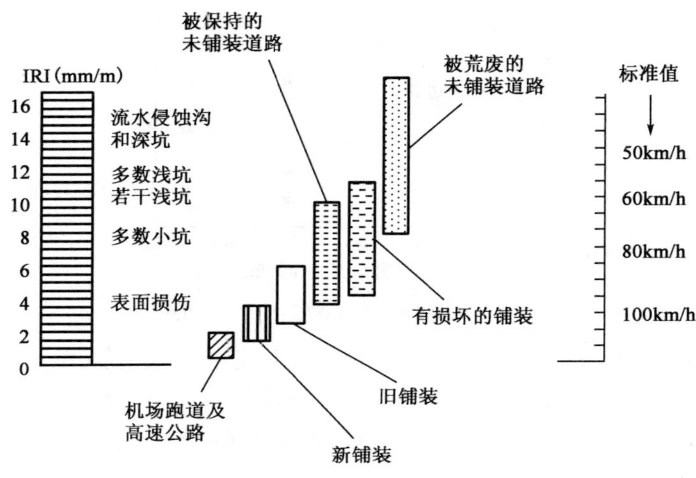

图 5.21　IRI 的标准范围

从以上可以看出，通过对飞行员的问卷调查所明确的舒适性，单纯测定平整度或者使用以车辆为对象的评估法是无法把握的。因此，该量化需要利用其他方法找出铺装表面形状和飞机动态响应间的关系。以下对采用计算飞机行驶时上下方向加速度的数值分析程序 TAXI（现 APRas）进行研讨。该方法是为了将与“以 IRI 的形式评价纵断形状的响应进行量化的方法”相类似的方法适用到机场铺装中而提出的。

2）利用 TAXI 对飞机运动特性的分析

（1）分析方法

即使铺装纵断形状相同，飞机的运动特性也会因飞机类型和行驶特征的不同而有所区别。为了进行定量评估，需要模拟飞机在行驶时的动态响应。

通过 TAXI 建立的飞机行驶时的运动模型如图 5.22 所示。该模型将飞机看作是有轴对称的机体，通过前起落架及左右各一个主起落架和铺装面接触。主机起落架利用弹簧、阻尼器进行模型化，轮胎简化为与铺装面点接触的线形弹簧。

利用该“飞机—铺装”模型进行模拟分为两个过程，即第一个过程将飞机视作刚体,第二个过程将飞机视作弹性体,分析机体和主机翼的弯曲;将两者合成可以得出最终的解答。

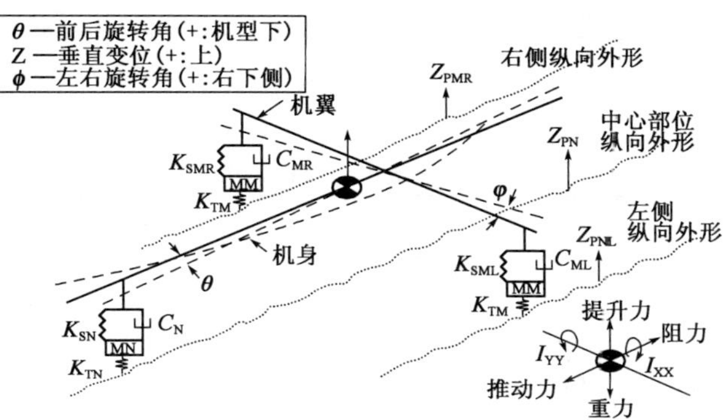

图 5.22　飞机的运动模型

图 5.23 表示的是利用该程序的计算流程。流程中到第 3 项为止,使用的是一定时间间距(如 0.001s)条件下的泰勒级数。为了考虑乘客的舒适性和飞行员的操控性,重点分析飞机重心位置、飞行员所在位置的垂直加速度。

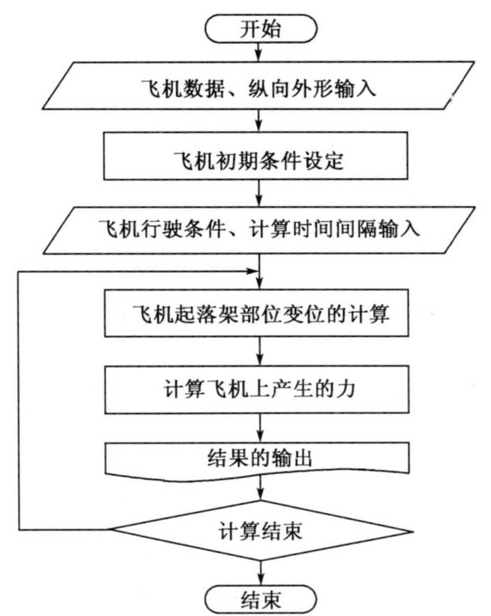

图 5.23　利用“飞机—铺装”模型的计算流程图

(2)滑行道上的行驶特性

对飞机在滑行道上以一定速度行驶时进行分析，纵断方向上使用铺装表面波长为 1 ~ 50m、振幅为 2 ~ 10mm 的连续波长。纵断面高程的输入间距为 0.01m，全长为 300m。分析中使用的飞机机型见表 5.19，选择使用 B747-400 型机（B747）、DC9-40 型机（DC9）。假设飞机在直线滑行道行驶，行驶速度分为 45km/h、30km/h、15km/h 三种。开始行驶位置的海拔为 5m，气温为 15℃，无风。

分析中使用的飞机机型 表 5.19

飞机	总质量（kg）	前起落架和主起落架的间距（m）
B747-400	362 880	25.60
DC9-40	51 710	17.07

飞机的垂直加速度的代表值采用分析获得加速度的 85 百分位值。这是飞机在瞬间发生的最大垂直加速度，也是对行驶中发生的加速度进行整体定量评估使用的数据。85 百分位值是假定垂直加速度呈正态分布时，其平均值加标准偏差后的值。

在铺装表面振幅为 10mm 的滑行道上行驶时，飞机上产生的垂直加速度和波间长的关系，在飞行员位置处的情况如图 5.24 所示。对两飞机的垂直加速度进行比较，发现 B747 的垂直加速度较大。

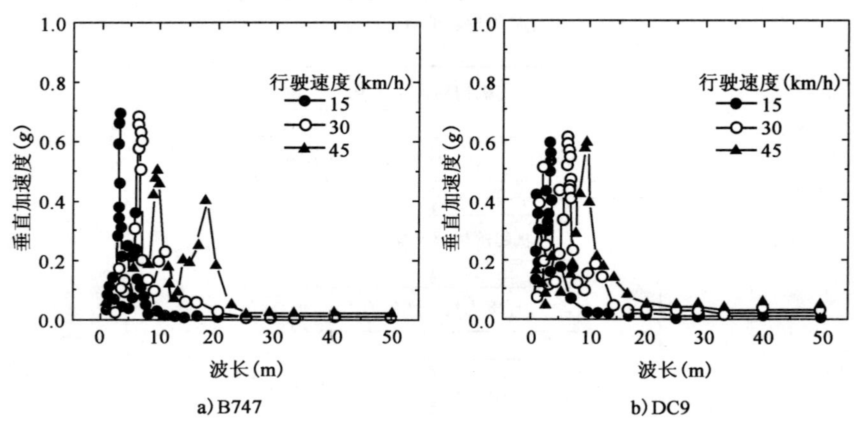

图 5.24 滑行道上行驶时飞行员位置处的垂直加速度和波长的关系

重心位置处的垂直加速度和飞行员位置处的相比，B747 飞行员位置处的垂直加速度较大，但 DC9 在两个位置处的垂直加速度没有差异。

计算发现，最大垂直加速度对应的铺装表面波长因飞机行驶速度不同而有所区别，行驶速度越慢，波长越短。如果飞机在滑行道上的行驶速度小于

45km/h，则飞机的最大垂直加速度是在波长为20m以下的铺装表面行驶时出现的。另外，某个特定的波长会产生非常大的垂直加速度，但除此以外的波长下，垂直加速度非常小。

（3）跑道上的行驶特性

假设飞机在跑道上一边加速一边行驶，直到起飞，纵断方向采用波长为1～100m、振幅为10～50mm的连续波长，其他和滑行道上行驶时的条件相同。在跑道上行驶时，飞行员位置处的垂直加速度和波长的关系如图5.25所示。由图5.25可见，飞机上产生的垂直加速度基本随振幅成比例变大。另外，相对于滑行道上行驶时特定波长以外垂直加速度非常小的情况，跑道上行驶时从短波长区域到长波长区域的较大范围内，垂直加速度都在变大，特别是在短波长铺装表面行驶时的垂直加速度较大。

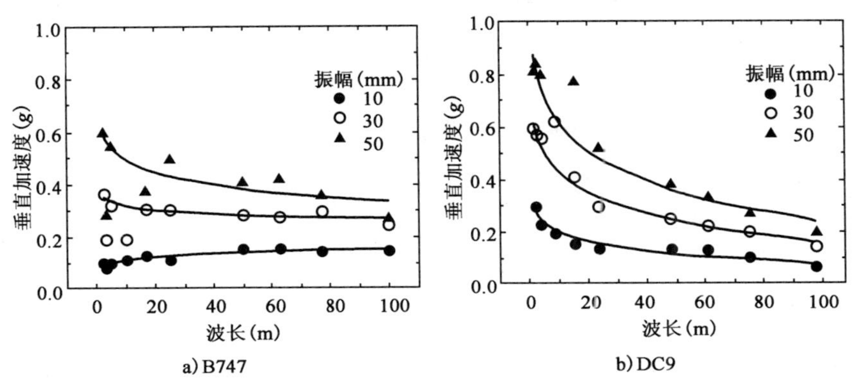

图5.25　在跑道上行驶时飞行员位置处的垂直加速度和波长的关系

短波长区域DC9的垂直加速度较大，而在长波长区域则B747的垂直加速度较大，由此说明飞机在跑道上的行驶特性与机型无关。另外，和重心位置处相比，飞行员位置处的垂直加速度较大，这也可以说明飞机在跑道上的行驶特性与机型无关。

（4）允许振幅

依据以往的研究，飞行员操控飞机时，可以正确读取仪表的界限垂直加速度为±0.4g。为了将行驶中飞机产生的垂直加速度控制在±0.4g以内，须计算允许的铺装表面振幅。此时，飞行员所在位置的垂直加速度存在与重心位置处的垂直加速度相等或比其稍大的倾向，因此重点研究飞行员位置处的垂直加速度。

根据图5.24、图5.25所示的垂直加速度和波长的关系，计算出的滑行道上行驶时和跑道上行驶时的允许振幅（波振幅的2倍），如图5.26所示。在滑行道上行驶时，20m以下的某个特定波长时，垂直加速度比较明显，因此B747的允许振幅为9mm，而DC9则为8mm。另一方面，在跑道上行驶时，短波长的情况下垂直加速度大，因此铺装表面的波长越短，允许振幅越小。从不同飞机机型上看，短波长区域DC9的允许振幅小，而长波长区域B747的允许振幅小。因此，为评估机场铺装的振幅，也需要研讨大型飞机以外的机型。

图5.26为波音公司规定的跑道的振幅标准，针对某个波长将飞机可以允许的振幅分为可允许（acceptable）、过大（excessive）、不允许（unacceptable）三个水平。可以看出，该图得出的跑道上的允许振幅和标准相比，B747和DC9的允许振幅的包络线和波音公司标准的“过大”水平几乎相当。也可看出，关于滑行道的允许振幅，该分析所获得的结果比波音公司的标准严格。

为验证该允许振幅的可靠性，我们利用连续3年测定的实际机场跑道的纵断数据进行分析。该纵断是利用激光路面振幅测定仪，在跑道中心线以及距离跑道中心线左右1.92m、4.65m、5.50m的位置共计7条调查线上测得的结果。以距离跑道中心线5.5m的调查线为例，测定的纵断如图5.27所示。

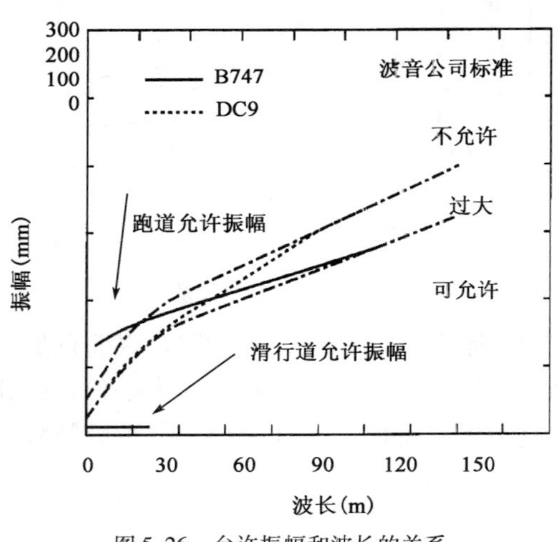

图5.26　允许振幅和波长的关系

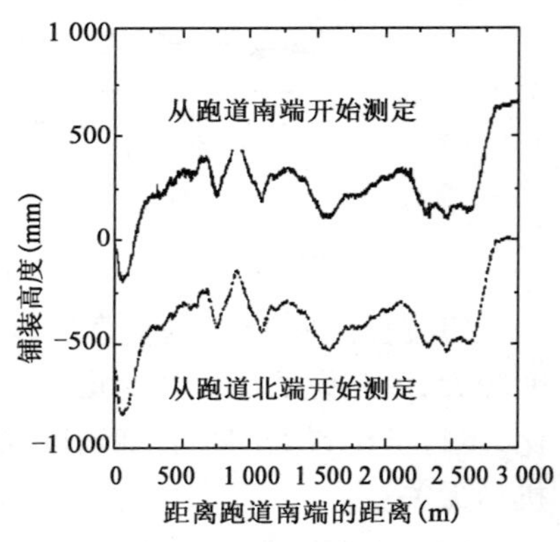

图5.27　跑道的纵断高差

利用图5.27计算B747和DC9从跑道南端到开始起飞行驶时的响应，飞行员位置处的垂直加速度如图5.28所示。垂直加速度比较大的位置和飞机机型无关，在距离跑道南端500m附近及1 000m附近。但是，比较两架飞机的垂直加速度，发现DC9在500m附近的垂直加速度较大，而B747在1 000m附近的垂直加速度较大。在短波长的铺装表面行驶时，DC9的垂直加速度较大；而在长波长的铺装表面行驶时，B747 的垂直加速度大，认为这是由于垂直加速度较大两处的铺装表面不同特性所致。像这样通过考虑飞机的响应特性和对应铺装表面波长的振幅，可以判定飞机的垂直加速度大的位置。

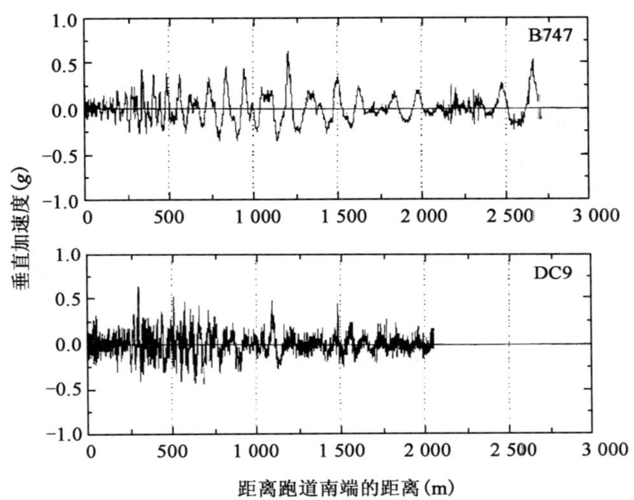

图 5.28　跑道起飞行驶时的垂直加速度（飞行员位置处）

利用历时 3 年测定的跑道纵断数据，整理各自对应铺装表面波长的振幅的 85 百分位值，结果如图 5.29 所示。振幅的定义如图 5.30 所示。由图可知，也许受机场位于填埋地基上导致地基下沉这一因素的影响，对应 100m 以上铺装表面波长的振幅在 3 年间均在增大。

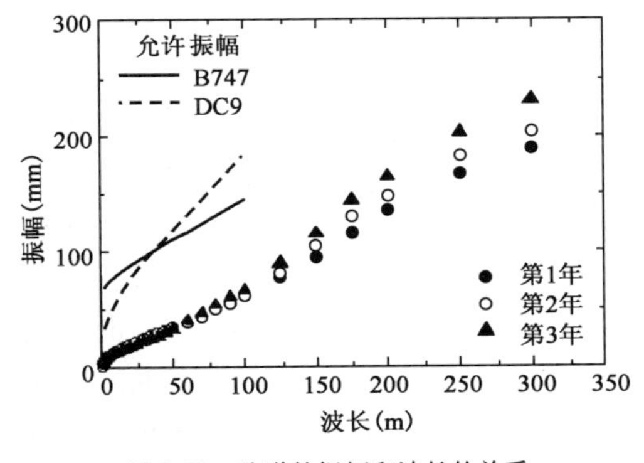

图 5.29　跑道的振幅和波长的关系

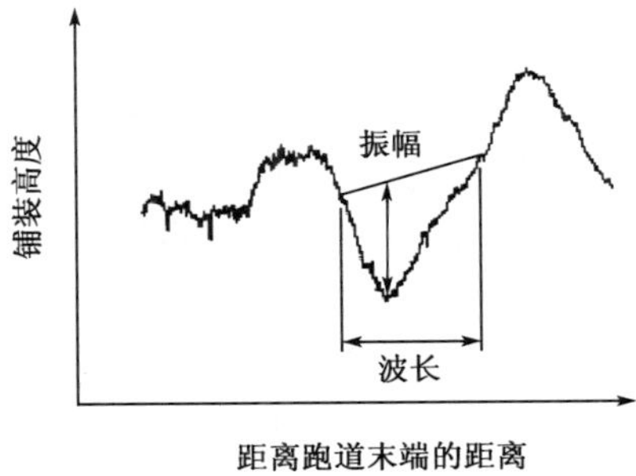

图 5.30　波长和振幅的定义

与利用飞机行驶时的响应分析所得的允许振幅相比,在铺装表面波长较广范围内的实测值都比允许值小。此外,输入测定的纵断面数据计算起飞行驶时飞行员位置处的垂直加速度,所得85百分位值见表5.20。可以看出,最大垂直加速度为0.2g左右,这低于最大允许值0.4g。可以认为,此次测定纵断数据的机场跑道保持了良好的铺装表面特征。如上所述,跑道的振幅和飞机的垂直加速度均为允许值的一半,如果也考虑飞行员的主观评估结果,则可以认为所得允许振幅的值大致是可靠的。

飞机行驶时飞行员所在位置的垂直加速度　　表5.20

测定时间	垂直加速度(g)	
	B747	DC9
第1年	0.18	0.15
第2年	0.14	0.17
第3年	0.23	0.21

5.5 机场铺装结构的非破坏性评估

如5.2节所述,铺装结构的评估是详细检查的一项重要检查内容。其目的是评价铺装的荷载承载性能,依据其结果决定修补的必要性及其修补措施。一般非破坏性试验使用FWD标准。但是,沥青道面和水泥混凝土道面的结构及承载机理有很大不同,因此即使同样使用FWD,但评估方法也不同。

5.5.1 FWD

FWD(Falling Weight Deflectometer)的外观如图5.31所示,可以利用车辆牵引到测试地点。FWD是将重锤提升到任意高度自由落下,由此对铺装施加冲击荷载,在多点测量弯沉的装置。FWD的结构如图5.32所示,负载部由重锤和弹簧构成,利用直径为450mm的承载板(虽为钢板,但通过数毫米厚的橡胶与铺装面接触)向铺装施加荷载。此时荷载可以承载的最大值为250kN。冲击荷载的最大值也可以利用算式(5.7)算出,通常利用安装在承载板上的称重传感器测量荷载(应力)。弯沉值是通过安装在承载板中心及距离中心、300mm、450mm、600mm、900mm、1 500mm、2 500mm共计7个点的位移计检测出的。各点测定的弯沉最大值,根据到承载板的距离,标记为$D_0 \sim D_{250}$。荷载和弯沉值也可通过时间序列进行测定,但是实际上一般测定的是各自的最大值。图 5.33 表示的是称重传感器及承载板中心的移位计输出的波形。利用 FWD 测定弯沉值,通常在同一地点连续测定 4 次,舍弃其中的第 1 次,采用其余 3 次的测定数据。

图 5.31　FWD 的外观

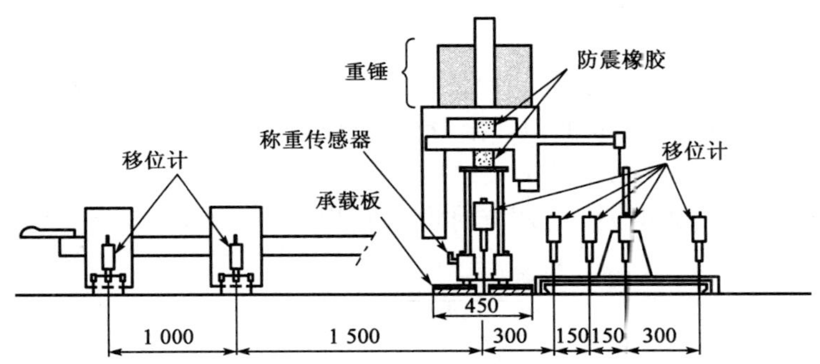

图 5.32　FWD 的结构图(尺寸单位:mm)

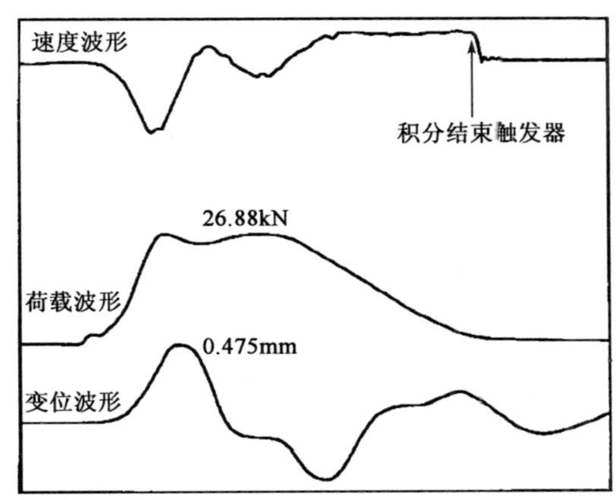

图 5.33　FWD 的输出波形

$$F_{max}=\sqrt{2mgHR} \tag{5.7}$$

式中：F_{max}——冲击荷载最大值；

m——重锤的质量；

R——弹簧常数；

H——下落高度；

g——重力加速度。

5.5.2 沥青道面的评估

1)基本系统

利用 FWD 对机场沥青道面的评估方法流程如图 5.34 所示，由最大弯沉值 D_0 的简易评估和沥青混凝土层及道床变形的评估构成。该结构评估系统的输入数据见表 5.21。

D_0 的简易评估方法，首先将实测值修正为标准特征，即荷载 200kN、沥青混凝土层的代表温度为 20℃时的值。接着，参考设计图推定土基 CBR 之后，将该修正弯沉值和标准值对照，判断铺装结构的特征。这种情况下，如果使用以弯沉为基础的反算结果，则可以推定调查时道床 CBR 的值，因此可以进行更符合现实的评估。

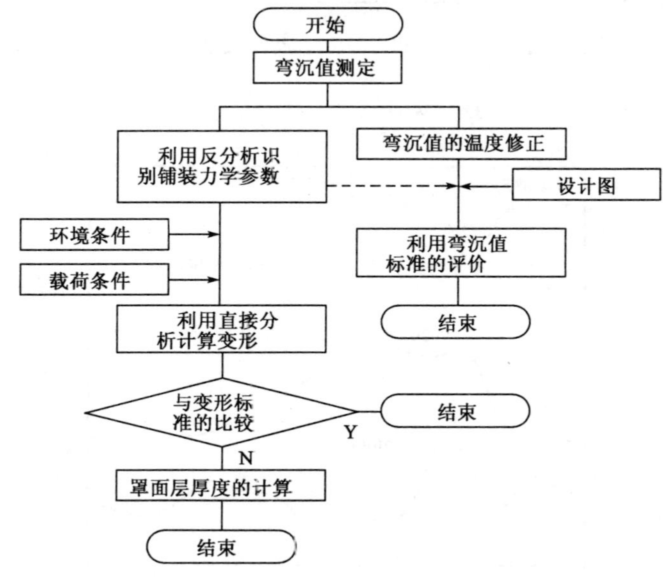

图 5.34　利用 FWD 对机场沥青道面的非破坏性结构评估的流程

非破坏性结构评估系统的输入数据　　表 5.21

种　类	项　　目
测定地点、时间	测定地点、年月日、时刻
FWD 测定值	荷载、标准荷载、$D_0 \sim D_{250}$
铺装构成	层厚、基层类型
环境条件	表面温度、气温、最高温度、土基 CBR 折减系数
荷载条件	设计荷载、覆盖量

按照以弯沉为基础的详细评估法，利用反算实测弯沉曲线推定铺装各层的力学参数，将沥青混凝土层的模量变换为符合环境条件（温度）及交通荷载条件的标准特征下的数值后，算出基层上面垂直变形 ε_v 和沥青混凝土面层下面的水平变形 ε_t，并且对照标准值将环境条件（道床的设计 CBR）考虑在内。若所得弯沉值超过标准值，则可通过求出罩面层厚度和变形的关系算出罩面层的厚度。

2）D_0 的简易评估

在以沥青道面为对象的铺装结构非破坏性调查中，如 5.2 节所述，通过式（5.8）算出 FWD 的最大弯沉值 D_0（承载板的中心弯沉值）的 75 百分位值并与标准值进行比较，如果比标准值大，则需要考虑修补措施。

$$D_{075} = \overline{D}_0 + \frac{D_{0\max} - D_{0\min}}{d_2'} \tag{5.8}$$

式中：D_{075}、$\overline{D}_0$、$D_{0\max}$，$D_{0\min}$——分别为 D_0 的 75 百分位值、平均值、最大值、最小值；

d_2'——表 5.22 中的系数。

计算 D_0 的 75 百分位值所用的系数　　表 5.22

n^*	3	4	5	6	7	8	9	10	11	12	13	14
d_2'	2.547	3.089	3.489	3.801	4.059	4.271	4.455	4.617	4.887	4.887	5.004	5.111
n^*	15	16	17	18	19	20	21	22	23	24	25	
d_2'	5.208	5.298	5.382	5.460	5.534	5.603	5.667	5.729	5.787	5.843	5.897	

注：* 数据数量。

最大弯沉 D_0 的标准值因机场铺装的结构，即建设时的设计条件、设计方法的不同而有所区别。图 5.35 表示的是以跑道为对象的 LA-I 时的情况（覆盖量为设计服役期限 10 年时的值）。

FWD 施加在铺装上的荷载是重锤自由落下而产生的冲击荷载，因此其大小未必恒定不变。因此，需要利用线性变换，将测定弯沉值修正为荷载 200kN 时的弯沉值；此外，铺装面层使用的沥青混凝土，其力学特性受温度影响较大，即使为同一结构特征，也会因测定时温度的不同而使最大弯沉值 D_0 有所不同。因此，在各种温度条件下测定的弯沉值需要换算为20℃时的数值。根据沥青混凝土温度的弯沉值修正系数（图 5.36），将弯沉值除以修正系数即可获得修正值。

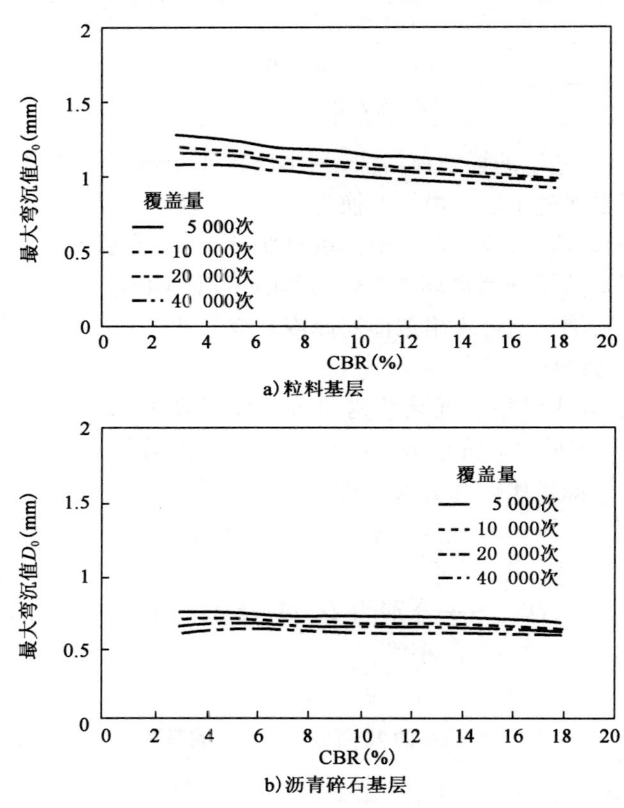

图 5.35　最大弯沉值 D_0 的相关标准

3）弯沉评估

（1）评估方法简介

基于变形的铺装评估方法通过反算实测弯沉曲线，推定铺装各层的力学参数，将沥青混凝土层的模量变换为符合环境条件及交通荷载条件的标准特征下的数值后，算出 ε_v 和 ε_t，并且对照标准值将环境条件（道床的设计 CBR）考虑在内。其结果若是所得变形值超过标准值，则可通过求出罩面层厚度和变形的关系算出罩面层的厚度。

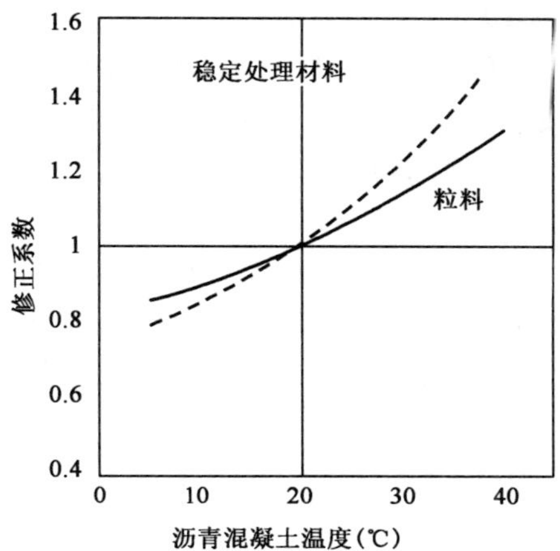

图 5.36　沥青混凝土温度与弯沉值修正系数的关系

利用反算所得道床的力学特性不得直接用作设计值。如第 4 章所述,结构设计中使用的道床力学特性的设计值,必须根据自然环境最恶劣时期的原位置试验,或通过 4d 浸水试样的室内试验求算。因此,引进道床力学特性(CBR)的折减系数,将通过分析所得的道床 CBR 变换为设计值。根据以往的研究,随着道床从干燥状态转变为浸水状态,其模量会下降。从相对于干燥状态的比值看,道床半浸水和全部浸水时,其模量分别为 0.95 和 0.8。因此,折减系数如设定为 0.8 ~ 1.0,则是合适的数值。

(2)变形标准的设定

依据以往的研究成果,ε_v、ε_t 破坏标准值不能应用于机场沥青道面。因此,依据标准结构设计方法设计的机场沥青道面中,在施加设计荷载时的 ε_v、ε_t 通过多层弹性理论进行计算,从该计算结果找出新的标准值。

机场沥青道面分为上下基层都使用粒料的铺装和上基层使用沥青碎石料的铺装两种。假设设计荷载为 LA - I、覆盖量为 5 000 ~ 40 000 次(设计使用年限为 10 年)、道床设计 CBR 为 3% ~ 18%。

铺装各层的力学特性设计值设定如下。首先,根据铺装的标准负载条件决定面层的刚度模量。具体讲,温度采用 20℃,频率方面按照机场滑行道铺装和跑道铺装分别采用美国军用机场铺装结构设计方法中使用的 2Hz 和 10Hz。与此对应的模量,采用机场铺装中普遍使用的沥青[针入度 70(0.1mm)、软化点 48℃],假定沥青量为 5.8%,并按照 Heukelom 所示的方法计算,则频率为 2Hz 和 10Hz 时,模量分别为 2.5GPa 和 5.2GPa。道床的模量不由荷载条件决定,而用的是 CBR（%）数值的 10 倍（单位为 MPa）。粒料层的模量通过承载试验，设定为 300MPa，而不取决于荷载条件。同样，上基层使用沥青碎石时，粒料下基层的模量也不依赖于承载条件，而设定为 200MPa。此外，各层的泊松比为 0.3，假定铺装表面到 6m 的深度为地基（模量为 7MPa）。

根据以上条件算出代表机型 B747 在设计飞机荷载 LA－I 条件下的变形标准，上基层分别使用粒料、沥青碎石时的情况如图 5.37 和图 5.38 所示，可知上基层使用沥青碎石时的水平变形不在基层下面，而是在该稳定处治材料层下面。图 5.37 和图 5.38 中表示的是设计覆盖量（设计使用年限为 10 年）分别为 5 000 次、10 000 次、20 000 次、40 000 次时的对应值（表示为 5 000→40 000）。

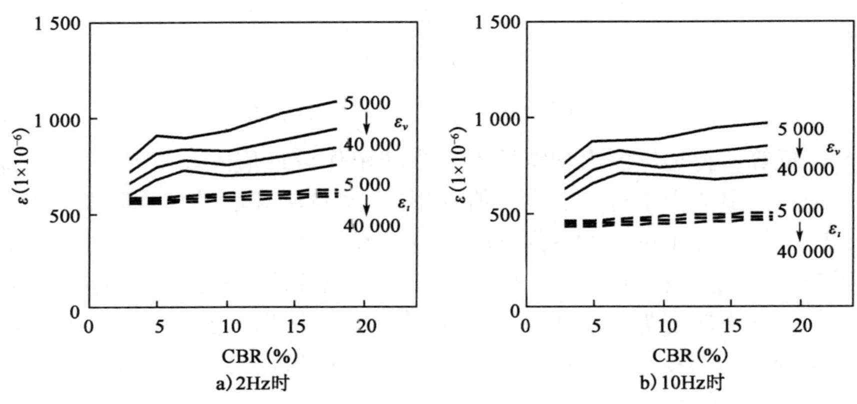

图 5.37 上基层使用粒料时的变形标准

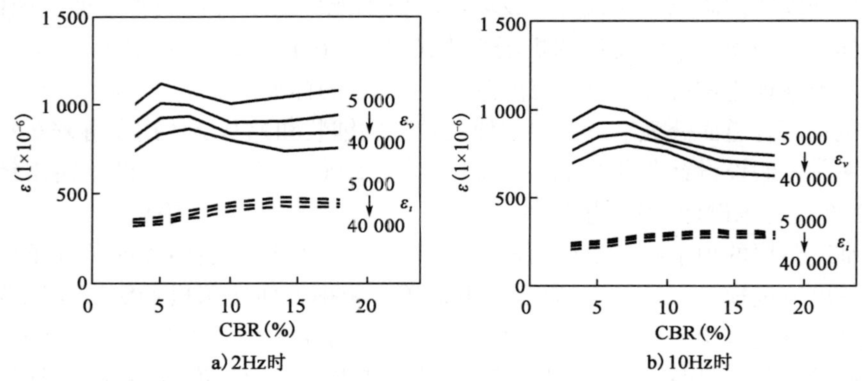

图 5.38 上基层使用稳定处治材料时的变形标准

(3)罩面层厚度的计算方法

罩面是沥青道面修补的一般方法,利用 FWD 的非破坏性结构评估系统,在厚度设计中可直接使用其评估结果。

具体讲就是,首先计算调查时铺装上承载飞机荷载时的铺装变形,然后改变厚度计算实施罩面层时的铺装变形,若算出的厚度与按设计条件规定的变形标准一致时,该厚度值即为所需要的罩面层厚度。随着罩面层厚度的增加变形逐渐减少,在某个厚度时实际变形和一致。此时,和 ε_t 相关的标准值比 ε_v 更严格,罩面层由后者决定。ε_v 伴随罩面层产生的变形变化(2Hz 时)如图 5.39 所示。

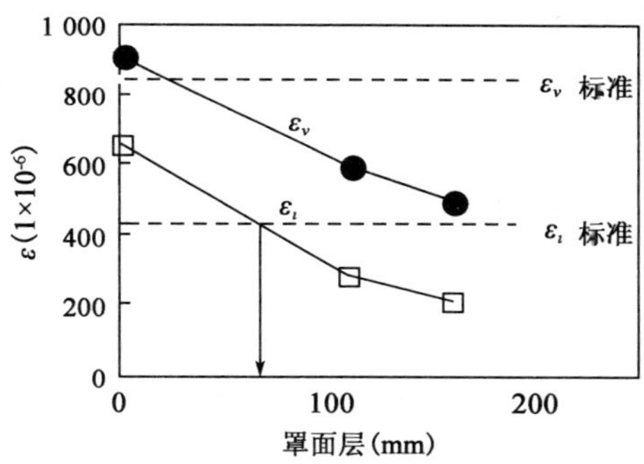

图 5.39　伴随罩面层产生的变形变化(2Hz 时)

4)FWD 非破坏性评估系统的应用案例

铺装的设计荷载为 LA－I、设计覆盖量为 20 000 次(设计年限为 10 年)、道床的设计 CBR 为 10%,由 160mm 厚的面层、240mm 厚的级配碎石上基层(距离跑道两端 600m 的范围厚度为 300mm)、400mm 厚的水硬性级配渣下基层构成。利用 FWD 测定弯沉值,需在距离跑道中心线左右各 5m 处沿纵断方向间距 100m 实施(图 5.40 标记的是东侧、西侧)。弯沉值的测定是在没有飞机运行的夜间实施的。

图 5.40 表示的是荷载及沥青混凝土层温度换算为标准条件时的 D_0(D_{0_std})在跑道纵断方向上的分布状况,反映出跑道两端部分铺装变化的情况。D_{0_std} 表示该处的较小数值。将此和 CBR10% 时的标准值进行比较,则可以判定跑道两端部分处于比较良好的状态;跑道中部分有超过标准值的情况,因此判定道面结构上可能存在问题。

依据变形标准进行结构评估,所需罩面层厚度如图 5.41 所示。从图 5.41 中可以看出,所需罩面层厚度(h_{ol})、整个跑道平均为 120mm,但中部分也有超过 200mm 的地方。

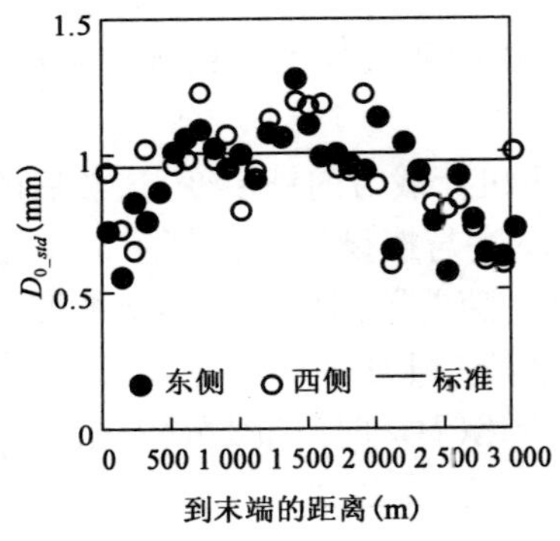

图 5.40 有破损的跑道上 D_{0_std}的分布

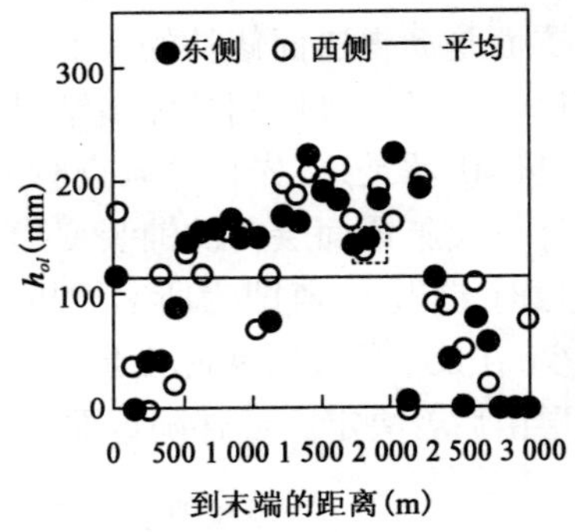

图 5.41 有破损的跑道上 h_{ol}的分布

5.5.3 水泥混凝土道面的评估

1)基本系统

水泥混凝土道面结构的非破坏性评估法,需要确认水泥混凝土道面结构设计所需的设计用值,并且还需要确认连续配筋混凝土道面等结构中裂缝的结构稳定性。因此,结构评价法由以下 3 个项目组成。混凝土板的泊松比也是设计用值,但其影响程度比模量小,因此可以使用常规的数值(如 0.15)。

(1)通过混凝土板中部位的测定,推定混凝土道面的荷载承载力。

(2)通过接缝、裂缝部位的测定,推定荷载传递性能。

(3)通过接缝、裂缝部位的测定,推定混凝土板下有无脱空及其大小。

其中,(1)是以利用混凝土板中部位通过 FWD 测定出的弯沉值(曲线)为基础,(2)和(3)是以接缝和裂缝处的测定值为基础进行实施的。利用 FWD 的机场水泥混凝土道面的非破坏性结构评估法的流程如图 5.42 所示。

2)水泥混凝土道面荷载承载力的评估

水泥混凝土道面的荷载承载力和沥青道面一样,由荷载板中心最大弯沉值 D_0 的简易评估和施加设计荷载后混凝土板应力的详细评估两种方法构成。后者需要通过反算弯沉值曲线获得混凝土道面的力学参数。下面先介绍该方法,之后介绍混凝土道面的荷载承载力的评估方法。

(1)力学参数的反算方法

利用混凝土板中部的 FWD 的荷载试验中测定的弯沉值进行反算,求算混凝土板的模量 E_C 和土基反应模量 K。直接分析方法使用的是利用刚度半径比、荷载板半径、荷载中心到弯沉测定点的距离所表示的回归式。反算法需要使用获得的全部 7 个点的弯沉值，根据弹性地基上的平板理论，通过反算获得反应模量 K 值。

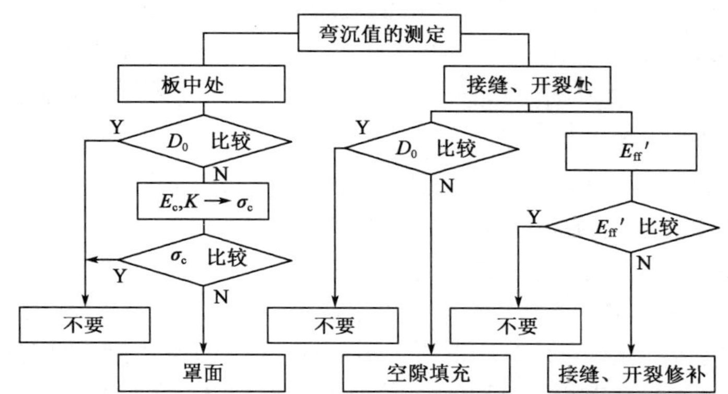

图 5.42　利用 FWD 的机场混凝土道面的非破坏性结构评估法的流程图

此时，土基被看成是 Winkler（温克勒）地基或弹性地基，Winkler 地基用反应模量 K 表示，弹性地基用模量 E_b 和泊松比 v_b 表示，但是机场水泥混凝土道面的板厚计算法中使用温克勒承载的方法，因此无论哪一种情况都需要参数 K。

这些力学特性是根据混凝土中部处的 FWD 测定值，利用 Newton - Rapson（牛顿-拉夫森）法反算求出的。这种情况下，因为土基的模型化方法、反算中使用的弯沉值等有所不同，所以得出的反算结果有较大的差异。为获得较理想的精度结果，需要将土基看作弹性地基，将铺装模型化为弹性承载上的平板，而且需要使用可测量的全部点的弯沉值，即 7 个点的弯沉值。具体方法如下：

在水泥混凝土道面上施加荷载为 P、荷载半径为 a 的圆形等布荷载，将土基模型化为弹性地基时，其弯沉值用式（5.9）表示。

$$w_e(r) = \frac{P \cdot (1 - v_b^2)}{E_b \cdot l_e} \cdot \overline{w}_e(r, l_e) \tag{5.9}$$

式中：$w_e(r)$——距离荷载板中心 r 地点处混凝土铺装的弯沉值；

r——荷载板中心到弯沉值测定点的距离；

l_e——将土基视为弹性地基时的刚比半径，$l_e = \sqrt[3]{2D(1 - v_b^2)/E_b}$；

$\overline{w}_e(r, l_e)$——将土基视为弹性地基时的弯沉值系数；

D——混凝土板的弯曲刚性，$D = E_c \cdot h_c^3/12(1 - v_c^2)$；

h_c——混凝土板厚；

v_c——混凝土板的泊松比。

$\overline{w}_e(r,l_e)$是利用a/l_e和r/l_e相关多项式的回归式算出的，其可信度可得到确保。弯沉值以刚度半径比和距离荷载板中心的距离间的函数形式表示，因此距离荷载的距离不同的2个点的弯沉值适用Newton－Rapson法，如果针对l_e进行反算，则可以算出E_b（V_b为一定值）及E_c。然后，可以根据所得E_b，通过视作$l_e=l_k$（将土基视作温克勒地基时的刚度半径比，取为$\sqrt[4]{D/K}$）推出K值。

（2）混凝土板和土基的结构评估

利用FWD的混凝土道面的实用结构评估方法，由FWD测得最大弯沉值D_0的简易评估和混凝土板应力的详细评估构成。

简易评估按照如下方法实施。首先，使用设计图中的混凝土模量E_{cd}和设计道床反应模量K_d（实际是利用$l_e=l_k$的土基模量E_{bd}），通过式（5.9）中提到的弹性地基上的平板理论，先计算出混凝土道面在200kN FWD荷载时的荷载板中心弯沉值D_{0d}。以混凝土板厚350mm、混凝土的模量E_{cd}和泊松比标准值分别为34GPa、0.15的情况为例，具体如图5.43所示。然后，针对实测的D_0实施线性内插，算出相当于荷载200kN的修正弯沉值D_{0c}，若D_{0c}比D_{0d}大，则判断结构方面存在问题。

详细评估法是通过反分析所得的E_c和K设计用值，利用Westergaard的板中荷载公式等，计算承受设计飞机荷载时的混凝土板应力σ_{cc}。同时，推定混凝土的抗折强度，根据设计覆盖量考虑安全率，从而计算出设计应力σ_{cd}。如果σ_{cc}比σ_{cd}大，则判定该铺装在结构方面存在问题。图5.44表示混凝土板厚度为350mm时的混凝土板应力（图5.44中的M、N、O为抗折强度5.0MPa时的设计应力）

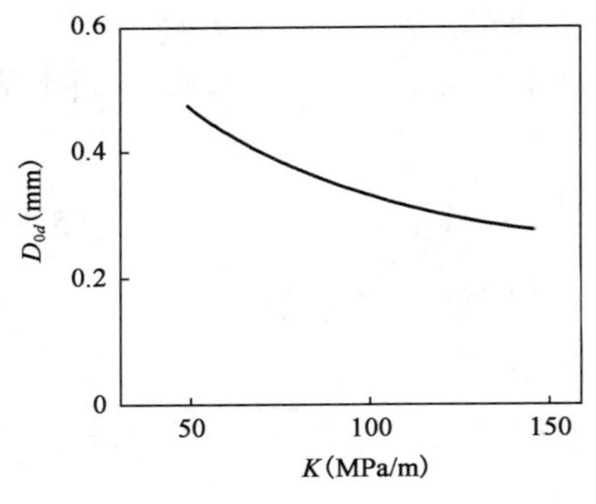

图5.43　与最大弯沉值D_0相关的标准

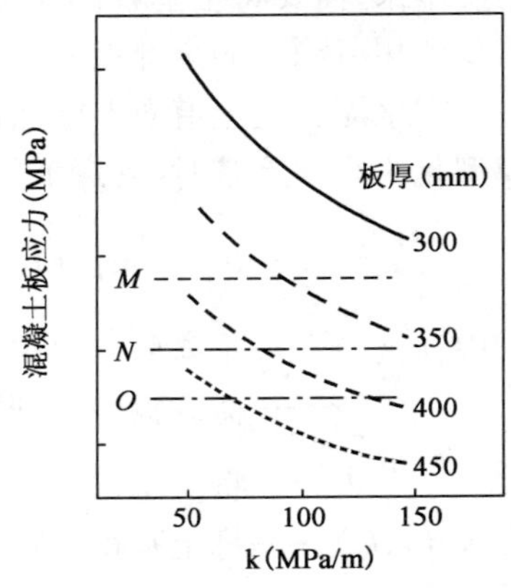

图5.44　混凝土板应力的评估标准

3）接缝、裂缝部位荷载传递性能的评估

以往评估接缝、裂缝处的荷载传递性能方法为：在混凝土板的接缝附近施加荷载，此时在距离接缝等距离处的荷载侧和非荷载侧产生弯沉值，以此弯沉值为基础进行量化。在利用 FWD 的混凝土道面结构评估中，荷载传递率 E_{ff}' 如图 5.45 所示，是使荷载板与接缝、裂缝连接，使用此时测得的弯沉值 D_0、D_{45}（距离荷载板中心 0mm、450mm 各点的弯沉值），利用式（5.10）计算得到。

$$E_{ff}' = \frac{D_{45}}{(D_0 + D_{45})/2} \times 100(\%) \tag{5.10}$$

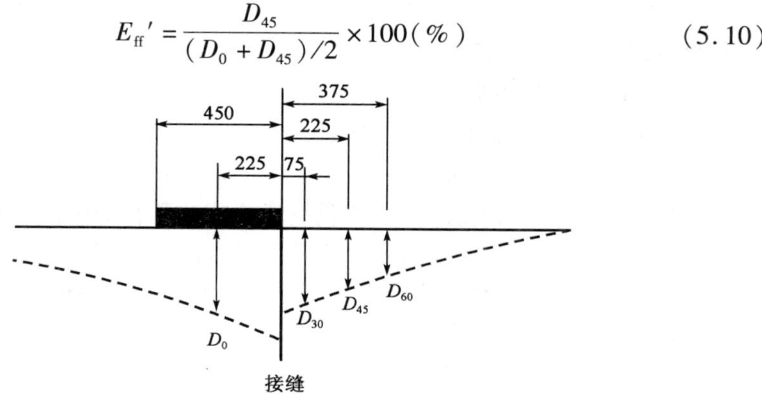

图 5.45　计算 E_{ff}'时的弯沉值测定方法（单位：mm）

另一方面，水泥混凝土道面的结构设计中，接缝的荷载传递性能一般为采用荷载施加在混凝土板边缘处（所谓邻接板，没有通过荷载传递装置等连接）时的应力。也就是说，是用边缘部荷载应力的减少度进行表示的，因此，使用 FWD 测定获得的传荷系数 E_{ff}' 的评估标准也应该在应力减少度的基础上进行规定。图 5.46 表示的是以此考虑方法为基础，得到的接缝部负载时应力与边缘部负载时应力之比 σ_j/σ_e 与 E_{ff}'的曲线关系图（混凝土板厚 380mm）。如 FAA 的标准，当 σ_j/σ_e 为 0.75 时，E_{ff}'需要达到 85% 以上。

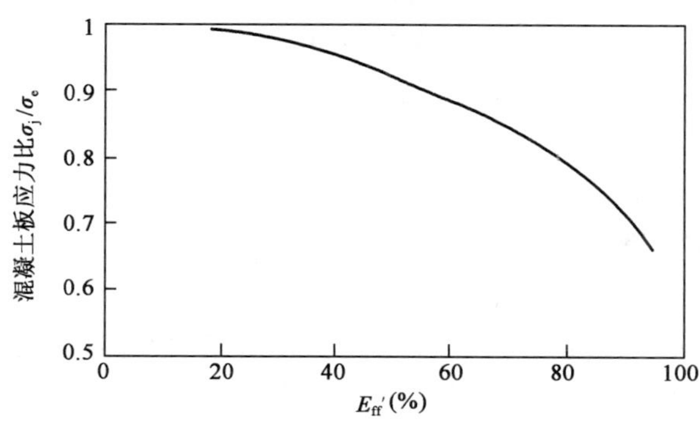

图 5.46　传荷系数对混凝土板应力比的影响

4)混凝土板下脱空的评估

由于飞机和车辆相比质量较大,因此飞机在混凝土道面上反复行驶可能会给机场铺装的土基以下造成不可恢复的变形。比混凝土板中部弯沉值大得多的接缝处和角隅处更容易产生这种变形,当有雨水从接缝浸入或者外部浸透水流入,或者地下水位高时,飞机在接缝上行驶时,土和水会一起冒出铺装表面,产生所谓的“唧泥”现象,最终有可能导致混凝土板和土基之间产生脱空。

因此,在接缝部的结构评估中,需要推定混凝土板下方有无脱空及其大小。这种情况下,可采用 E_{ff}' 和 D_0,判断脱空有无和大小。具体来说,就是算出发生脱空处的 D_0 和 E_{ff}',明确没有脱空处的 D_0,即根据 D_0 与 $D_{0v=0}$ 之比($D_0/D_{0v=0}$)和 E_{ff}' 推定脱空宽度。也就是说,将脱空考虑成为平面,用距离接缝往混凝土板内侧方向的水平距离(v)进行表示;关于深度方向,利用这样的分析方法无法进行评估。图 5.47 表示的是混凝土板厚度为 300mm 时,变换脱空的大小,利用有限元法计算出承载 FWD 荷载时的 D_0,然后得出 $D_0/D_{0v=0}$ 针对脱空宽度或 E_{ff}' 的曲线图。该图可作评估标准使用。

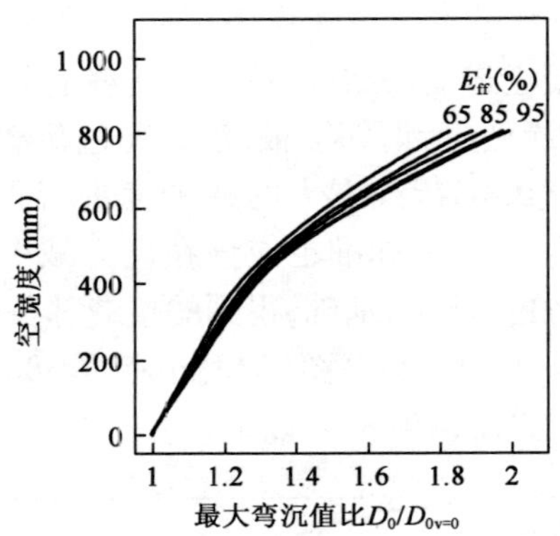

图 5.47 D_0 和 E_{ff}' 的脱空宽度的推定

参 考 文 献

[1] 福手勤,佐藤胜久,八谷好高,山崎英男. 由路面性能决定的机场铺装投用性评估、港湾技研资料,No. 414,20pp. ,1982.

[2] 八谷好高. 机场铺装的路面性能的实际状态、港湾技研资料,No. 634,40pp. ,1988.

[3] 八谷好高，早野公敏，竹内康，今西健治，坪川将丈. 机场沥青路面的表面性能实态，土木学会，铺装工程论文集，第 11 卷，pp. 147-154，2006.

[4] US Army Engineer Waterways Experiment Station. Condition Survey Procedures, 49p. ,1985.

[5] y Hachiya, J Yin, O Takahashi, K Himeno. Aircraft Response Based Airport Pavement Roughness Evaluation, 土木学会论文集, No. 634/V-45, pp. 403-411,1999.

[6] 菅民郎. 问卷调查数据分析，现代数学社，374p. ,1998.

[7] International Civil Aviation Organization(ICAO). Aerodromes, Annex 14,1999.

[8] T J Yager. Aircraft and Ground Vehicle Winter Runway Friction Assessment, NASA/TM-1999-209142,1999.

[9] (财)航空保安协会. 和槽跑道的安全性相关的第二次调查研究报告书，101p. ,1986.

[10] ICAO. Airport Services Manual,1984.

[11] 国土交通省航空局监修. 机场铺装设计要领及设计事例，(财)港湾机场建设技术服务中心，2008.

[12] 八谷好高，梅野修一，藤仓丰吉. 机场跑道的抗滑性能，土木学会，铺装工程论文集，第 1 卷，pp. 159-166. 1996.

[13] 八谷好高，梅野修一. 飞机行驶位置分布的实态和对铺装结构的影响，港湾技研资料，No. 757，p. 25，1993.

[14] 国土交通省航空局监修. 机场土木设施施工要领.(财)港湾机场建设技术服务中心，2009.

[15] 八谷好高，坪川将丈. 针对跑道槽飞机荷载的稳定性，土木学会论文集 E, Vol. 62, No. 4, pp. 815-825, 2006.

[16] J R Reed, D F Kibler, M L Proctor. Analytical and Experimental Study of Grooved Pavement Runoff, DOT/FAA/PM-83/34,65p. ,1983.

[17] 国土交通省航空局监修. 机场铺装设计要领及设计事例.(财)港湾机场建设技术服务中心，2008.

[18] 运输省航空局监修. 机场排水设施、地下道、共同槽设计要领.(财)港湾机场建设技术服务中心，156p. ,1999.

[19] W R Hudson. Road Roughness: Its Elements and Measurement, Transportation Research Record, No. 836, pp. 1-7, 1981.

[20] 秋本隆，姬野贤治，川村彰，福原敏彦. 铺装路面的绝对曲线数据收集系统

的开发,土木学会论文集,No. 606/V-41,pp. 13-19,1998.

[21] (社)土木学会,机场铺装研究委员会. 新东京国际机场铺装相关研究报告书,258p. ,1985.

[22] M W Sayers, et al. Guidelines for Conducting and Calibrating Road Roughness Measure ments, World Bank Technical Paper, No. 46, The World Bank, 87p. ,1986.

[23] A G Gerardi. Digital Simulation of Flexible Aircraft Response to Symmetrical and Asymmetrical Runway Roughness, Technical report AFFDL-TR-77-37, August 1977.

[24] A Gerardi, D Krueger. The Effects of Runway Roughness on Aircraft Fatigue Life, Aircraft/Pavement Interaction; An Integrated System, ASCE, pp. 77-95, 1991.

[25] 坪川将丈,八谷好高,董勤喜,姬野贤治,川村彰. 考虑飞机响应的机场铺装平整度评估相关的研究,土木学会,铺装工程论文集,第 9 卷,pp. 1-8,2004.

[26] 青木义郎,丰福芳典,冢田由纪. 飞机自动完成地上滑行的优化,(独)交通安全环境研究所研究发表会概要集,2001.

[27] K J De Bord. Rumway Roughness Measurement, Quantification and Application—The Boeing Method, Boeing Document No. D6-81746, Boeing Commercial Airplane Company, 1990.

[28] A I M Claessen, C P Valkering, R Ditmarsch. Pavement Evaluation with the Falling Weight Deflectometer, Proceedings, Association of Asphalt Paving Technologists, Vol. 45. pp. 122-157, 1976.

[29] 笠原笃,岳本秀人,伊藤保彦,古川真男. 关于落锤弯沉计、铺装,Vol. 20, No. 5, pp. 15-19, 1985.

[30] 八谷好高,高桥修,坪川将丈. 利用 FWD 的机场沥青路面的非破坏性结构评估,土木学会论文集,No. 662/V-49, pp. 169-183, 2000.

[31] 八谷好高,秋元惠一. 高地下水位条件下的机场沥青路面的结构设计,土木学会论文集, No. 613/V-42, pp. 19-30, 1999.

[32] 佐藤胜久,福手勤. 利用测定铺装板弯沉的装置评估机场沥青路面强度和高度增加厚度的设计,土木学会论文报告集,第 303 号,pp109-118, 1980.

[33] Department of the Army and the Air Force. Flexible Pavement Design for Airfields(Elasic Layered Method), 1989.

[34] Shell International Petroleum Company Limited. Shell Pavement Design Manual,332p. ,1978.

[35] 八谷好高,野田工,藤本宪久.路基模型对铺装结构评估的影响,土木学会第49次学术演讲会演讲集第V部,pp.52-53,1994.

[36] 八谷好高,坂井典和,广田道纪,高桥修.利用200kN荷载的FWD机场混凝土路面的非破坏性结构评估,土木学会,铺装工程论文集,第4卷,pp.199-208,1999.

[37] J Yin, Y Hachiya. Back-Calculation for Structural Parameters of Pavement Slab on Winkler and Elastic Solid Subgrades,土木学会论文集,No.606/V-41,pp.165-169,1998.

[38] 福手勤,八谷好高.混凝土路面接缝部位的荷载传递性能,土木学会论文报告集,No.343,pp.239-24,1984.

[39] Federal Aviation Administration(FAA). Airport Pavement Design and Evaluation,AC150/5320-6E, 116p. ,2009.

第 6 章 机场铺装的修补

机场道面因交通荷载的反复作用,加上降雨、日晒等环境作用以及铺装的材料自身的老化和劣化,在建设后性能逐渐下降,存在影响飞机等运行安全的隐患。为防止危险的发生,需要掌握铺装表面的状况,根据需要进行适当的作业,使铺装一直保持良好的状态。这样的维护作业一般称为普通养护。有时即使通过这样的养护,也难以保持铺装性能,如交通条件发生变化等情况下,必须恢复和提高较大范围铺装的性能。这种情况下进行的作业称为普通修补。养护和修补合在一起被称为修护。

从破损程度看,铺装有只在表面破损的,也有达到内部的。很明显,养护以前者为对象,而修补则以两者为对象,即分为改善表面破损和对修补内部结构两类。前者一般针对的是罩面和铣刨罩面,后者由于需要恢复或增加铺装的荷载承载力性能,因此需要采用罩面、铣刨罩面外加更换。

本章针对机场铺装的养护进行介绍,并分别将沥青道面和混凝土道面补修方法进行汇总。

6.1 机场铺装的养护

养护大致分为应急性养护和非应急性养护。

应急养护指的是通过日常检查等,发现在跑道、滑行道、停机坪铺装中影响飞机的运行等的破损,或发现有破损可能性时而进行的紧急作业。这种情况下,需要充分考虑对飞机运行的影响。已完成养护的部分也会出现再次破损的情况,因此进行过程观察也很重要。

非应急性养护所指的非应急性作业,是指为防止将来道面性能大幅下降,以及预防保全作业。因此,这种作业比紧急养护作业更多一些。

应急养护作业和普通养护作业所采用的方法没有大的区别,因此下面不进行区分，只是针对养护的具体方法进行阐述。

6.1.1　沥青道面的养护

由于沥青道面的破损部分易有雨水浸透且破损发展迅速，因此要迅速补修。沥青道面的养护方法见表6.1。

沥青道面的养护方法　　表6.1

方　法	破损类型	维护方法
填充裂缝	线状开裂、反射开裂	填充沥青系列材料
修补	坑洞、错台、局部开裂	填充修补材料

（1）填充裂缝

顾名思义，填充裂缝指的是将合适的材料注入、填充裂缝，防止雨水浸透的方法，适用于线状裂缝、水泥稳定碎石基层和混凝土板上的沥青混凝土出现的反射裂缝等较宽裂缝。

施工时，首先去除缺角隅分和裂缝内部的异物、灰尘等，如裂缝内部处于湿润状态，则需通过燃烧器加热，使其干燥后涂敷界面改善剂。如遇裂缝较深，仅通过充填材料不能充分到达裂缝的深层部位时，可沿裂缝开设U字形或V字形槽（图6.1），再沿裂缝充填材料，并用刷子涂刷均匀，使充填材料充分浸透到裂缝面。施工后，在充填材料冷却到规定的温度之前或硬化前进行固化养生。并且根据需要，为了防止黏附飞机或车辆的车轮，在施工后适当撒铺砂子或碎石。对于填充材料，一般采用的是沥青基加热充填材料或聚硫化物的接缝材料。

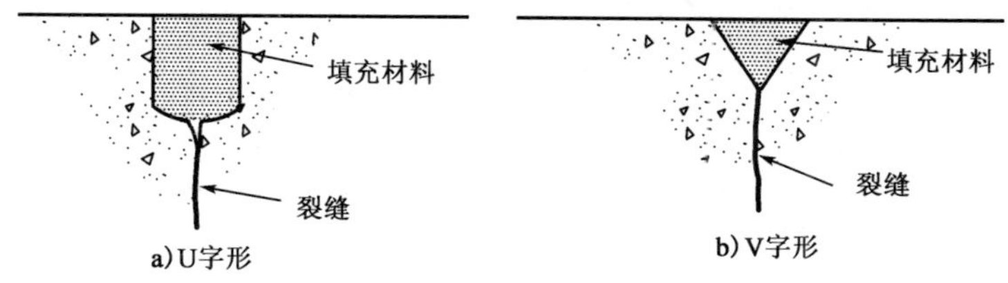

图6.1　裂缝上部开设的槽

（2）修补

修补是指利用补修材料填充铺装表面的坑洞、错台、局部裂缝、凹陷的破损处，从而恢复铺装表面平整度的方法。修补材料一般使用加热沥青混凝土。

施工时，首先在破损部分（包括周边的不良区域）整体切取长方块，去除其内部及周边的材料。如铣刨面处于湿润状态，则利用加热器加热，使其干燥后在底面和侧面进行黏结层施工。在补修材料涂抹均匀后，利用辊子、振动夯等压实，待表面降低到50℃以下开放交通。修补的步骤如图6.2所示。

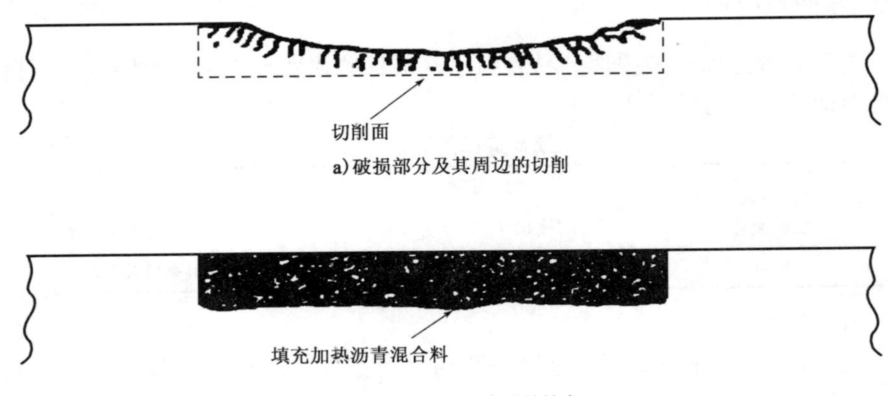

a）破损部分及其周边的切削

b）利用加热沥青混合料的填充

图6.2　补修的步骤

6.1.2　水泥混凝土道面的养护

水泥混凝土道面一旦发生破损，则可能迅速变坏，因此日常养护尤显重要。水泥混凝土道面的养护方法见表6.2。

水泥混凝土道面的养护方法　　表6.2

方　法	破损类型	维护方法
裂缝充填	混凝土板的裂缝	注入密封材料
补修	错台、变形、磨耗、接缝部位或裂缝部位的缺角、开孔、屈曲	填充修补材料
缺角修补	混凝土板的角落部位、接缝附近的开口较宽的大裂缝	去除破损部分的混凝土，通过修补材料修补
接缝修补	接缝材的溢出、脱落，因老化等引起的接缝破损	在破损的接缝中再填充注入接缝材

（1）裂缝充填

水泥混凝土道面的裂缝封堵是指在混凝土板上出现裂缝、填缝料发生脱落或剥离时，填充沥青热熔充填材料或聚硫化物缝隙材料的方法。该方法与沥青道面的充填没有大的区别。

(2)修补

水泥混凝土道面的修补是指利用快硬水泥等材料,修补混凝土板上产生的错台、磨耗、接缝及裂缝处的缺角、啃边等破损,使其恢复原样的方法。使用混凝土补修材料时,为保持新混凝土和旧混凝土板结合面的紧密黏结,首先要去除铣刨面的异物、灰尘等,露出完整的混凝土面(根据需要利用喷丸处理等形成粗糙面)。如果该面处于湿润状态时,通过加热器等进行加热干燥后,涂敷水泥浆体或水泥,然后浇筑混凝土并在规定的时间内养生。含树脂纤维的快硬混凝土是修补材料的首选。

(3)缺角修补

接缝处的破损缺角的修补,指混凝土板的角隅处或接缝处产生的裂缝张开不能传递荷载时,除去该部分的混凝土,利用合适材料进行局部更换的施工方法。

施工时,通过切割设备等去除破损部分的混凝土,去除时不应使钢筋受损。当钢筋或拉杆有腐蚀现象时,应进行更换;并在接缝面涂敷底漆,进行修补材料的施工,之后养生至规定时间。修补材料使用快硬混凝土或环氧树脂。

(4)接缝修补

接缝修补指因接缝材的挤出或脱落、老化等引起破损的接缝,充填新的嵌缝材料,从而防止雨水等渗入的施工方法。

施工时,先去除缝隙中的接缝材料、泥土和其他异物,利用空气压缩机进行清扫。根据需要插入背衬条并涂敷底漆,注入嵌缝材料,并在规定时间内养护。一般使用的材料是常温聚硫化物嵌缝材料,但由于该材料随温度变化膨胀、收缩显著,因此根据需要调整注入量。

(5)预制板铺装的缝隙修补

预制板铺装是将在工厂提前做成的预制板,在现场进行铺装,可供不停航情况下使用。由于预制板比其他混凝土道面的混凝土板薄一些,因此荷载引起的结构变形相对较大,水从接缝部位浸透到土基中,飞机行驶带来较大弯沉,加之“泵吸”现象,从而导致接缝处更容易发生错台、破损。

因此,预制板铺装的接缝修补有很多时候不仅仅针对接缝进行修补,这时需要进行如下作业。首先,撤去发生问题的接缝处的预制板,根据需要完善基层。撤去的预制板要保证能够再利用,特别是在撤去接缝的荷载传递装置时需要格外注意。然后,重新铺设预制板,使用新的荷载传递装置与邻接板接合,并且进行嵌缝材料填充及回填灌浆的注入作业。

6.2 机场沥青路面的修补

沥青道面的修补方法如图 6.3 所示,大致分为罩面(也称为单纯罩面)、铣刨罩面和重新铺装。

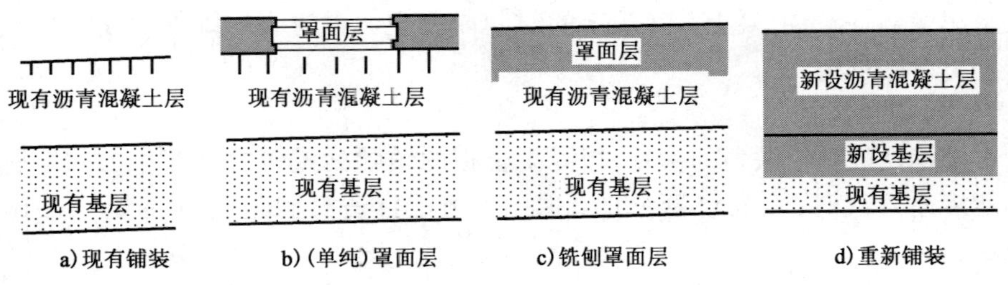

图 6.3 沥青道面的修补方法

6.2.1 选择修补方法

根据沥青道面的破损特征,破损分为铺装表面破损和内部结构破损两类。前者结构方面没有问题,恢复表面性能即可,一般采用罩面或铣刨罩面。

以下情况,可以认为铺装不存在结构问题:

①因纵断方向的凹凸或凹陷等使铺装的平整性恶化;

②道面的车辙显著;

③铺装的抗滑性能不足;

④面层沥青混凝土老化、开裂;

⑤施工接缝裂开。

铺装结构上存在问题时,视情况制订不同的修补措施。第一种情况:虽然铺装没有损伤,但是因飞机荷载发生变化等原因导致铺装厚度不足时,一般需铺设罩面。第二种情况:破损仅仅到达现有铺装浅层时,可采用铣刨破损部分之后进行罩面的方法。第三种情况:由于破损的扩大,铺装承载性能下降时,可采用铣刨罩面或重新铺装的方法。考虑到铣刨罩面不能长期保持铺装的性能,因此有必要探讨进行全面重新铺装,构筑新的道面。

修补施工一般使用沥青混凝土,但也可使用水泥混凝土或半柔性铺装材料。

6.2.2　沥青道面的罩面

在沥青铺装的一般修补方法中，由于沥青混凝土罩面在养护作业中不能充分恢复道面性能，考虑在不久的将来会发展到全面破损或因铺装材料的劣化等导致道面承载性能不充分，可采用在旧铺装上加铺沥青混凝土层进行修补。这样可减少作用于现有沥青混凝土层及基层的应力，增加承载性能，提高平整度，从而可以恢复道面的行驶安全性能。若现有铺装的承载性能没有问题时，为恢复平整度，也可加铺比较薄的罩面。

铣刨罩面是在铣刨旧沥青混凝土层的一部分后进行罩面的修补方法。该铣刨罩面方法分为两种：保持原道面厚度不变的施工方法和增加厚度施工方法。铣刨罩面法一般适用于与周边铺装或旅客客运大楼等设施的接合区域，或铺装表面高度受周围限制时；另外，由于车辙、沥青混凝土的流动而发生变形时，或沥青老化等原因面层出现开裂时也会使用该方法。

1）沥青道面罩面设计

沥青道面的罩面分为改善既有铺装表面性能和改善荷载承载性能两类，不同类别其对应的设计方法也不同。

（1）改善表面性能的罩面

改善表面性能的罩面厚度，一般可在罩面后的纵、横向坡度满足规定值的范围内，确保最小罩面厚度即可。一般情况下，由于车辙等铺装表面的凹凸状况不同，实施铣刨和削除凸部实施罩面的方法比较经济，因此需要在考虑减少铣刨面积、铣刨后的铺装厚度、与施工相关的费用的基础上计算罩面厚度。

每层罩面的最小施工厚度以集料最大尺寸的 2.5 倍为标准，最大施工厚度为 80mm。施工层厚度超过一层的最大施工厚度时，需要分层施工。罩面层厚度超过上下面层的标准厚度时，下层也可使用沥青碎石料。当在全部罩面结束前，部分需投入使用时，下面层必须采用沥青混凝土。另外，凡设置横槽的罩面必须增加厚度。

（2）改善荷载承载性能的罩面

为改善荷载承载性能而铺设罩面的厚度，需依据既有铺装的开挖调查或利用 FWD 的非破坏性调查结果计算。

①以开挖调查为基础的罩面厚度的计算

以开挖调查为基础的方法，有以下 3 种：针对设计条件新铺设铺装时的厚度 T，根据现有铺装的材料及其结构换算铺装厚度 t 加上面层、联结层的标准厚度 t'' 的大小关系，及根据现有面层、联结层的状况计算等。这种情况下，t'' 按照以下计算式计算(图 6.4)。

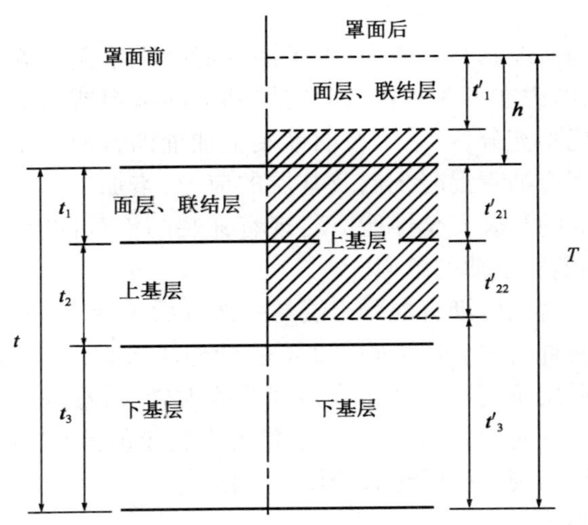

图 6.4　罩面前后的铺装结构

$$t'' = t'_1 + (a_{21}t'_{21} + a_{22}t'_{22} + \cdots) + t'_3 \tag{6.1}$$

式中：　t'_1——新铺装所需面层、联结层厚度；

t'_{21}、t'_{22}…——现有铺装的面层、联结层、上基层中，新铺装的上基层可利用的层厚；

a_{21}、a_{22}…——t'_{21}、t'_{22}、…的等价值；

t'_3——新铺装下基层的厚度。

a. $T - t'' < 0$，现有的面层、联结层无裂缝、车辙等，可以供新铺装基层使用时：

$$h = t'_1 - \frac{t'' - T}{a_{21}} \tag{6.2}$$

b. $T - t'' < 0$，现有面层、联结层不适合作为新铺装的基层时：

$$h = t'_1 \tag{6.3}$$

c. $T - t'' > 0$ 时：

$$h = T - t'' + t'_3 \tag{6.4}$$

当既有铺装有较多影响结构的裂缝时，因罩面会发生反射性开裂，因此需要增厚罩面厚度。但是，铺装表面高度受限时，铣刨裂缝后，需要考虑采取防反射裂缝措施。铣刨罩面的厚度计算方法与上述方法相同。

②以非破坏性调查为基础的罩面厚度的计算

以利用FWD的非破坏性结构调查为基础计算罩面厚度，如第5章的详细记述，将对铺装结构进行一体化评估。具体来说，通过反算FWD测定的弯沉曲线，推定铺装各层的力学参数，在将沥青混凝土层的模量变换为符合环境条件及交通荷载条件的标准特征的基础上，计算设计飞机荷载对应的土基上面垂直变形 ε_v 和沥青混凝土层下面水平变形 ε_t。若计算的变形值超过标准值时，变化各种厚度值，直到算出与每个设计条件规定的变形标准一致时的厚度，该厚度就是所要的罩面厚度。

2）沥青道面罩面的施工

罩面层的施工流程如图6.5所示。

为确保新旧沥青混凝土层的紧密黏结，需要将标志、标线擦除，去除铺装表面粘着的轮胎橡胶，并对现有铺装破损的地方，根据情况提前进行裂缝填充或修补。

进行黏结层施工时，清扫铺装表面，去除垃圾等后，按设计量均匀洒布乳化沥青，并且不要黏着异物。黏结层一般采用沥青乳剂（PK-4），但跑道等要求使用与沥青混合物层具有相同附着（黏结）力时，需要使用含橡胶的沥青乳剂（PKR-T）。黏结层的一般洒布量为0.3L/m²。

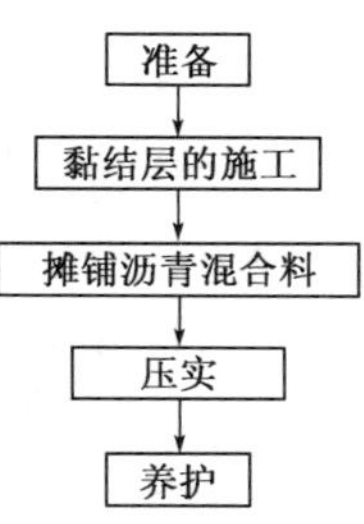

图6.5　罩面层的施工流程

飞机制动时或在曲线部位行驶时，由于会在铺装表面施加水平荷载，因此罩面和现有层之间有可能会产生剥离，导致铺装破坏。为此，必须在施工前对既有层进行认真清扫，并待黏结层的完全破乳才能进行罩面施工。在不能确保破乳时间时，需要考虑使用性能更高的乳化剂。寒冷期施工或快速施工时，为缩短乳化沥青的破乳时间，需要按照加温洒布的方法和施工后通过加热器加热的方法分两次洒布。

为确保规定厚度，使用沥青摊铺机进行沥青混凝土的摊铺。为使沥青混凝土的密度满足要求，必须充分进行碾压。该压实作业按照初压、复压、收面的顺序进行。当需要两层以上施工时，无需进行下层的收面压实。初压使用光轮压路机或双钢轮压路机，复压使用轮胎轮压路机，以实现沥青混凝土密实度的增加。收面压实使用双钢轮压路机或光轮压路机，进行不均匀处的修正或轮痕迹的消除。另外，施工区域边缘部位的接缝需要利用光轮压路机或双钢轮压路机进行压实，且不能产生错台。

施工最上层时，施工后的表面温度降到50℃前进行养护。施工非最上层时，考虑到上层的施工，温度降低到上层可以施工的温度前进行养护。

铣刨罩面施工时,从最初铣刨既有沥青混凝土层开始,必须注意不能损坏航空照明、电线管路灯等设施。

3)剥离与起泡问题的应对

近几年,在沥青跑道或滑行道上飞机加速、制动及曲线行驶的地方,发现夏季有裂缝、槽变形、沥青混凝土层剥落等破损。这种情况除了出现在飞机自身质量施加的垂直荷载处,还出现在飞机的行驶位置,即制动或曲线行驶引起的水平荷载的位置。发现大范围起泡的事例也在增加,也有上述水平荷载作用处发生起泡导致道面出现较大破损的事例。

类似这种破坏现象的发生经过如下。首先,由于承载水平荷载,面层与联结层层间产生剪切应力,两者的黏着如不充分,则层间产生剥离。另外,由于起泡也会产生层间剥离,并且在层间剥离的特征下,施加荷载会破坏沥青混凝土层。

处理该问题的对策是提高层间黏着力,进行黏结层施工后,不要使砂子、灰尘等附着,并在黏结层的水分充分蒸发前进行充分破乳(图 6.6 和图 6.7),白天需确保 1h,夜间需确保 6h 以上。但是,按照这种方法,采用 6.2.2 节中沥青道面罩面的施工所述使用含有高渗透度橡胶的沥青乳剂,白天会使用,但夜间不可能采用此办法。

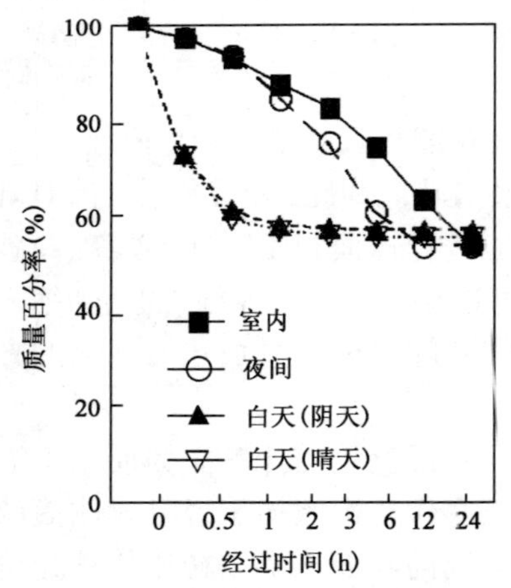

图 6.6　黏结层施工后随时间变化的质量变化

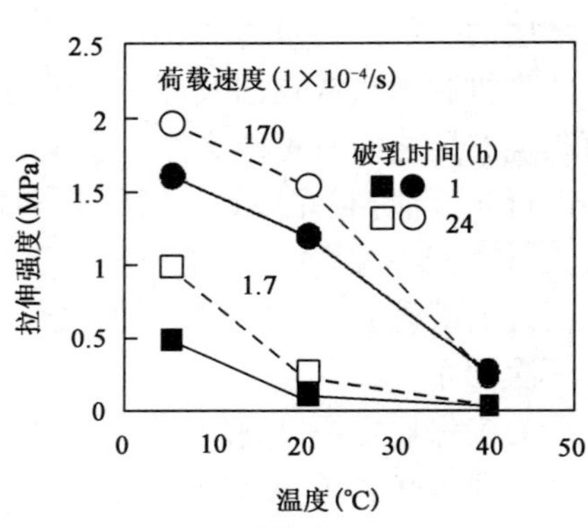

图 6.7　破乳时间不同带来的拉伸强度的区别

类似这种大范围发生破损的机场跑道的修补事例,铣刨既有铺装中受到损伤的厚度为 220mm 的部分,再铺设由 140mm 厚的联结层和 80mm 的面层构成的沥青混凝土层。

试验施工的步骤如图 6.8 所示。铣刨罩面施工的时间计划如图 6.9 所示,整个工艺从铣刨到碾压的需要 5 个小时结束作业,之后降温硬化 2h,上午 6 点半前退场。

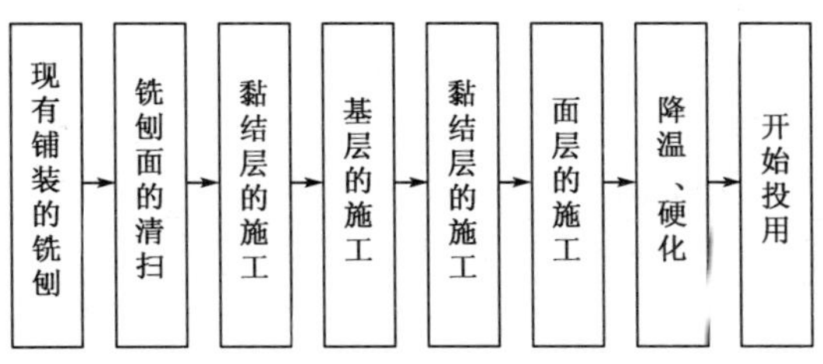

图 6.8　试验施工的步骤

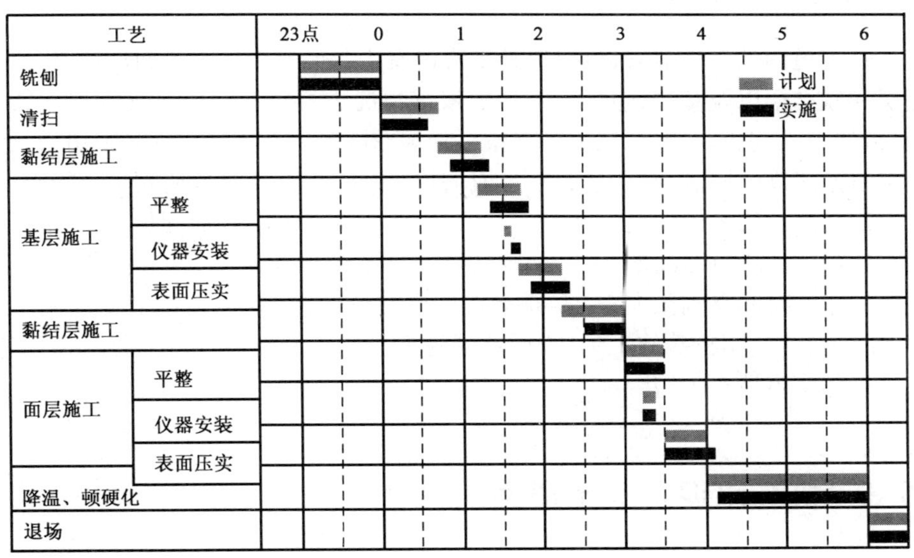

图 6.9　铣刨罩面施工的时间计划实例

使用的材料见表 6.3。面层材料由改性沥青和降黏添加剂组成，施工后可以比较快地降低铺装内部的温度。而联结层材料使用抵抗变形较强的大粒径沥青混凝土，黏结层采用速干性好的改性沥青乳化剂。

关于施工，从抑制初期车辙的观点出发，需要考虑在投用开始时将面层和联结层的内部温度分别降至 60℃、70℃。施工管理目标，开始投用时刻如果为上午 7 点，则上午 6 点的铺装表面温度设定为 60℃；为进一步抑制初期的车辙，铺装表面温度达到 60℃ 的时刻需要提前。

使 用 材 料 一 览　　表6.3

材　　料	位　　置	内　　容
沥青	面层、联结层	改性II型
集料	面层	密粒型，最大粒径为20mm
	联结层	大粒径，最大粒径为30mm
降黏化添加剂	面层、联结层	-30℃型
沥青乳化剂	联结层	改性乳剂、洒布量为0.2L/m^2
	铣刨面	改性乳剂、洒布量为0.3L/m^2

6.2.3　沥青道面的重新翻修

既有道面的破损显著，仅仅修补沥青混凝土层已不能恢复道面性能时，要对面层和联结层以及基层，包括土基在内根据情况进行重新翻修。这种情况的破损，指的是土基、基层的承载力下降或沉降等原因导致的车辙或开裂。由于受到铺装表面高度的限制，必须达到恢复或增加荷载承载性能时也适用重新翻修。

重新翻修修补时的设计及施工方法，与新建没有大的区别，但是设计中需要注意适当评估既有道面的特征，否则会导致施工中作业量增大。特别是一天中可以作业的时间受到限制时，需要重点考虑在全厚结构（土基以上全部使用沥青混凝土）或使用特殊施工法（加厚单层施工厚度）；并且，由于投用开始后车辙或搭接部位容易产生错台，所以必须充分进行碾压。

6.3　机场水泥混凝土道面的修补

水泥混凝土道面的修补方法大致分为罩面和重新翻修两种。

6.3.1　选择修补方法

水泥混凝土道面的修补与沥青道面的修补一样，根据道面的破损特征分为两种。铺装的结构没有问题，仅对表面性能进行修正的方法一般采用罩面，结构有问题时需采用罩面或重新翻修。

进行水泥混凝土罩面时，需注意既有道面的破损特征，新旧混凝土层的黏着程度，没有发生裂缝的情况下所需罩面厚度，既有混凝土板和罩面的接缝位置等；进行沥青混凝土罩面时，重要的是防止既有混凝土板的接缝或开裂部位的沥青混凝土层的反射开裂。除此以外，还有利用水泥浆体填充开级配沥青混凝土中空隙的半柔性铺装材料的罩面。这种材料的力学特性与沥青混凝土相比更接近水泥混凝土，且施工性或开始投用前的养护时间等比较接近沥青混凝土。

重新翻修多适用于被确保铺装表面的坡度、与邻接设施安装在一起这样的铺装表面高度受限制时。当不允许机场设施长时间封闭时，必须在短期内实施既有铺装的铣刨、运输和重新翻修两项作业，是有难度的工程。

无论哪种修补方法，考虑到工程时间长，所以需要充分考虑对象区域的使用条件。通常为了缩短混凝土硬化时间，需要使用快硬性水泥材料，或预制板的施工方法。

6.3.2　水泥混凝土道面的罩面

1）结构方面无问题时的罩面

即使结构上没有问题，如果材料老化或交通荷载、环境作用引起的铺装表面干裂或平整度恶化等情况显著时，也必须采取措施，防止混凝土板顶面的磨耗或集料的剥离、飞散等继续破损，并利于平整性的恢复。

具体修补方法一般为利用沥青混凝土实施罩面处理。这种情况下，对既有混凝土板的接缝部的处理十分重要。通常为防止反射开裂而加厚罩面，可以采用一般的防止反射开裂方法，也可采用通过设置防止反射开裂的密封板进行铺设薄罩面的方法。

2）增强荷载承载性能的罩面

在增强荷载承载性能的罩面中，考虑到既有铺装的破损程度、修补后的设施使用条件等，有必要从沥青混凝土和水泥混凝土中选择罩面材料。

沥青混凝土罩面适合既有混凝土铺装的结构健全度高、所需施工时间短的情况，但必须采取防止接缝或开裂部位的反射开裂的措施。

水泥混凝土罩面根据既有混凝土板和罩面间的黏结程度，分为结合罩面和分离罩面两种，前者的罩面厚度较薄。

（1）沥青混凝土罩面

计算沥青混凝土罩面厚度时，需要考虑既有混凝土板结构上有问题的开裂和几乎没有开裂两种情况。

几乎没有开裂时，需要考虑既有混凝土板结构为平板，因此罩面后的铺装由既有土基、既有混凝土板和沥青混凝土罩面层 3 层构成，可利用多层弹性理论，计算由于设计荷载在罩面后的既有混凝土板上会产生变形与新铺设混凝土铺装时的混凝土板上产生的变形相等时的罩面厚度。这种情况下，由于既有混凝土板接缝的荷载传递性能不同,罩面厚度也有很大区别,因此根据需要可以提前进行接缝的处理。

有开裂时,将既有混凝土板视为罩面后铺装的上基层,按照6.2节提到的沥青铺装的罩面计算其厚度。这种情况下,既有混凝土板上基层的当量值见表6.4。计算出的沥青混凝土厚度超过上下面层的标准厚度时,其超过部分可以采用沥青碎石。当罩面的施工过程中不能中断交通时,其超过部分必须使用下面层沥青混凝土,并且在既有混凝土板的接缝或开裂部位,不能使罩面发生反射开裂,且罩面最小厚度为150mm;也可以通过铺设防止反射开裂密封板等措施减小罩面厚度。当接缝或开裂部位发现唧泥时,需要在铺设罩面前进行密封等处理。

既有混凝土板作为上基层的当量值 表6.4

既有混凝土板的状况	当量值
通过钢筋加固没有开裂,接缝无唧泥	2.5
虽未用钢筋加固,但无开裂,接缝无唧泥	2.0
虽有开裂,但为$1m^2$以下的小片,接缝无唧泥	1.5
其他	1.0

(2)水泥混凝土罩面

根据既有混凝土板和罩面间的结合程度,水泥混凝土罩面分为结合罩面和分离罩面两种。前者是将既有混凝土板和罩面一体化的方法,可以适用于现有混凝土板无开裂且结构健全的情况。后者是通过在既有混凝土板和罩面之间铺设薄沥青混凝土层分离两者实施罩面的方法,也可适用于既有混凝土板的破损正在逐渐严重的情况。

根据实施不同的罩面方法,罩面的厚度可以依据式(6.5)或式(6.6)进行求解。其中,结合罩面在既有混凝土板处于表6.5所示的$C=1.0$的特征时可以直接使用;但处于$C=0.75$的特征时,在处理既有混凝土板开裂的基础上可以使用。

①结合罩面时:

$$h_0 = h_a - h_e \tag{6.5}$$

②分离罩面时:

$$h_0 = \sqrt{h_d^2 - C\left[\left(\frac{h_d}{h_{db}}\right)h_e\right]^2} \tag{6.6}$$

式中:h_0——罩面层厚度;

h_d——新铺设时的混凝土板厚度;

h_{db}——与既有混凝土板材料相同的新铺设时的混凝土板厚度；

h_e——既有铺装的混凝土板厚度；

C——既有混凝土板的状况系数(表 6.5)。

分离罩面厚度计算式中的 *C* 值　　表 6.5

既有混凝土板的状况	C
没有影响结构的开裂	1.0
接缝或角隅部位虽有荷载引起的初期开裂,但没有扩展	0.75
虽然可以发现很多有结构问题的开裂,但大部分只是初期开裂	0.5
可以发现大部分有结构问题的开裂,且破损还在扩展	0.35

水泥混凝土罩面最小厚度,结合罩面厚 100mm,分离罩面厚 150mm,但前者也有达到 50mm 的事例。分离罩面中的分离层使用的沥青混凝土与用于中间层的材料满足相同的规定,如果既有铺装的特征良好,则可以薄铺,但至少要保证 30mm 的厚度。

在结合罩面中,关键是要保证罩面与既有混凝土板切实结合。为达到上述目的,一般有使用水射流(WJ)或喷丸处理(SB)、使用喷丸处理(SB)和黏结剂两种方法。前者是把既有混凝土板顶面处理为凹凸面,按照标准水射流方法处理,确认其处理面的纹理深度达到 6.5mm 以上,斜长比为 1.2 以上,然后实施喷丸处理(投射密度为 $100kg/m^2$)。后者是在把既有混凝土板顶面处理为凹凸面的基础上涂敷黏结剂的方法,是按照标准喷丸处理方法(投射密度为 $150kg/m^2$)、清扫既有混凝土板顶面之后,涂敷 $1.0L/m^2$(铣刨面时为 $1.3L/m^2$)的环氧树脂的步骤进行的。

以上方法是依据新旧混凝土板的黏结强度必须满足拉伸强度为 1.6MPa 的室内试验和数年间现场试验的结果得出的结论。图 6.10 针对两种新旧混凝土板黏结方法进行了研讨,根据结果规定了可以确保黏结所必需的强度。针对利用这些方法以外的黏结方法时,通过室内试验确认强度超过 1.6MPa 以上则可以使用。

结合罩面时,可以针对温度和湿度变化使新旧混凝土板成为一体,同步膨胀或收缩。罩面混凝土层接缝的设置需要与既有混凝土板相同。其接缝宽度需要与既有混凝土板相同或为较宽。而分离罩面的接缝配置无需与既有混凝土板的接缝一致。

罩面混凝土层的接缝也必须根据需要设置拉杆或传力杆,但设计中使用的混凝土板厚度因表 6.5 所示的 C 值的不同而有所区别。

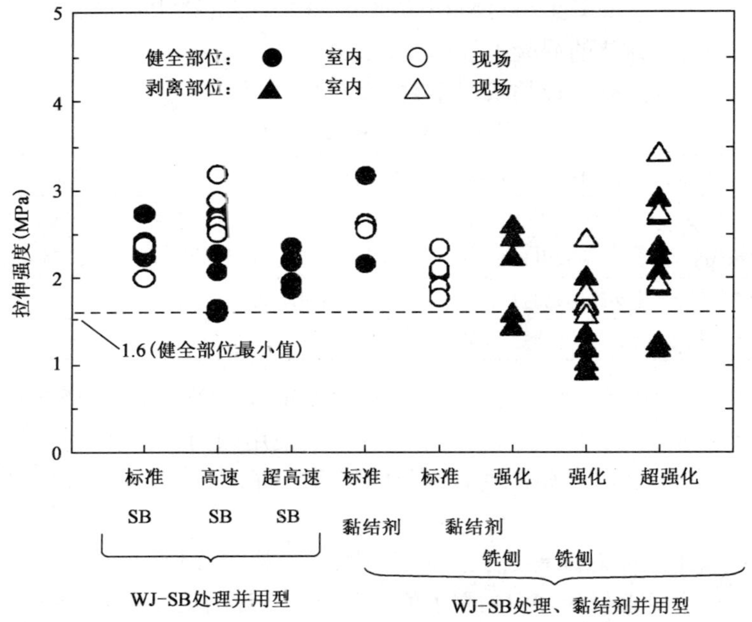

图 6.10 利用不同黏结方法处理新旧混凝土板结合面的拉伸强度

①C 值在 0.5 以上或 0.5 以下时,为既有混凝土板中设有钢筋,没有大的裂缝时的罩面混凝土层厚。

②C 值在 0.5 以下时,为既有混凝土板和罩面混凝土层厚的合计厚度。

利用素混凝土铺设的罩面,与新铺设时一样,原则上需要设置钢筋网。计算钢筋量中使用的混凝土层厚度可遵循上述的设计方案。由于唧泥等引起接缝部的混凝土板和基层间出现脱空时,需要用密封材料等进行处理。

(3)半柔性材料罩面

不停航机场的混凝土铺装修补工程有严格时间限制,在尽量缩短施工设施封锁时间的条件下,所能够使用的材料是十分有限的,即一般使用硬化时间极短的沥青混凝土或快硬性水泥混凝土。但是,沥青存在流动性问题,而水泥在施工方面同样存在问题,因此混凝土铺装的修补计划处于难以实现的状况。这与停机坪、滑行道等对交通荷载的抵抗变形有特殊要求位置的沥青铺装状况相同。

这种情况下,高速公路的收费站等部分使用半柔性铺装材料。先期摊铺粗粒型热拌沥青混凝土,之后在沥青混凝土的空隙中充填水泥浆体,这种结构可以改善沥青铺装的流动性,并可缩短混凝土铺装硬化时间。半柔性铺装施工时间短,可大面积施工。

使用半柔性铺装材料时，待沥青混凝土的温度降到 50℃后开始注入水泥浆体；当可施工时间比较短时，可以使用早强型的材料及采取合适的施工方法。具体来说，如果半柔性铺装材料层的厚度为 50mm，则按照以下方法在施工后 3h 即可投入使用。

①使用改性沥青且空隙率达到 23% 的沥青混凝土。

②为确保水泥浆体在生产后 30min 内的流动性及抗折强度，需要使用龄期 3h 达到 2MPa 的材料。

③水泥浆体在沥青混凝土温度降低到 80℃时注入。

为反映半柔性材料罩面提高结构承载性能的状况，针对普通型和早强型的半柔性材料，反复行驶 1 000 次设计荷载承载前后进行变形测定，既有混凝土板上面的水平变形如图 6.11 所示。由图可知，罩面的变形减少很多，且即使反复加载，情况也没有变化；早强型罩面在增加混凝土铺装的承载性能的同时，材料自身的耐久性也很充分。

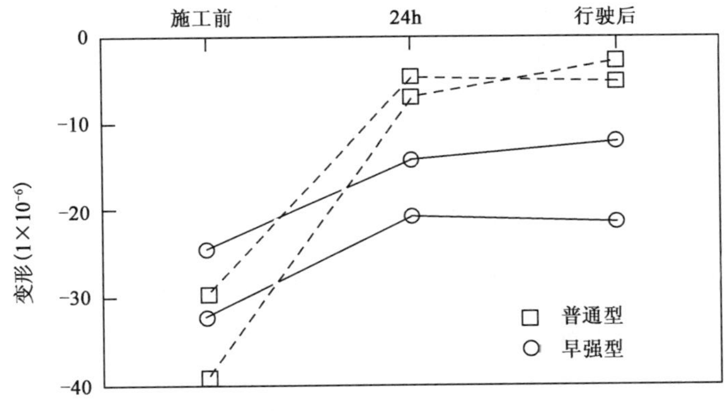

图 6.11　半柔性材料罩面时既有混凝土板的变形变化

50mm 厚半柔性材料罩面处于不完全填充时，可以在沥青混凝土、水泥浆体、水泥浆体注入时的沥青混凝土温度不变化的条件下，只增加厚度即可。沥青混凝土的空隙率需根据罩面施工厚度进行变化，即需要随施工厚度的变大而增大。水泥填满沥青混凝土中的空隙的比例即为充填率，该充填率沿层厚方向的分布如图 6.12 所示，参考此情况可确定沥青混凝土的空隙率。施工水泥浆体时，每层的标准厚度为 100mm；当超过 100mm 时，水泥浆体有可能不能充分进入沥青混凝土层的下部，则可分 2 层或 3 层施工。

其罩面厚度可利用第 4 章所述的复合平板理论进行计算，此时黏结率为 100%。

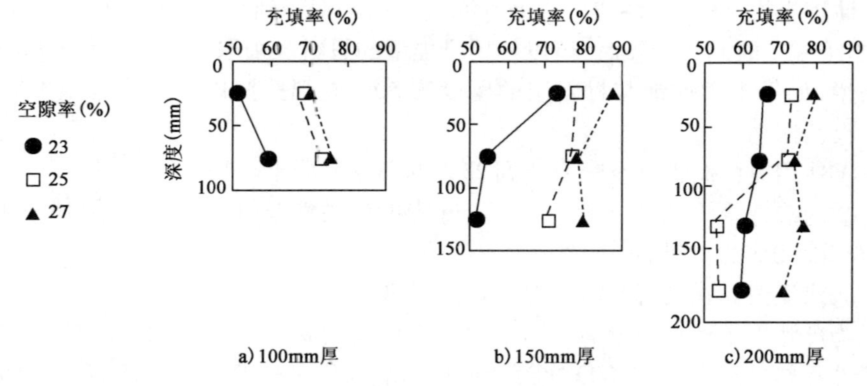

图 6.12　水泥浆体充填率层厚方向分布

半柔性材料罩面的施工方法在修补既有沥青铺装时也可使用。这种情况下,必须在摊铺沥青混凝土、注入水泥浆体后,在半柔性铺装材料层上设置接缝。这是为处理半柔性铺装材料施工后干燥收缩大的问题而采取的措施。接缝间距可以考虑取为6m。依据多层弹性理论计算铺装各层的变形,由于考虑到接缝,将这些数值提高1.1~1.2,该数值如果与标准值一致,即可求得所需的罩面厚度。这种情况下,设计中半柔性铺装的模量可采用3GPa。

6.3.3　机场水泥混凝土路面的重新翻修

当既有混凝土板破损严重,平板结构不能发挥性能时或铺装表面高度有限制时,必须进行混凝土板整体重新翻修。具体情况如下:

①混凝土板破损情况逐渐严重,罩面表面不能排水时;

②混凝土板破损严重,小片混凝土板对罩面产生负面影响时;

③由于破损和接缝的承载性能大幅下降,混凝土板的破损没有继续变差时;

④由于基层以下发生不同的沉降或唧泥导致接缝发生错台,需要处理基层时;

⑤如采用沥青混凝土的罩面,且预计有显著车辙时。

重新翻修一般使用混凝土铺装,但利用沥青铺装时必须注意车辙或与周围混凝土道面的接合部位的错台。

1)通过铺装混凝土的重新翻修

利用铺装混凝土重新翻修时,其结构设计可依据新铺设混凝土铺装时的方法进行。

重新翻修的规模以 1 块为最小单位，需要综合考虑飞机的运行条件、破损的严重程度、工程境界部位的荷载传递等决定重新翻修的范围；另外，还需确保新旧混凝土板的荷载承载性能。

现场铺筑混凝土时，必须长时间封锁道面；如果时间受限时，除使用可以缩短硬化时间的超早强水泥或早强水泥等外，还可使用预制板。施工时必须注意一些不能忽略的事项，如切实进行工程区域边缘部位的混凝土压实施工，水泥垫块等不能因飞机喷射气流而发生飞散等现象。

2）铺装预制板的重新翻修

预制板铺装指的是在工厂等制作的预制板运输到现场，铺设在基层上与相邻板连接而形成的铺装。预制板示例如图 6.13 所示。预制板和基层之间的间隙用水泥浆体充填，需要防止预制板过大应力及唧泥现象的发生。预制板分为预应力混凝土预制板（PPC 板）和钢筋混凝土预制板（PRC 板）两种。不论哪种类型，设计的结构及形状都必须考虑运输条件（预制板的大小、质量）及既有混凝土铺装的接缝间距。

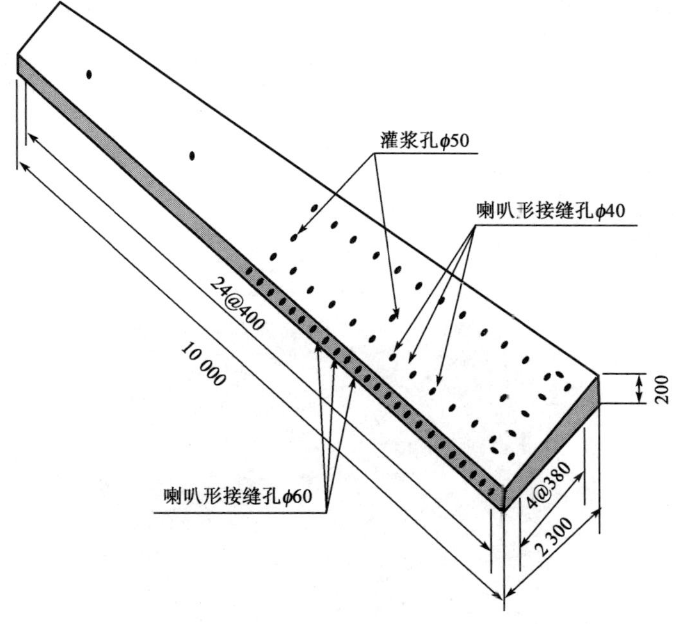

图 6.13　预制板示例（尺寸单位：mm）

(1)预应力混凝土预制板

预应力混凝土预制板(PPC)一般按照长边方向采用先张法、短边方向采用后张法的方式制作。钢筋用量的设计多以板中央的 PPC 板下面不发生开裂、边缘部位没有有害的开裂为允许范围。

PPC 板铺装的施工接缝,可使用原有喇叭形接缝或水平接缝的钢筋荷载传递装置,也可使用向接缝部施加后张力的荷载传递装置(压缩接缝)。为减少施工接缝,缩短现场的施工时间,可提前在现场横向并列连接 3 块板。施工接缝的宽度以 10mm 以下为标准,但在采取防止雨水等浸入缝隙的措施的同时,还要尽量减少缝隙的宽度。

在与周围的铺装接合的部位等设置的伸缩接缝,当处于边缘部位荷载特征时,与板中部位相比会产生大的应力及变形。因此,为防止这种情况发生,一般采用通过在接缝下面设置混凝土枕板(枕板型),或加固 PPC 边缘部位(边缘加固型),或滑条与 PPC 板结合(滑条型)等接缝结构。

接缝的间隙中需要充填水泥浆。此时的设计强度达到并超过 PPC 板中使用的混凝土强度,且可以确保 PPC 板铺装在使用时具有足够的强度(1/2 以上的强度)。充填间隙的水泥浆的设计强度可考虑该层发生的应力决定,宜在基层使用的水泥稳定碎石的强度以上,特别要求冲刷条件下具有耐久性。

PPC 板铺装的施工按照如下步骤实施:

①在工厂等制作 PPC 板;

②去除施工对象区域的部分既有铺装;

③进行 PPC 板铺装用基层的施工,在其上铺塑料布;

④搬入、铺设 PPC 板,调整高度(图 6.14);

图 6.14　预制板的铺设

⑤用水泥浆填充 PPC 板和基层间的间隙；

⑥对接缝进行施工。对于喇叭形接缝及水平接缝，从 PPC 板表面设置的插入口上插入钢筋，将钢筋的中心调整为与接缝位置一致后，在钢筋插入口注入水泥浆体的同时，在 PPC 板间的间隙中充填水泥浆体（图 6.15）。如果是压缩接缝，则在 PPC 板间的间隙中充填水泥浆体硬化后，从设置在 PPC 板表面的插入口通过 PC 钢绞线，然后利用油压千斤顶进行张力作业，通过水泥浆体填充插入口（图 6.16）。

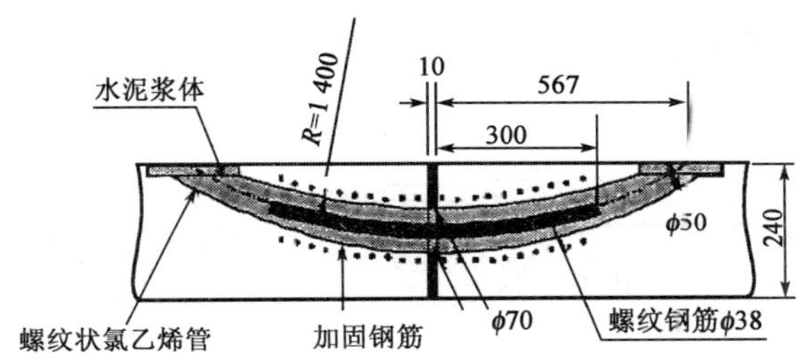

图 6.15　喇叭形接缝及水平接缝结构（尺寸单位：mm）

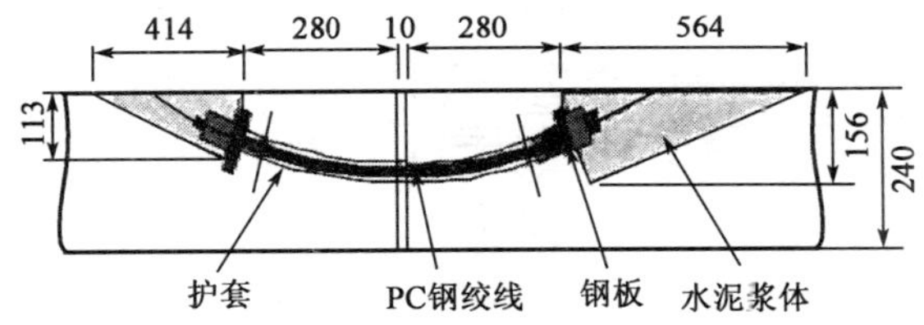

图 6.16　压缩接缝结构（尺寸单位：mm）

长期使用的 PPC 板结构尚且完好，但接缝部位或基层发生破损时，将 PPC 板铺装解体后，可以直接利用 PPC 板进行再铺设，也可以通过新接缝部材料进行再接合。设置喇叭形接缝时，首先撤去 PPC 板结合时的螺纹钢筋插入口的填埋痕迹部分，然后使用刀具切断接合部（接缝部），再撤去螺纹钢筋及现有 PPC 板，进行基层的修整等必需的作业后再铺设，接合 PPC 板后向 PPC 板下面灌浆。如果是压缩接缝，提前切断接合部，释放 PC 钢绞线的张力后，与喇叭形接缝一样，切断和撤去接合部，然后实施撤去、再铺设和再接合 PPC 和灌浆注入作业。

（2）钢筋混凝土预制板

钢筋混凝土预制板（PRC）是为提高自身强度和刚度，而使用高强度混凝土并在上下两段安装钢筋的结构。压缩钢筋和拉伸钢筋考虑了施工性，而使其部分接合了格构桁架钢筋。PRC 板的结构可设计为 PRC 板下面能够避免发生有害开裂的钢筋混凝土结构。

PRC 板的接合部使用如图 6.17 所示的开口式接头。企口缝、H 形支架②提前压入安装在 PRC 板中的 C 形支架①内，然后将压力引入接缝的接合面③(图 6.18)，H 形支架通过螺栓固定。开口式接头是一种即使有荷载反复作用也不会脱出的结构。

PRC 板铺装的施工方法与上述 PPC 铺装使用压缩接缝的施工方法几乎相同，再铺设、再接合也容易进行，即松动开口式接头的 H 形支架的螺栓并将其取下，可以分离 RC 板，待处理基层等作业结束后才可以再接合 PRC 板。

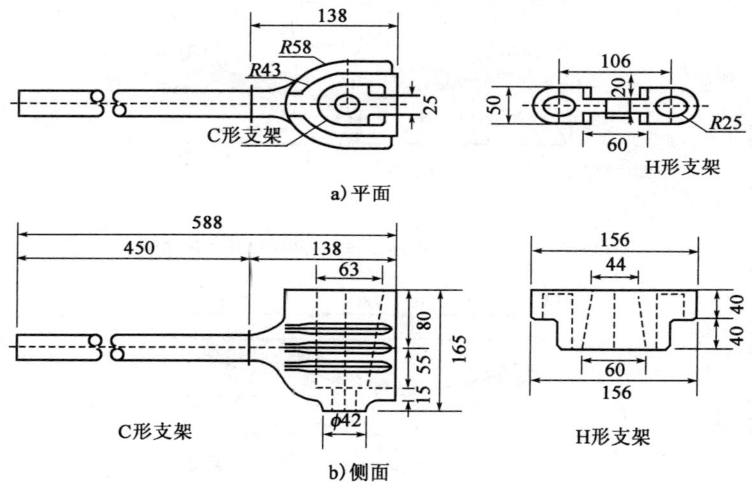

图 6.17　开口式接头(尺寸单位：mm)

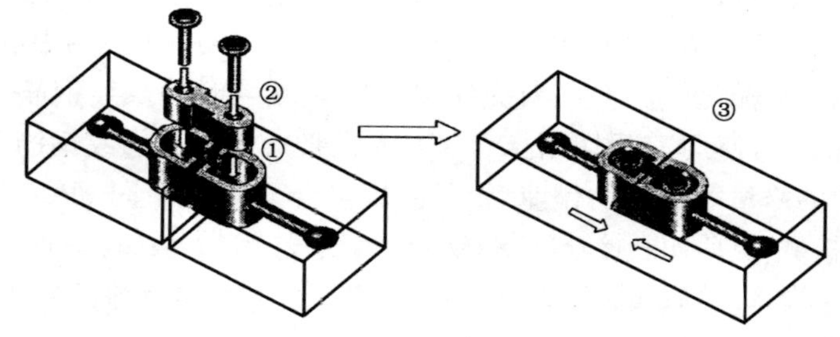

图 6.18　开口式接头的施工方法

3) PC 铺装的顶升法

在填方土基或高土基上建设机场时，考虑到建设后发生土基沉降或不均匀沉降，需要在开始投用后的某个时段对其沉降进行补修。对于水泥混凝土道面，可以通过混凝土罩面进行处理;但如果采用此种方法,则需要罩面混凝土的硬化,其间必须封闭设施,会给机场的运营带来很大不便。顶升法即利用油压千斤顶顶升起下沉的混凝土板,可在机场结束运营的夜间作业,不影响白天运营。

补修的区域规模比较小时,可以利用在其周围铺设的横梁反作用力,利用油压千斤顶将混凝土板吊起,或利用螺旋千斤顶顶起混凝土板。但是,当土基沉降或不均匀沉降延伸到大范围时,这些方法则难以应对。顶升施工法是将多个油压千斤顶直接安装在混凝土板上,通过计算机远程控制进行提升作业。如考虑针对土基沉降的混凝土板的追随性和提升混凝土板所需的油压千斤顶的容量和间距等,对于可利用该顶升施工法的混凝土铺装,可缩小混凝土板厚的预应力混凝土(PC)铺装是唯一现实的方法。

顶升施工法作业的步骤如图6.19所示。

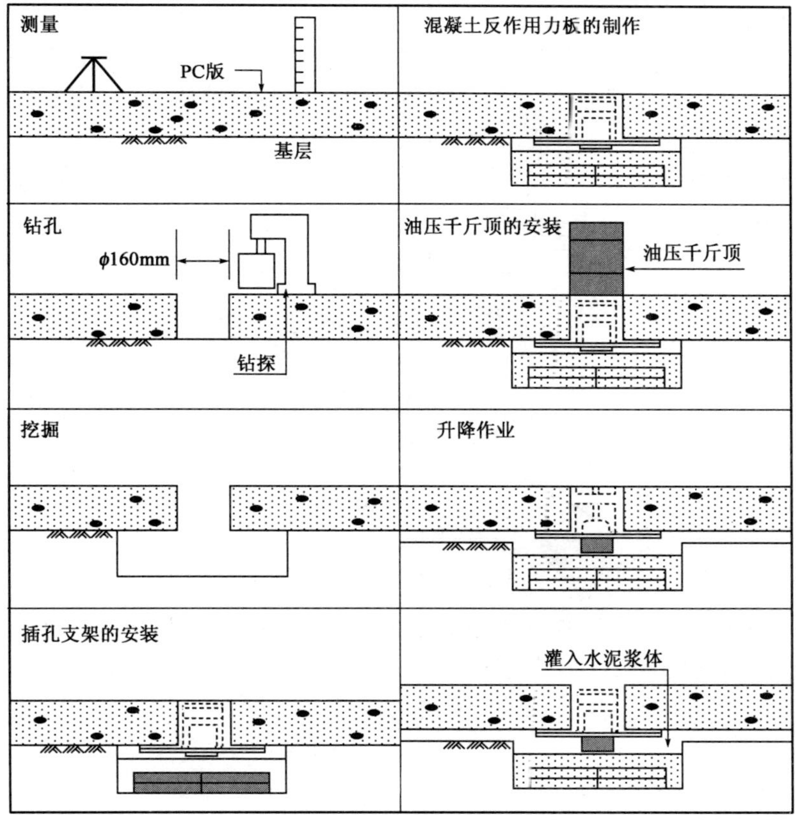

图6.19　顶升施工法作业的步骤

首先,使用钻探机在PC板上钻直径为160mm左右的孔,从孔开始挖掘至基层,在孔上安装插孔支架,同时进行混凝土的反作用力板施工。然后,将油压千斤顶安装在金属工具上使其运转,通过来自反作用力板的反作用力提升PC板。为提高顶升补修作业的精度,在铺装建设时可以提前设置油压千斤顶的反作用力板和插孔支架(已在4.3.4节叙述)。

顶升作业通过自动控制装置,管理油压千斤顶的压力和顶升量,可准确、安全、迅速地实施。从顶升作业开始到结束期间的顶升量,通过安装在油压千斤顶上的传感器显示在计算机显示器上,通过这种方式可以随时掌握作业进程,也可以简单地管理施工进度。

提升PC板后,对PC板和基层间出现的间隙实施灌浆注入。这种情况下,可以采用水位差为1m的压力进行自然浇筑。水泥浆体通常硬化1d后即可支撑交通荷载。

如果PC板采用一般厚度180mm时,油压千斤顶的设置间距宜取为5m,而1台油压千斤顶的最大荷载宜为230kN。在实际的补修施工中,需要提前进行分析,所采取的作业工艺不能使PC板上发生裂缝。

为提高该施工方法的经济性,需要限制油压千斤顶的个数。这种情况下,顶升作业的实施方法如图6.20所示。

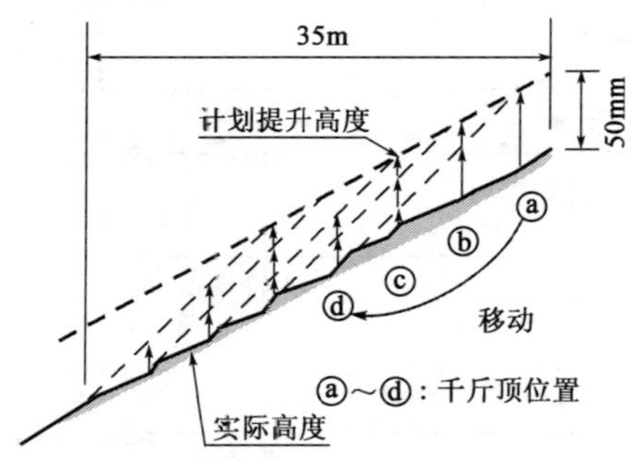

图6.20 顶升作业的实施方法

即首先只在ⓐ、ⓑ、ⓒ3列安装油压千斤顶,提升到计划高度后,将ⓐ列的油压千斤顶移动到ⓓ列,使ⓑ～ⓓ列的千斤顶运转进行顶升,反复移动油压千斤顶进行顶升。顶升作业现场如图6.21所示。

图6.21　顶升作业现场

参考文献

[1] 八谷好高,梅野修一,佐藤胜久. 沥青混凝土的层和层之间黏着的黏结层效果,土木学会论文集,No. 571/V-36,pp. 199-209,1997.

[2] 久保宏,八谷好高,长田雅人,平尾利文,浜昌志. 关于最近机场的沥青路面损伤和改良施工方法,土木学会,铺装工程论文集,第9卷,pp. 35-40,2004.

[3] 元野一生,村永努,八谷好高,尾谷明宏,加纳孝志. 采取气泡对策的福冈机场滑道的大规模补修,土木学会论文集E,Vol. 63,No. 4,pp. 518-531,2007.

[4] 早田修一,八谷好高,佐藤胜久. 对混凝土罩面的粘附施工方法的改善,土木学会论文集,No. 451/V-17,pp. 323-331,1992.

[5] 喜渡基弘,久川裕史,龟田昭一. 利用结合型罩面施工方法的现有停机坪铺装的改修,水泥混凝土,No. 635,pp. 21-36,2000.

[6] 八谷好高,坪川将丈,野田悦郎,中丸贡,东滋夫. 薄层混凝土罩面铺装的层和层之间粘附方法的合理化,土木学会论文集E,Vol. 64,No. 1,pp. 29-41,2008.

[7] 八谷好高，市川常宪. 利用半柔性材料的混凝土路面的急速补修，土木学会论文集，No. 550/VI0-33，pp. 185-194，1996.

[8] 八谷好高，坪川将丈，董勤喜. 利用半柔性材料的混凝土路面的补修设计，土木学会，铺装工程了论文集，第 7 卷，pp. 21/1-10，2002.

[9] J Silfwerbrand. Whitetoppings—Swedish Field Tests 1993-1995，CBI report I：95，77p. ，1995.

[10] 国土交通省航空局监修. 机场铺装设计要领及设计举例.（财）港湾机场建设记述服务中心，2008.

[11] 佐藤胜久，犬饲晴雄. 利用喇叭形接缝的 PC 预制板铺装的开发，土木学会论文集，No. 421/VI-13，pp. 75-78，1990.

[12] 八谷好高，野上富治，横井聪之，赤岭文繁，中野则夫. 利用压缩接缝的机场 PPC 板铺装的建设，土木学会论文集，No. 728/VI-58，pp. 51-65，2003.

[13] 八谷好高，元野一生，伊藤彰彦，田中秀树，坪川将丈. 利用 RC 预制板铺装的机场滑行道的急速补修，土木学会论文集 F，Vol. 62，No. 2，pp. 181-193，2006.

[14] 八谷好高，佐藤胜久，犬饲晴雄. 沉降的预应力混凝土路面板的顶升施工方法的开发，土木学会论文集，No. 421/VI-13，pp. 145-154，1990.